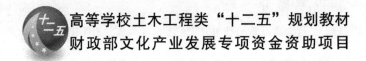高等学校土木工程类"十二五"规划教材

财政部文化产业发展专项资金资助项目

工程地质学

（第二版）

（土木工程专业用）

曹文贵　　刘晓明　　张永杰　**编著**

U0248492

湖南大学出版社

内 容 简 介

本书较系统介绍了工程地质学的基本原理、工程地质勘察的基本方法和工程地质学在工程建设中的应用。

全书由绪论和七章内容组成。绪论主要介绍工程地质学的基本概念及其学习的基本方法与要求；第一章介绍地球与地质作用的基本概念，主要包括地球及其基本性质、地质作用、地质年代与地层系统、地层接触关系与产状等基本知识；第二章主要介绍岩石及其工程地质性质；第三章介绍地质构造与岩体结构稳定性分析方法，主要包括各种主要地质构造及其与工程建设的关系、岩体结构与岩体工程地质性质以及岩体结构稳定性的赤平投影分析方法；第四章介绍地下水的基本知识，主要包括水文循环、地下水赋存条件及其物理化学性质、地下水运动规律、地下水分类以及地下水对工程建设的影响与防治方法；第五章介绍第四纪沉积物及其工程地质特征，主要包括风化作用、地表暂时流水的地质作用、河流的地质作用、湖泊的地质作用、海洋的地质作用、冰川的地质作用与风的地质作用及其产物的工程地质特征和防治措施与方法；第六章介绍常见地质灾害及防治，主要包括地震、滑坡与崩塌、泥石流和岩溶与土洞及其防治措施与方法；第七章介绍工程地质勘察的基本知识，主要包括工程地质勘察的任务与目的、勘察阶段与等级、工程地质勘察方法和工程地质勘察资料的整理过程与方法。

本书可作为高等学校土木工程专业的本科教学用书，亦可供土木工程的设计、施工和管理人员参考。

图书在版编目（CIP）数据

工程地质学（第二版）/曹文贵，刘晓明，张永杰编著．—长沙：湖南大学出版社，2015.2（2016.1再版）

（高等学校土木工程类"十二五"规划教材）

ISBN 978-7-5667-0808-3

Ⅰ.工… Ⅱ.①曹… ②刘… ③张… Ⅲ.①工程地质—高等学校—教材 Ⅳ.①P642

中国版本图书馆 CIP 数据核字（2015）第 039793 号

工程地质学（第二版）

GONGCHENG DIZHI XUE (DI'ERBAN)

作　　者：曹文贵　刘晓明　张永杰　编著
策划编辑：卢　宇
责任编辑：黄　旺　龙思成　责任校对：全　健　责任印制：陈　燕
印　　装：广东虎彩云印刷有限公司
开　　本：787×1092　16 开　印张：13.75　字数：335 千
版　　次：2016 年 1 月第 2 版　印次：2016 年 1 月第 1 次印刷
书　　号：ISBN 978-7-5667-0808-3/TU·185
定　　价：32.00 元

出 版 人：雷　鸣
出版发行：湖南大学出版社
社　　址：湖南·长沙·岳麓山　　　邮　　编：410082
电　　话：0731-88822559（发行部），88821315（编辑室），88821006（出版部）
传　　真：0731-88649312（发行部），88822264（总编室）
网　　址：http://www.hnupress.com
电子邮箱：pressluy@hnu.edu.cn

高等学校土木工程类"十二五"规划教材

丛书编委会

序

随着我国经济社会的快速发展，基本建设规模不断扩大，为土木工程的发展带来了千载难逢的契机，也对土木工程人才培养提出了更高的要求。目前，我国正在进行的土木工程基本建设的数量、规模在世界上首屈一指，一批大型、特大型工程项目不断上马和竣工，土木工程的发展正处于前所未有的高速发展时期。在这个重要的历史时期，高等工程教育承担着培养中国特色社会主义现代化建设高级专门人才的历史重任。

然而，我国土木工程人才培养在适应社会发展需要方面还存在较大差距。其一是课程体系和教学方法没有根本性的转变。近10年来，高等院校开展了大规模的教学内容和课程体系改革，推出了一批优秀教材和精品课程，取得了明显成效。但是，传统的课程体系、教学计划、培养模式并没有普遍深刻的变化，不同科类的知识依然相互分离，综合性的课程还不多见，理论与工程实践脱节的局面并未得到根本改善。其二是教学内容没有做到与时俱进和与世界先进水平接轨。随着工业化进程的加快和科技水平的发展，教学内容不断增加，教学要求不断提高，我们还是习惯于增加课程、增加学时，而忽视了课程的整合、融合、拓宽、更新和更加注重应用；在教学方法上依然以讲授为主，学生自主学习、自我体验、自由创造的环境还不具备，现代工程要求的多学科综合性、实践性、适应性的特征在人才培养的过程中体现得还远远不够。其三是人才培养质量与社会需求脱节。不同高校培养计划、课程设置千篇一律，缺少学校特色和行业特色，陷入"异校同质"的困局；尤其是近10年来，某些新升格的本科院校，在人才培养上盲目追求"研究型"、"系统性"和"理论性"，导致理论与实践、学习与应用严重脱节。因此，我们必须根据社会发展需求，依据各自高校和行业的固有特点，对人才培养目标进行科学定位，对教学内容和课程体系进行改革，并将改革成果体现在教材建设之中。

正是为了适应教学改革的要求，湖南大学出版社精心组织出版了这套"高等学校土木工程专业十二五规划创新教材"，作为"高校教材立体化出版及平台建设"和"中国工程教育在线"项目的子项目，由财政部资助并被列入新闻出版总署新闻出版业发展项目库重点项目。这套规划教材涵盖了土木工程专业各个专业方向的主要专业基础课程和专业课程，具有如下几个显著特点：一是紧扣发展。根据《国家中长期教育改革和发展规划纲要》和《高等学校土木工程本科指导性专业规范》精神以及土木工程专业评估的要求组织教材内容，力图在教材中反映新材料、新技术、新结构、新成果。二是强化应用。强调学生创新思维的训练，注重学生创新精神、创新能力和工程实践能力的培养，教材内容与现行国家规范、规程相结合，与国家的注册执业资格考试制度相结合。三是服务师生。围绕"教师教学需要"和"学生学习需要"两个中心点，秉持"体现内容的前沿性、保持内容的整体性和系统性、兼顾内容的全面性与精练性、突出工程实践性"等原则，精心组织教材内容，同时对教材进行了立体化开发，包括纸质教材、电子书、电子课件、多媒体素材库和工程教育网站。

系列教材以主教材为中心，配套辅导教材、教师用演示文稿、电子资料（电子资料库）、教学网站等载体，提供包含主体知识、案例及案例分析、习题试题库及答案、教案、课件、学习软件、自测（考试）软件等内容的立体化教材。一方面，满足课程教学的需要；另一方面，面向工程教育，提倡以"能力为导向"的交互式学习方法，建立了教材配套的立体化资源，使得学生不仅可利用教材在课堂上学习知识，而且能够在课后进行更多的主动式、自主式学习。

教材建设是反映时代发展、体现教学内容和教学方法、培养适应社会需求人才的重要载体。这套教材的出版、发行和使用，将促进土建类课程、教材、教学内容和教学方法的改革，为人才培养模式创新做出有益的探索，从而进一步提高人才培养的质量。

周绪红

重庆大学校长　中国工程院院士
2014 年 10 月于重庆大学

前　言

　　工程地质学是土木工程（包括岩土工程、道路工程、桥梁工程、建筑工程和地下与隧道工程）重要的专业技术基础课程。本教材系土木工程专业系列本科教材之一，依据中华人民共和国住房和城乡建设部颁发的《高等学校土木工程本科指导性专业规范》要求，在吸取现有相关教材编写经验的基础上编写而成。

　　本教材编写时，力求内容全面、简明扼要，紧密结合土木工程的常见工程地质问题，最大限度地满足土木工程建设的需要。在阐述基本概念和问题时，尽可能多地采用图表，并使内容条文化，使基本概念和问题的理解更加直观化，便于快速而准确地掌握工程地质学的基本理论与方法。同时，还力求注意工程地质学与后续课程的联系，但有些更深入的内容（如边坡稳定性分析、岩土变形与沉降计算等）未列入其中。

　　整个教材由绪论和七个章节内容组成。绪论主要介绍工程地质学的特点、任务和学习要求；第一章介绍地球初步知识、地质作用以及地层和岩层的基本概念；第二章重点介绍矿物与岩石的形成及其工程地质性质；第三章重点介绍地质构造、岩体工程地质性质以及岩体结构稳定性的赤平投影分析方法；第四章简要介绍地下水的基本知识；第五章介绍第四纪沉积物的形成原因及其工程地质特征；第六章重点介绍土木工程中几种常见不良地质现象的形成机理以及工程防治方法；第七章简要介绍土木工程地质勘察方法。

　　本教材由湖南大学曹文贵教授、刘晓明副教授以及长沙理工大学张永杰副教授共同编写。其中，绪论和第一、二、三章由曹文贵教授编写；第四章和第七章由刘晓明副教授编写；第五章和第六章由张永杰副教授编写；全教材由曹文贵教授负责统稿。

　　本教材编写过程中，参考了大量现有工程地质学教材（见本教材参考文献）和网络资料，并且得到了许多同行与老师的指导与帮助，在此表示诚挚的谢意。

　　鉴于编者水平所限，教材中不当之处在所难免，恳请读者批评与指正。

编　者

2015 年 3 月

目　次

绪　论

地球是人类赖以生存的自然环境,它在漫长地质作用下已形成了复杂的地质条件(如物质组成、地形地貌、地质构造等),并且还在不停地发生变化。人类为了改善生存环境,必将进行各类工程活动(如工程建设、资源开发等)。这些工程活动不仅与地球当前的地质条件及其变化紧密相关,同时也会改变地质条件,亦可能恶化人类生存的自然环境。因此,人类在利用和改造地球的工程活动过程中,必须尽可能使工程活动和自然地质环境之间保持和谐。为此,人类必须在深入了解二者之间关系的基础上,掌握保持二者和谐的理论与技术,于是,工程地质学就应运而生了。

1. 工程地质学的概念

工程地质学是地质学的分支学科,主要研究工程活动与地质环境之间的相互作用。它把地质学理论与方法应用于工程活动实践,通过工程地质调查及理论的综合研究,对工程所辖地区即工程场地的工程地质条件进行评价,解决与工程活动有关的工程地质问题,预测并论证工程活动区域内各种工程地质问题的发生与发展规律,并提出其改善和防治的技术措施,为工程活动的规划、设计、施工、使用及维护提供所必需的地质技术资料。

工程地质学包括工程岩土学、工程地质分析和工程地质勘察三部分基本内容。工程岩土学的任务是研究岩土的工程地质性质及其形成原因和它们在自然或工程活动影响下的变化规律;工程地质分析的任务是研究工程活动中的工程地质问题及其产生的地质条件、力学机理和发展演化规律,以便正确评价和有效防治它们对工程活动的不良影响;工程地质勘察的任务是探讨工程地质调查研究的方法,以便有效查明有关工程活动的各种地质因素和地质条件。

由于工程活动涉及的行业和关注的领域不同,工程地质条件对这些工程活动的影响将存在很大的差异,不同行业或领域的工程活动所引起的工程地质问题也会不同。因此,不同行业或领域的工程地质学内容必然存在差异。实际上,工程地质学已经进一步细化为不同的分支,如环境工程地质学、海洋工程地质学、矿山工程地质学等。由于本教材重点讨论与土木工程(主要包括道路、桥梁、隧道与地下工程、房屋建筑等)建设行业有关的工程地质问题,故亦可称为土木工程地质学。

2. 工程活动与地质环境

工程活动和地质环境是工程地质学的主要研究对象。两者相互影响和制约,存在密切的关系,主要表现为如下两个方面:

①地质环境对工程活动的影响和制约是多方面的。工程活动的地质环境亦称为工程地质条件,它是与工程活动有关的地质条件的总和,主要包括岩土的工程性质、地形地貌、地质构造、水文地质、地质作用、自然地质现象和天然建筑材料等几个方面。对于一个具体的工程建设场地,工程地质条件是客观存在的,工程活动必须与地质环境相适应。地质环境直接影响工程建设的规划、设计、施工、使用和维护等多个方面。

②工程活动也会以各种形式影响地质环境。任何工程活动都会对相应地区的地质环境甚至生态环境产生不同程度的影响,例如,房屋会引起地基沉降;桥梁会使局部河段冲刷淤积而

发生变化;大型水电大坝会引起上下游地区地质和生态环境的变化;边坡开挖会引起滑坡或泥石流等。

工程活动对环境往往都表现出不良的影响,在当前越来越重视环境保护的情况下,工程活动对环境的影响已成为人们普遍关注的问题。因此,如何保持工程活动与地质环境的和谐性也是工程地质学关注的极其重要的问题。研究人类工程活动与地质环境之间的这种相互制约关系,以使工程活动既能安全经济,又能合理开发和保护地质环境,这是工程地质学研究的基本任务。

3. 工程地质问题

一个特定建筑场地的地质环境即工程地质条件是客观存在的,它不以人们的意志为转移,不能随意改变;而在这个特定建筑场地进行的工程活动是人为现象,工程的类型、规模等都可以人为调控。但是,工程活动必须服从于地质环境。不同工程活动要求的工程地质环境是存在很大差别的,如果地质环境不能满足工程活动的要求,则由工程活动形成的工程建筑物在安全性、经济性和正常使用方面就会出现问题,这就是工程地质问题。一个建筑场地出现的工程地质问题随工程活动的不同而发生变化,因此,当谈及工程地质问题时,总是离不开工程活动。

一个建筑场地的工程地质问题一般包括两个方面:一是建筑场地的区域稳定问题,它关系到工程活动成败的全局,必须优先考虑并妥善处置,例如,山坡地区进行工程活动,山坡的稳定性是影响工程活动的全局问题,一旦处理不当,会导致工程活动发生事故甚至遭受毁灭性破坏;二是建筑结构或地基的局部稳定问题,这类问题往往是由组成建筑结构的岩土体或建筑基础地基岩土体达不到强度和变形要求引起的,只要改善局部岩土体工程地质性质即可使问题得到解决,它不影响工程活动的全局。

工程地质问题往往是工程活动成败的关键,它是工程地质学不可回避且须重点研究的问题。面对工程地质问题,必须考虑地质环境与工程活动的相互影响,采取综合的处治措施。

4. 工程地质的重要性

如前文所述,任何工程活动都是在特定地质环境中进行的,所有工程活动的方式、规模和类型等都会受到工程活动场所地质环境的影响和制约。因此,任何工程活动开始之前,都必须首先开展工程地质工作,充分掌握工程活动场所的工程地质条件,论证与评价工程活动场所的稳定性、适宜性、不良地质现象及其处治的技术决策和实施方案。

大量实践证明,工程地质工作做得好,工程的设计与施工就能顺利进行,工程的安全运营就能得到保证;相反,忽视工程地质工作,就会给工程建设带来不同程度的不利影响,轻则修改设计方案,增加工程建设投资和延误建设工期,重则使工程建筑物完全不能使用,甚至突然破坏,造成重大的经济损失和严重的人员伤亡。

当前,国内外重大工程建设中出现的问题甚至灾害性事故与工程地质有关的比例愈来愈高。这除了与工程地质工作的深度与质量不高有关以外,还与工程技术人员对工程地质资料认识不足以及设计与施工方案对工程地质条件的针对性不强等都有紧密关系。

此外,工程地质学是土木工程等专业的专业基础课程,它是后续专业课程(例如,土力学、岩石力学、基础工程、路基工程、地下与隧道工程、地基处理等)的基础,不掌握工程地质学,无法进行后续专业课程的学习。

综上所述,工程地质的重要性不言而喻,这也是一个工程技术人员必须深入学习工程地质学的根本原因。

5. 本课程学习方法与要求

工程地质学的研究对象主要是复杂的地质体,它不仅关心这些复杂地质体的赋存条件即地质环境,而且在讨论工程地质问题时,又与具体的工程活动有紧密关系。

地质体是经过漫长地质作用形成的,在形成过程中经受了反复而复杂的持续地质营力的作用。地质体中不仅表现出既有的复杂地质现象,而且还在进一步发生变化。地质现象的形成与演化都存在复杂的力学机理。

地质体一般深埋于地下,人们难以直接观察到全部地质现象,多数地质条件只能依据推测而得到,而且地质体中地质现象或地质条件的分布具有很大的随机性,这就使得地质现象或地质条件具有很大的不确定性或模糊性。

诸如上述种种原因,工程地质学具有自身的特点和规律。为了使工程地质学的学习取得较好的效果,须注意如下几个方面的问题:

①地质分析与力学分析相结合。工程地质学主要关注地质体中的地质现象与地质条件,工程地质学应该以地质分析为主,但地质现象和地质条件的形成与演化都存在一定的力学原因,因此,采用地质与力学相结合的分析方法可以更有效地解决工程实际问题。

②定性与定量分析相结合。大部分地质现象和地质条件都非常复杂,限于目前研究水平,将其定量化非常困难,因此,工程地质学中经常采用定性分析方法。虽然定量分析地质现象和地质条件是一种进步,但它目前只能应用于某些问题的研究。

③工程类比与实验相结合。实验方法是研究工程地质问题的一种可靠方法。然而,由于成本或实验条件问题,有时难以实施,这种情况下,采用工程类比法也是研究工程地质问题的有效方法。

④理论与实践相结合。很多地质现象和地质条件可以通过理论得到解释,但由于工程地质的复杂性,也有很多地质现象和地质条件不能得到理论解释或与理论存在偏差。因此,理论固然重要,但也要紧密联系实践,从实践中修正理论。

⑤关注地质环境与工程活动的紧密关系。工程地质学中讨论工程地质问题不能将地质环境与具体工程活动相脱离,因为即便在同一地质环境中进行不同的工程活动,产生的工程地质问题也是不同的。只有综合考虑地质环境与工程活动的相互制约关系,方能使工程建设顺利进行,而不至引发大的环境问题和危害社会。

⑥关注地质环境不具重复性的特点。地质环境和地质条件属于自然现象,不同地区经受的地质作用都是不同的,从而使不同工程场所的地质环境和地质条件都不具有重复性。因此,任何工程活动开始之前都必须首先进行工程地质工作,以查明地质环境和地质条件。

⑦关注逻辑性和系统性较差的特点。工程地质学是人们在长期工程实践中总结出来的经验与理论,由于地质环境和工程活动以及它们之间相互关系的复杂性,致使工程地质学理论的逻辑性和系统性较差,这就给学习工程地质学带来了困难。学习工程地质学应该特别强调对基本概念与理论的理解,并将其灵活应用于工程实践。

⑧关注学术争鸣。由于工程地质现象的复杂性,工程地质学中许多理论与概念目前都存在分歧,因此,在学习工程地质学时,要特别注意不同学术观点的差异。其目的在于吸取不同学术观点的优势,以解决实际工程问题。

本课程是土木工程专业的一门专业基础课。作为一名土木工程专业的本科生,在学习工程地质学课程后,应达到如下基本要求:

①掌握工程地质学的基础知识和基本理论,为学习专业课和开展相关问题的科学研究提

供必要的工程地质学知识与理论；

②懂得搜集、阅读和分析工程地质资料，并能正确地应用于工程设计、施工和管理；

③及时发现野外工程地质问题，做出合理的工程判断与评价，并在此基础上，提出可行的工程处理措施与方案；

④结合具体的工程实际，提出满足工程要求的工程地质勘察任务。

第1章　地球与地质作用

内容提要：
1. 地球及其构造特征和主要物理性质；
2. 地质作用及内外力地质作用的关系；
3. 岩层与地层及其地质年代；
4. 岩层产状及其测定方法。

地球是人类生存的场所，也是地质学和工程地质学研究的主要对象。在持续而漫长的地质作用下，地球不断发生变化和演变，形成了复杂的地形地貌和内部构造。这种复杂性直接影响土木工程建设的设计、施工和管理，因此，有必要对地球的构造特征、形成与演化的原因以及相关概念进行了解，这正是本章介绍的主要内容。

本章将重点介绍地球及其特征、地质作用、地质年代、地层接触关系和岩层或地层产状等基本概念。

1.1　地球及其特征

1.1.1　概述

地球是太阳系八大行星之一，它是一个椭球体，赤道半径约 6 378.16 km，极半径约 6 356.755 km。地球绕通过球心的地轴（即连接南北极的直线）自转，自转轴对着北极星方向的一端称为北极，另一端称为南极。在地球表面上，垂直于地球自转轴的大圆称为赤道，而连接南北两极的纵向线称为经线或子午线。通过英国伦敦格林尼治天文台（Royal Greenwich Observatory）原址的那条经线为 0°经线，亦称本初子午线。从本初子午线向东分作 180°，称为东经；向西分作 180°，称为西经。在地球表面上，与赤道平行的小圆称为纬线，赤道为 0°纬线，从赤道向南和向北分别分作 90°，赤道以北和以南的纬线分别称为北纬和南纬。

地球表面积约 5.1 亿 km²，其中，海洋约占 71%，陆地约占 29%。陆地和海洋在地表的分布很不规则，一般把大片陆地称为大陆或洲，大片海域称为海洋，散布在海洋或河湖中的小块陆地称为岛屿。陆地和海底都是高低不平的，陆地上有低洼的盆地，高耸的山脉，大陆平均高度约 840 m（以海平面为 0 m 标高计算）。我国喜马拉雅山的珠穆朗玛峰高约 8 848.13 m，是大陆上的最高山峰。海洋底也有高山和沟壑，太平洋中马利亚纳群岛附近的海底深约 10.96 km，是海洋中最深的地方，地球表面最大高差约 20 km。

1.1.2 地球构造圈层的划分

地球是由不同圈层构成的，包括外圈层和内圈层。

（1）外圈层

地球外圈层包括大气圈、水圈和生物圈，它们的特点分别如下：

①大气圈：它是地球的最外圈层，其上界可达 1 800 km 或更高的空间。自地表到 10～

17 km的高空为对流层,所有的风、云、雨等天气现象均发生在这一层,它对地球上的生物生长发育和地貌的变化具有重大影响。大气的主要成分是 N_2(约78%)和 O_2(约21%),其次是 Ar(约0.93%)、CO_2(约0.03%)和水蒸气等。大气圈除提供生物需要的 CO_2 和 O_2 等以外,还在适宜于生物生长的温度和湿度条件下,保护生物免受宇宙射线和陨石的伤害。约在4亿多年前,高空臭氧层的形成遮挡了大量对生物有害的紫外线,为生物的生长创造了必要的自然条件。

②水圈:它由海洋和陆地上的水和冰构成。水的总体积约为14亿 km^3,其中,海水约占98%,陆地水约占1.9%。水圈中各部分水的成分不同,海水含盐度高,平均约为35%,以氯化物(如 NaCl 和 $MgCl_2$ 等)为主;陆地水含盐度低,平均低于1%,以碳酸盐[如 $Ca(HCO_3)_2$]为主。水受太阳辐射热的影响而不停地循环,由此形成了外力地质作用的动力,它们在运动过程中不断产生动能,促进地形地貌的变化,并对岩土的工程性质产生极为重要的影响。

③生物圈:地球生物存在于水圈、大气圈下层和地壳表层的范围之中。生物富集的化学元素主要是 H、O、C、N、Ca、K、Na、Fe、Mg、Si、P、S、Al 等。生物圈质量很小,据估计相当于大气圈的1/300、水圈的1/7 000或上部岩石圈的1/1 000 000,但生物圈对改变地球的地理环境却起着重要的作用,生物所产生的物质是人类重要财富。

(2)内圈层

依据地球内部放射性元素的蜕变速度,地球从产生到现在大约经历了45亿~60亿年,在这漫长的地质历史中,地球经历了多次沧桑之变。由于地球内部物质不断发生分异作用,使地球内部形成了不同圈层,所以地球内圈层并非均匀的整体,其构造非常复杂。目前,了解地球内部构造只能依靠间接信息,最重要的间接信息是地震波在地球内部的传播速度,它不仅是划分地球内部圈层的基础,也是了解地球内部物质的密度、温度、熔点、压力等物理性质的重要依据。此外,还可依靠陨石、地幔岩石学以及高温高压实验等提供的间接信息推断地球内部的物质成分。

根据地震波在地球内部传播的速度资料(见图1-1和表1-1),地球内部存在两个明显的一级界面。第一个界面在30~80 km 深处,纵波(P波)速度从6.83 km/s增加到7.75 km/s,横波(S波)速度从3.66 km/s增加到4.35 km/s,称为莫霍洛维奇面(简称莫霍面,南斯拉夫学者 A. 英霍洛维奇于1909年首先发现);第二个界面在约2 900 km 深处,纵波速度从13.64 km/s突然下降到8.11 km/s,而横波不能通过此面,称为古登堡面(美国学者 B. Gutenberg于1914年发现)。因此,将地球内圈层划分为三个圈层,即地壳、地幔和地核(见表1-2),其特点如下:

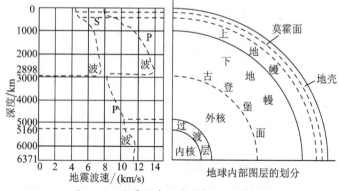

图1-1 地震波在地球内部的传播速度

表 1-1　地震波在地球内部传播速度

深度/km	波速/(km/s)		界　面
	纵波(P)	横波(S)	
0	5.55	3.23	
30~80(上)	6.83	3.66	
30~80(下)	7.75	4.35	—莫霍面—
900	11.30	6.30	
2 822	13.64	7.31	
2 900	8.11		—古登堡面—
5 000	10.44	横波不	
5 200	9.72	能通过	
6 371	11.37		

表 1-2　地球内圈层物理状况

圈　层	深度/km	密度/(g/cm³)	应力/大气压	温度/℃
地　壳	33(平均)	2.7 2.9 3.32	9 000	约 1 000
地　幔	984 2 898	4.64 5.66	382 000 1 368 000	约 1 500 约 2 000
地　核	6 371	9.71 17.90	3 600 000	约 5 000

①地壳:莫霍面以上部分,是地球的坚硬外壳,由固体岩石组成,厚度变化范围很大,平均厚度约为 33 km,其体积约只有地球的 0.8%。组成地壳的岩石除地壳最表层有占岩石总量约 5% 的沉积岩外,地壳上部岩石平均成分相当于花岗岩类岩石,其化学成分富含硅与铝,称为硅铝层;下部岩石平均成分相当于玄武岩类岩石,其化学成分除硅铝外,铁和镁相对增多,称为硅镁层。海洋底部主要是硅镁层,有的地方只有很薄的硅铝层或完全缺失硅铝层。

根据岩石和陨石的化学成分分析,地壳化学成分以 O、Si、Al、Fe、Ca、Na、K、Mg 和 H 等为主,这些元素在地壳中的平均质量百分比(称为克拉克值)见表 1-3,它们占地壳总质量的 98.13%,其中,氧几乎占了一半,硅占 1/4 多,其他近百种元素只占 1.87%。地壳中化学元素并非孤立和静止地存在,它们随自然环境的改变而不断变化。这些元素在一定的地质条件下,结合成具有一定化学成分和物理性质的单质或化合物,称为矿物,如石墨、石英和长石等。由一种或多种矿物组成的集合体,称为岩石,如花岗岩由石英、长石、云母等矿物组成,大理岩由方解石组成。因此,矿物和岩石是组成地壳的基本物质单位。

表 1-3　组成地壳主要化学元素的克拉克值

化学元素	符号	克拉克值	化学元素	符号	克拉克值	化学元素	符号	克拉克值
氧	O	49.13	硅	Si	26.00	铝	Al	7.45
铁	Fe	4.20	钙	Ca	3.25	钠	Na	2.40
钾	K	2.35	镁	Mg	2.35	氢	H	1.00

②地幔:介于莫霍面与古登堡面之间的部分,即地壳以下至约 2 900 km 深处的圈层,又称中间层。它的物质成分具有过渡性质,故又可称为过渡圈。按其物质成分和所处状态的不同,可分为上地幔(莫霍面至其下约 900~1 000 km 范围,主要由硅酸盐类物质组成,平均密度约 3.5 g/cm³,温度为 1 200 ℃~2 000 ℃,应力约达 0.4 GPa)和下地幔(莫霍面下约 900~1 000 km 深处至古登堡面范围,主要由铁、镍金属氧化物和硫化物组成,平均密度约 5.1 g/cm³,温度达

2 000 ℃～2 700 ℃,应力约达 150 GPa)。在上地幔上部,深约 50～250 km 的范围内,存在一个不连续的地震波低速度带,放射性元素大量集中,蜕变生热使这一带内有局部熔融状态的物质存在,一般认为可能是岩浆发源地。上地幔的下部范围,只有深源地震才能达到,其深度可达约720 km。

③地核:自古登堡面至地心部分。地核又分为内核和外核,界面约在 5 200 km 深处,其组成物质为铁、镍金属氧化物和硫化物,故又称为铁镍核心,平均密度约 13 g/cm³,温度达3 500 ℃～4 000 ℃,中心应力约达 360 GPa。

地球内部各圈层的物质运动是产生各种地质现象的内动力源泉,如地球内部,特别是地壳下部及地幔组成物质的运动可引起地壳运动。相应的化学变化和热力作用,又可进一步引起物质熔化形成岩浆,岩浆产生后,还将导致一系列其他运动和变化。因此,对地球内部各圈层的了解,有助于研究地球的形成和演化历史。

1.2 地球的主要物理性质

1.2.1 质量和密度

根据牛顿万有引力定律,可计算出地球的质量约为 5.98×10^{27} g,将其除以地球体积可得地球的平均密度约为 5.52 g/cm³。由于直接测出构成地壳各种岩石的密度为 1.5～3.3 g/cm³,还有密度为 1.0 g/cm³ 的水分布,因此,可推测地球内部物质密度更大,这已为地震波在地球内部传播速度的观测资料所证实。根据地震波与密度的关系,计算出地球内部密度随深度的增加而增加(见表 1-2),地心密度可达 16.0～18.0 g/cm³。

1.2.2 地应力

岩石和土是地球表层物质,在漫长的地质演变历史长河中,由于其自重和地质构造运动等原因使地壳物质产生了内应力效应,这种应力称为地应力或天然应力。地应力一般由自重应力和构造应力组成,它对土木工程尤其是地下工程存在很大影响,因此,人们对地应力的研究受到了广泛重视。

迄今为止,人们就地应力的认识提出了两种理论假说。其一,瑞士地质学家 Heim 于1878 年提出了地应力的"静水压力"假说,认为地应力的垂直和水平分量相等,而且垂直分量等于岩石重度 γ 与埋深 H 的乘积;其二,苏联学者 A. H. динник 按半无限体弹性空间自重应力场进行分析,认为垂直应力分量为 γH,而水平应力分量为 $[\mu/(1-\mu)]\gamma H(\mu$ 为岩石泊松比)。尽管这两种假说在一定程度上揭示了地应力形成的力学机理及其分布规律,然而,它们均与实际存在差距,其根本原因在于没有充分认识到地质构造应力对地应力的影响。于是,人们基于现场测试和统计分析对地应力进行了较深入研究,并通过现场地应力量测和地震波在地球内部传播速度的观测,获得了如下关于地应力分布的规律:

①地应力为压应力,基本上为铅直和水平方向。现场地应力测量及其统计分析表明,一个主应力并非总是铅直方向,其与铅直方向的夹角小于 30°,因此,一般近似认为一个主应力方向是铅直的,另外两个主应力是水平的。在埋深约为 2 700 m 范围内,铅直应力 σ_v 等于单位面积上覆岩层的重量即 $\sigma_v = \gamma H$,其随埋深呈线性增长关系,见图 1-2。虽然有些实测值与其有局部偏离,但总的来说还是基本符合上述规律,特别是在地壳深部。绝大部分测量结果还表明地壳中的应力为压应力,极少出现张(或拉)应力的情况。

②水平应力分布较复杂。根据地应力实测资料统计,它具有如下三个特点:(a)最大水平应力分量绝大多数大于铅直应力分量。据国内外实测资料统计,平均水平应力 σ_h 和铅直应力 σ_v 之比 λ =0.5~5.5,大部分在 0.8~1.2 之间,最大值有的达 30 或更大;(b)第一主应力接近水平方向,它与水平面夹角多数小于 $30°$;(c)两个水平应力不相等,一大一小具有明显的方向性,一般最大水平应力 σ_{hmax} 和最小水平应力 σ_{hmin} 之比为 1.4~3.3。Hoek 和 Brown 研究了世界各地 116 个现场地应力测量数据,编制了平均水平与铅直应力之比 λ 随埋深的变化规律,见图 1-3。

值得注意的是,工程开挖会使天然初始地应力场发生重新分布,称为二次应力或诱发应力。其大小和方向以及变化范围受开挖空间的大小与形状、岩土性质、地质构造等影响,严重影响地下工程结构的稳定性,在工程建设中应引起高度重视。

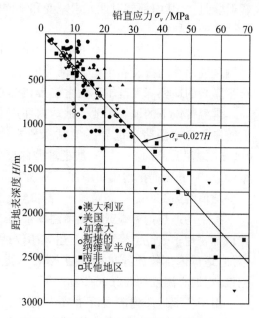

图 1-2 铅直应力与埋深关系的实测结果
(据 Hoek 和 Brown,1981)

1.2.3 重力

地球对物体的引力和物体因地球自转产生的离心力的合力称为物体的重力,其作用方向指向地心,引力大小与物体距地心距离的平方成反比。由于地球赤道半径大于两极半径,故物体在两极的引力比在赤道大,而离心力在两极接近于零,在赤道最大。因此,地球上物体的重力随纬度的提高而增大。

根据万有引力定律可计算出任何地区物体的重力。凡一地区物体的实测重力值与理论计算值一致的,称为物体正常重力值。由于地球物质分布不均匀,密度大小有差异,地形也有起伏,因此,实测物体重力值与理论计算值往往存在偏差,这种偏差称为重力异常。实测重力值大于理论计算值时,称为正异常,

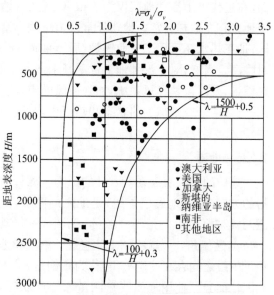

图 1-3 平均水平应力与埋深关系的实测结果
(据 Hoek 和 Brown,1981)

表明地下有高密度的物质分布,如铁及高品位的铜、铅、锌、镍等金属矿床。实测物体重力值小于理论计算值时,称为负异常,表明地下有密度较小的物质分布,如盐矿、石膏和煤矿等。利用地球重力异常特性可进行地质勘探,了解地下物质分布,探明地下矿床,查明地质构造等,具有重要的实际意义,如地球物理勘探中的重力探矿就是利用了这一道理。

1.2.4 地温或地热

地球内部温度的分布存在很大的差异性,这主要是由以下三个原因造成的:①来自太阳的

辐射能量;②其内部放射性元素蜕变和不同物质间化学反应而释放的能量;③其内部物质热力学性能的差异性。

地壳按热力状态从上至下可分为变温带、常温带和增温带。变温带的地温受大气温度的控制呈周期性的昼夜和年变化,随着埋藏深度的增加,地温变化幅度很快变小。气温对地温不产生影响的地壳深度范围称为常温带,它的地温一般略高于所在地区年平均气温1 ℃~2 ℃。

常温带以下的地温主要受地球内部热力影响,其随埋藏深度的增加而增加,这部分地壳深度范围称为增温带。世界各地钻探资料表明,地球大部分地区从常温带向下平均每加深100 m,地温升高约3 ℃。一般把埋藏深度每增加100 m导致地温增加的大小称为地热增温率(℃/100 m),而把地温每增加1 ℃所需要增加的埋藏深度(m)称为地热增温级(m/℃),它的平均值约为33 m/℃。

按平均地热增温级或地热增温率推测,地心温度可达200 000 ℃,这显然是不可能的。现代地球物理学研究已经证明,上述规律仅适用于地表以下约20 km深度范围,如果深度继续增加,地球内部物质导热率将随之增加,地热增温率会大幅减小,而地热增温级会大幅增加。据推测,地心温度约3 000~5 000 ℃。

由于各地地质构造、岩石的导热性能、岩浆活动、放射性元素的存在以及水文地质条件的差异,各地地热增温级或地热增温率存在较大不同。如我国华北地区地热增温级为33~43 m/℃,大庆油田为22 m/℃,北京房山为50 m/℃,在古老的结晶岩区可达1 000 m/℃,然而,在近代火山活动地区仅为1 m/℃。凡一地区实际地热增温率大于平均地热增温率时,称该地区存在地热异常。地热异常区蕴藏着丰富的热能资源,许多国家和地区已经利用地热发电;地下热水还可用于工业锅炉、居民采暖、保健医疗等;常温带地下水循环可用于居民在酷暑时降温。当然,对于深部地下资源开采或地下工程建设,地热却是非常不利的,应充分考虑地热因素,及时调整通风系统,加强通风措施,改善劳动条件,并采取有效方法,化害为益加以利用。此外,研究地球的热状态和热历史,对进一步认识地球的发展和地壳运动也有着十分重要的意义。

1.2.5　地磁

地球的磁性表现在对磁针的影响。磁针所指的方向(亦称地磁子午线)是地磁的两极,地磁两极与地理两极是不一致的,见图1-4(其中,θ为磁偏角,φ为磁倾角)。地磁子午线和地理子午线之间存在一定夹角,称为磁偏角,其大小因地而异。使用地质罗盘测量岩层产状时,必须根据当地磁偏角进行校正。

磁针只有在赤道附近才能保持水平状态,向两极移动时逐渐发生倾斜。磁针与水平面的夹角被称为磁倾角,各地磁倾角也不一致。地质罗盘磁针有一端往往系有细铜丝,就是为了使磁针保持水平。由于我国位于北半球,因此,我国地质罗盘的磁针南端(即指南针)都系细铜丝,以校正磁偏角的影响。

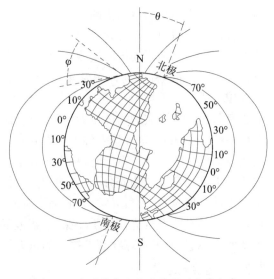

图1-4　地磁要素及地球周围磁力线分布

对于地球上某一点,单位磁极所受磁力大小被称为该点地磁场强度。地磁场强度因地而异,一般随纬度升高而增强。

磁偏角、磁倾角和地磁场强度被称为地磁三要素,用以表示地表某点的地磁情况。根据地磁三要素分布规律,可计算出某地地磁三要素的理论值。但是,由于地球内部物质分布不均匀,某些地区实测数值与理论计算值不一致,这种现象称为地磁异常。引起地磁异常的原因主要是地下存在磁性岩体或地下岩层可能发生剧烈变位,因此,地磁异常研究对查明深部地质构造和寻找铁、镍矿产资源有着特殊意义。实际上,地球物理学中磁法勘探就是利用了这一原理。

1.2.6 放射性

地球内部放射性元素含量虽少,分布却很广,且多聚集在地壳上部的岩浆岩(如花岗岩)中,向地心则逐渐减少。地球所含放射性元素主要是铀、钍、镭等,钾、铷、钐和铼等也具有放射性同位素。根据放射性元素蜕变性质,可确定地壳岩石的绝对地质年龄或绝对地质年代,也可进行矿产资源勘探。放射性元素蜕变所产生的热能是内力地质作用的主要能源之一。

1.3 地质作用

根据地球内部放射性元素蜕变速度推测,地球从形成到现在大约经历了 45 亿~60 亿年。在这漫长的地质历史进程中,无论是地球的地形与地貌,还是其内部物质成分与地质构造,一直都处在剧烈或缓慢变化中。这种由于受到自然力而引起地球物质成分、地质构造和地形地貌的形成与演化的自然作用统称为地质作用。

引起地质作用的根本原因在于自然力的作用,因此,根据自然力的来源不同,地质作用可分为内力地质作用和外力地质作用两大类。

1.3.1 内力地质作用

内力地质作用是指由地球转动能、重力能、放射性元素蜕变所释放的热能和地球内部呈流动状态岩浆的对流能产生的地质动力所引起的地质作用。由于它主要在地壳或地幔中进行,其地质动力来自地球内部,故称为内力地质作用,亦可简称为内力作用。它主要包括地壳运动、岩浆作用、变质作用和地震等多种形式。

(1)地壳运动

由于地球自转速度改变等原因,使得地壳组成物质(矿物和岩石)不断运动,并改变其相对位置和内部构造,这种运动称为地壳运动。它是地形地貌形成与演化、地质构造形成的最主要原因,故地壳运动又称为构造运动。一般把发生在晚第三纪末和第四纪的构造运动称为新构造运动。地壳运动可促进岩浆作用、变质作用和地震。因此,地壳运动是最主要的一种内力地质作用方式。

大地测量资料表明,芬兰南部海岸以每年 1~4 mm 的速度上升;丹麦西部沿岸以每年 1 mm 的速度下降;北美加利福尼亚沿岸自 1868—1906 年的 38 年间,平均每年以 52 mm 的速度向北移动。

在海岸地区,珊瑚岛和波切台地高出海面常常是地区缓慢上升的标志。珊瑚礁原本是在海洋 0~80 m 深度内生长,而我国西沙群岛的珊瑚礁现已高出海面 15 m,这足以说明西沙群岛近期是处于缓慢上升的。由于海浪对海岸的冲蚀作用,在海岸边上常应见到波切平台、海蚀凹地和海崖等现象,如果这些现象已远离海岸,并且显著高出海平面,最大的海浪也不能冲蚀它们,这也是海岸近期缓慢上升的标志,如广州附近的七星岗南麓。相反,若珊瑚岛、波切台地等被淹没在深水或半深水中,说明该地区在近期是逐渐下降的。

上述实例均从不同角度说明地壳是在不断运动的。按地壳运动的方向,可分为升降运动和水平运动。

①升降运动:它是地球演化过程中表现相对较缓和的一种地壳运动形式,也是导致地球表面海陆变迁和地形起伏最重要的原因。在同一地质时期内,地壳在某一地区表现为上升隆起,则在相邻地区表现为下降凹陷,隆起区和凹陷区相间排列,此起彼伏。另外,地壳的升降运动对沉积岩的形成有很大影响,它不仅影响沉积岩物质成分的来源与性质,还影响沉积岩形成的厚度与空间分布,其原因在于由上升运动引起的隆起区是之后形成沉积岩物质的部分供给区,而下降运动引起的凹陷区则是这些物质形成沉积物并转化为沉积岩的场所。

②水平运动:它是地球演化过程中表现相对较强烈的一种地壳运动形式,也是地球内部地质构造形成最重要的原因。地球是一个旋转椭球体,会产生巨大离心力,它和地球重力相互抵消后还会产生一种指向赤道的水平向挤压力,使赤道一带稍稍凸出,地球略微变扁;当地球自转速度变化时,这些力的大小和方向也随之发生变化,同时产生一种与自转加速度方向相反的惯性力,所有这些力都对地壳进行作用。同时由于地球各圈层物质成分及其物理化学性质等存在差异,运动时的速度、方式、方向也都不可能一致,层与层之间还会发生摩擦,致使地壳各部分受到挤压、拖曳、旋扭等作用,从而使地壳岩层内产生复杂的褶皱和断裂构造。

值得注意,升降运动和水平运动是相互联系的。在地壳运动过程中,二者都在起作用,只是在同一地区和同一时间以某一运动方向为主,而另一方向运动为辅或不明显,而且,它们可以相互转化,即水平运动可以引起升降运动,反之亦然。如水平挤压地层而形成的褶曲背斜山和向斜谷必然会同时引起地壳的升降运动,正如我国已故著名地质学家李四光指出的那样,"比较大规模的有条不紊的隆起和沉降地区和地带的形成,很可能是由地表到地壳中一定的深度受到水平方向挤压的结果,就是说,我们没有理由反对它们所显示的垂直运动可能起源于水平运动"。

(2)岩浆作用

在地壳运动的影响下,由于外部压力的变化,高温高压的岩浆向压力减小的方向运动,上升到地壳上部或喷出地表而冷却凝固成为岩浆岩的全过程,统称为岩浆作用。由岩浆冷却凝固形成的岩石称为岩浆岩。岩浆作用可引发地壳运动、变质作用和地震,它具有两种作用方式:

①喷出作用:指岩浆冲破地壳而喷射或溢流出地表,冷却凝固成岩浆岩的过程,亦称火山作用。火山喷发时,一般先有大量气体、固体物质喷射到天空,引起雷电交错,狂风暴雨,并伴有地鸣和地震现象,接着喷溢出大量岩浆,随后缓慢停息而宁静。

岩浆喷出时有液体、固体和气体三种物质。气体物质主要来自地下的岩浆,部分为岩浆上升过程中与围岩作用产生,其中主要是水蒸气,占 $60\% \sim 90\%$,其次是 CO_2、CO、SO_2、NH_3、HCl、HF、H_2S、Cl_2、S、N_2等。液体物质是岩浆喷出地表后,损失了大部分气体而形成的,称为熔岩,其成分与岩浆类似,亦可根据 SiO_2 含量分为基性熔岩和酸性熔岩。喷出地面的岩浆冷却后形成喷出岩。固体物质是由熔岩喷射到空中冷却凝固或火山周围岩石被炸碎而形成的碎屑物质,故称为火山碎屑物。

通常把人类历史中有喷出作用记载且至今仍在发生喷出作用的火山称为活火山;人类历

史中无记载喷出作用的火山称为死火山;人类历史中有喷出作用记载而现在停止喷出作用的火山称为休眠火山。

②侵入作用:由于热力和上升力不足或因岩浆喷出通道受阻,岩浆只能侵入到地下一定深度而冷凝成岩浆岩的过程。所形成的岩浆岩称为侵入岩,在地壳不太深的位置冷凝成的岩浆岩称为浅成侵入岩,在地下深处冷凝成的岩浆岩称为深成侵入岩。

岩浆岩形成的深度不同,会直接影响岩浆冷凝时温度和应力的大小、冷凝速度的快慢以及挥发物质散失等。因此,喷出岩、浅成和深成侵入岩的成分、结构、构造以及形成它们的岩浆作用方式等都有显著的差别,这将在后续章节进一步讨论。

(3)变质作用

由于地壳运动和岩浆作用,使已形成的矿物和岩石受到高温、高压以及外来化学成分加入的影响,在固体状态下发生一系列物理和化学变化,形成新的矿物与岩石,这一过程称为变质作用。由变质作用形成的岩石称为变质岩。变质作用可由地壳运动、岩浆作用和地震引发,其影响因素主要包括如下三个方面:

①温度:它源于地热、岩浆热和动力热,是变质作用的基本影响因素。温度增高,大大增强了岩石中矿物分子或离子的运动速度和化学活动性,使矿物或岩石在固体状态下发生重结晶作用或重新组合产生新矿物或岩石。

②压力:一种是静压力,即上覆岩石对下伏岩石的压力,随埋深增大而增加,它可使矿物或岩石体积缩小,密度增大;另一种是由于地壳运动而产生的动压力,可使矿物或岩石发生破裂、变形和重结晶。

③外来化学成分的加入:外来化学成分主要来自岩浆分化出来的气体和液体。岩浆的热力可使矿物和围岩的结构或构造发生变化,而岩浆分发出来的气体和液体可与围岩发生交代作用,生成新的矿物与岩石。

值得注意,上述三种影响因素并不是孤立的。如地壳运动除了产生动压力外,还将动能转化为热能,同时由于地壳运动常伴随有岩浆作用,从而引起新化学成分的加入和产生巨大的岩浆热,因此,在变质作用过程中,常有多种相互影响的因素使矿物或岩石发生复杂变质现象。根据引起变质作用的基本因素,可将变质作用分为三种基本类型:

①接触变质作用:指由于岩浆热力与其分发出来的气体和液体使矿物和岩石发生变质作用的过程。引起这类变质作用的主要因素是温度和外来化学成分的加入:前者表现为重结晶作用,致使矿物与岩石的结构与构造发生变化,如砂岩变质成石英岩,石灰岩变质成大理岩;后者表现为岩浆分发出来的气体和液体渗入到围岩裂隙和孔隙中,发生交代作用使原有矿物和岩石变质成新的矿物与岩石,如石灰岩变质成矽卡岩等。由于它发生在侵入岩浆岩与围岩的接触带,故称为接触变质作用。

②动力变质作用:因地壳运动而产生的局部应力使岩石破碎和变形,但成分上很少发生变化。引起这类变质作用的因素以压力为主,温度为辅。它可使原有岩石破裂而形成断层角砾岩和糜棱岩等,同时也能使矿物或岩石发生重结晶,形成新的矿物与岩石。这类作用多发生在地壳浅处,常见于较坚硬的脆性岩石中。

③区域变质作用:在强烈的地壳运动和岩浆作用影响下,通常在大区域范围内发生。地壳深处的矿物与岩石,在高温(源于地幔上升的热流、局部动力热和岩浆热)高压(源于深部岩石静压和强烈地壳运动引起的构造应力)影响的同时,还伴随有岩浆作用和外来化学成分的加入,因此,变质范围极广。所形成的岩石多具片理构造,如片岩等。

(4)地震

地壳岩层由于某种自然原因(如突然破裂、塌陷、地壳运动以及火山爆发等)而产生振(或震)动,并以地震波的形式传递到周围和地表,从而给人们生活和工程结构带来不同程度的影响,这种现象称为地震,它可由地壳运动和岩浆作用引发。

地震是一种极为普遍的自然现象,全世界每年大约有 100 万到 1 000 万次地震,其中绝大多数属于微震,人们不能直接感受到,而有感地震有约五万次,像 1976 年 7 月 28 日河北唐山和 2008 年 5 月 12 日四川汶川那样强烈的地震,平均每年最多有 1~2 次。地震发生总的规律是震级越小的地震越多,震级越大的地震越少。

一次强烈地震往往要经历前震、主震和余震三个阶段。主震指地震全过程中发生的最大一次地震,主震之前发生的一系列微震和小震称为前震,主震之后发生的一系列微震和小震称为余震。从活动规律来看,前震活动逐渐增强,接着发生主震,主震之后余震活动则是逐渐减弱直至平静。一次地震过程并非都能区分地震的三个阶段,某些地震发生时并无突出的主震,或三者很难区分,其能量通过多次震级相近的地震释放出来,而另一些地震,前震和余震都很稀少,且与主震震级相差很大,其能量基本上通过主震一次释放出来。研究地震发生的过程,掌握前震、主震和余震的活动规律,对地震预报和防震抗震有着重要的现实意义。

我国是一个多地震国家。如,1668 年 7 月山东郯城 8.5 级大地震,1920 年 12 月宁夏海原8.5 级大地震,1966 年 3 月河北邢台 7.2 级大地震,1970 年 1 月云南通海 7.8 级大地震,1973年 2 月四川炉霍 7.6 级大地震,1975 年 2 月辽宁海城 7.3 级大地震,1976 年 7 月河北唐山 7.8级大地震,1996 年 2 月云南丽江 7.0 级大地震,1999 年 9 月台湾南投县 7.6 级大地震,2008年 5 月四川汶川 8.0 级地震,2010 年 4 月青海玉树 7.1 级大地震,2014 年 8 月云南鲁甸 6.5级地震等。强烈地震可使大范围的城市或乡村瞬时沦为废墟,是一种破坏性极强的自然灾害,因此,在进行各种工程活动时,必须考虑地震这样一个极其重要的地质因素,相关内容将在后续章节中进一步介绍。

1.3.2 外力地质作用

由地球范围以外的能源和重力能所产生的地质作用,称为外力地质作用,亦可简称为外力作用。它的能源主要来自太阳的辐射能、太阳和月球的引力能以及地球的重力能等。其作用方式主要包括风化作用、剥蚀作用、搬运作用、沉积作用和成岩作用。

(1)风化作用

在常温常压下,由于温度、水、O_2、CO_2 和生物等因素的影响,组成地壳表层的岩石在原地发生破坏或降低力学性能的过程,称为风化作用。它可分为三种基本类型:

①物理风化作用:矿物和岩石在风化过程中只发生机械破碎,而其化学成分基本不变。引起物理风化的主要因素是温度的变化、水的冻结和结晶胀裂等。如沙漠地区,岩石白天被阳光照射,温度可达 60 ℃~80 ℃,到夜间则可能降至 0 ℃以下,岩石随温度变化反复膨胀和收缩,胀缩转换愈快,岩石破坏愈快。此外,充填在岩石孔隙和裂隙中的水和盐溶液,它们的冻结或结晶会使岩石受到很大的膨胀力,致使岩石破坏。

②化学风化作用:在水、O_2、CO_2 以及各种酸类的影响下,引起矿物和岩石的化学成分发生改变并降低其物理力学性能的过程。总的来讲,化学风化作用使一些原来在地壳中比较坚硬的矿物与岩石发生化学变化,形成在大气和水环境中比较稳定,但却是相对松软的矿物与岩石,如高岭石、褐铁矿等,它使矿物与岩石的强度和刚度降低、密度变小、物质成分发生变化,本

来面貌受到破坏。

③生物风化作用:在生物活动影响下,引起矿物与岩石发生破坏作用的过程。既有机械破坏,也有化学变化。例如,植物生长在岩石裂缝中,根部挤压岩石,并分泌出酸类物质而破坏矿物和岩石;岩石孔隙和裂隙中的细菌和微生物析出各种有机酸等,对矿物与岩石起着破坏作用。

自然界中,上述三种风化作用一般同时存在,相互促进,但在具体地区有主次之分。引起风化作用的因素决定了风化作用一般在地壳表层发生,随着埋深增加,风化作用程度明显降低。地壳表层被风化了的部分称为风化带或风化壳。岩石风化程度用岩石风化程度系数(即未风化岩石强度与已风化岩石强度之比)来描述。

由于工程建设在地表或地表浅层进行,因此,风化作用对工程建设具有重要的影响,相关问题将在后续章节再进一步介绍。

(2)剥蚀作用

将风化产物从岩石表面剥离下来,同时进一步对未风化岩石进行破坏,不断改变岩石面貌的一种作用,称为剥蚀作用。引起剥蚀作用的地质营力主要有风、冰川、流水和海浪等,因此,它可分为风的破坏作用、流水的侵蚀作用、地下水的潜蚀作用、冰川的破坏作用、海水和湖水的破坏作用等,这将在后续章节中再进一步介绍。

剥蚀作用与风化作用都会使原有岩石产生破坏,剥蚀作用是各种地质营力在运动过程中引起的,而风化作用是各种地质营力在静态作用过程中产生的,它们也存在密切的联系。风化作用为剥蚀作用提供易剥离的岩石表层松散物质;剥蚀作用又为风化作用提供裸露的新鲜岩石露头,为进一步风化创造条件。

(3)搬运作用

在各种地质营力作用下,风化与剥蚀的产物离开母岩而到达沉积区的过程,称为搬运作用。引起搬运作用的地质营力主要有风、冰川和流水等,因此,它可分为流水(包括河水、湖水和海水等)的搬运作用、风的搬运作用和冰川的搬运作用等,这将在后续章节中进一步介绍。搬运作用主要有三种搬运方式:

①拖曳搬运:被搬运的物质因颗粒粗大,随风和流水在地面上或沿河床底面滚动或跳跃前进,被搬运物质大多数在搬运过程中逐渐停积于低洼地方或沉积于河床底部。

②悬浮搬运:被搬运物质颗粒较细,随风在空气中或浮于水中前进,或被搬运物质颗粒粗细不同,但被冻结在一起形成冰川,冰川随海水一起移动。例如,我国西北地区的黄土就是从很远的沙漠地区以悬浮方式搬运过来的;江西庐山的冰碛物就是冰川搬运作用的结果。

③溶解搬运:被搬运物质溶解于水,以溶液或胶体的状态搬运,它们被带到湖或海中沉积。

经过长距离搬运,沉积的物质可能具有分选性,如风和流水的搬运作用,风和水的速度变化,致使其搬运能力发生变化,颗粒大而重的物质会首先沉积下来;沉积物质也可能没有分选性,如冰川的搬运作用,其被搬运物质是否沉积仅仅受温度的影响,随着温度升高,不管粗细还是轻重,被融化部分的颗粒会同时沉积下来。

经过长距离搬运,被搬运物质可能具有磨圆性,如风和流水的搬运作用,在搬运过程中,固体颗粒之间会发生长时间的相互碰撞或摩擦,形成像沙漠中的风砂、山谷溪流中的卵石等。

被搬运物质可能向低处搬运,如流水的搬运作用,也可能向高处或低处搬运,如风的搬运作用。搬运方向主要受搬运力作用方向的控制,当然,地形也是影响搬运方向不可忽视的重要因素。

（4）沉积作用

由于搬运能力减弱（风速和水的流速降低、移动的冰川融化）、搬运介质物理化学条件变化或微生物和生物的作用，被搬运物质从运动的风、流水或冰川等介质中分离出来，在重力作用下形成沉积物的过程，称为沉积作用。沉积作用主要有三种方式：

①机械沉积作用：由于搬运能力的减弱，将拖曳或悬浮的物质按颗粒大小、形状和重量不同在适当地段依次沉积下来。

②化学沉积作用：呈溶液或胶体状态被搬运的物质，由于某种化学反应，使溶液中的溶质达到过饱和或胶体的电荷被中和而发生沉积。

③生物沉积作用：指由于在生物生活历程中所进行的一系列生物化学反应（如改变水的pH值等）和生物大量死亡，致使生物体内较稳定部分（主要为生物骨骼）和其他固体物质直接沉积下来的过程。湖沼和浅海是生物最繁盛的地带，生物沉积作用极其显著。

（5）成岩作用

使松散沉积物质转变为沉积岩的过程称为成岩作用。在成岩作用阶段，沉积物发生的变化主要有如下几个方面：

①压固作用：在上覆沉积物及水体的压力作用下，先成的松散沉积物所含水分被挤出，体积和孔隙比减小，逐渐被压实和固结，使松散沉积物转变为沉积岩。例如，由黏土沉积物变为黏土岩；碳酸盐沉积物变为碳酸盐岩。

②胶结作用：在粗碎屑物质沉积的同时或之后，水介质中的溶液和胶体也可随之发生沉积而形成细颗粒的泥质、钙质、铁质或硅质胶结物质。这些胶结物质充填于碎屑物颗粒之间，在上覆沉积物等外界压力作用下，经压实并借助其黏结作用而固结变硬，形成碎屑岩。

③重结晶作用：在温度和压力影响下，沉积物的成分借溶解或固体扩散等作用，使物质质点发生重新排列组合，颗粒增大。重结晶强弱的内因在于物质成分、质点大小和单一程度。一般来说，成分单一和质点小的溶液和胶体的沉积物，重结晶现象最明显。例如，化学沉积的方解石、白云石、石膏以及胶体沉积的黏土矿物、二氧化硅（蛋白石）都容易发生重结晶作用，使颗粒增大，对疏松沉积物的固结成岩起着重要的促进作用。因此，重结晶作用主要出现于黏土岩和化学沉积岩的成岩过程。

1.3.3 内外力地质作用的相互关系

自地球形成以来，内外力地质作用在发生的时间和空间两个方面都是一个连续的过程。虽然有时以某种地质作用为主导，但它们始终相互依存和彼此推进的。由于地壳及其表层是内外力地质作用既对立又统一的共同活动场所，因此，自然界中各种地质体无不保留内外力地质作用的痕迹。

（1）地壳上升与剥蚀作用

剥蚀作用的强弱不仅依赖于外动力能量的大小，而且与自然地理和地质构造条件密切相关。一般地形愈高和起伏愈大的地区，剥蚀作用愈强烈。地形的高低起伏主要是由地壳运动的性质和强度决定的，相邻地区的地壳运动差异性越大，则地形起伏也越大，剥蚀作用也越强烈。

剥蚀作用总是降低地形高度和地形起伏，而地壳运动总是进一步增大地形高度和地形起伏，二者试图相互抵消它们对地形高度和地形起伏的影响。然而地壳上升与剥蚀作用的速度是不会相等的。当地壳上升的速度超过剥蚀作用的速度时，地形高度才会增加，反之，地形起伏程度会愈来愈低，这实际是地形地貌演化的本质。

(2)地壳下降与沉积作用

各种外力地质作用将其剥蚀产物带到低洼的地方沉积下来,江河湖海是接受沉积物的主要场所,但是,如果没有地壳下降,要形成大规模的沉积岩层是不可能的。地壳下降时,沉积作用加强,同时沉积物试图补偿地壳下降。地壳下降与沉积作用速度之间的关系是决定沉积岩类型、厚度和分布的主要因素。

(3)地壳物质组成的相互转化

在内外力地质作用下,组成地壳的三大类岩石(岩浆岩、沉积岩和变质岩)是可以相互转化的。岩浆岩和变质岩是在特定温度、压力和深度等地质条件下形成的,它们随着地壳上升而暴露于地表,经过风化、剥蚀和搬运等作用,在新的环境中沉积下来,并经过成岩作用而形成沉积岩。而沉积岩随着地壳下降深埋地下,当达到一定温度和压力时,也可以转变成变质岩,甚至转化成岩浆岩。随着岩石的转变,组成岩石的矿物也会不断发生变化。

1.4 地质年代与地层系统

地球从形成至今已经历了 45 亿~60 亿年,在这漫长的地质历史中,组成地球的矿物、岩石和生物以及由于内外力地质作用形成的地形地貌、地质构造和地层等各种地质现象无时无刻不在变化和演化。地球组成物质和地质现象的形成与演化都是在一定地质历史时期内发生的,存在明显的时间顺序,它决定了地球的形成与演化规律。因此,研究地质年代和地层系统对掌握地球形成和演化规律具有重要的意义。

1.4.1 岩层与地层

组成地壳的物质绝大多数都是成层出现的,这是一种普遍的地质现象,是由地壳的组成物质(包括矿物与岩石)和内外力地质作用及其环境的差异性引起的。岩层和地层是地壳物质成层现象的主要表现。

(1)岩层

由两个平行或近似平行的界面(可能是水平或倾斜的)所限制,具有相同或相似岩性(主要指岩石的成分、结构和构造等)的一层岩石称为岩层。岩层的界面称为层面,上界面称为岩层的顶面,下界面称为岩层的底面。岩层顶底面之间的垂直距离称为岩层的厚度,一般情况下,岩层的厚度会有变化。

岩层按倾角 α 大小可分为水平岩层($0°\leqslant\alpha<5°$)、倾斜岩层($5°\leqslant\alpha\leqslant85°$)和直立岩层($85°<\alpha\leqslant90°$)。其中,倾斜岩层又可分为缓倾斜岩层($5°\leqslant\alpha<30°$)、倾斜岩层($30°\leqslant\alpha<60°$)和急倾斜岩层($60°\leqslant\alpha<85°$)。如果岩性基本单一的岩层中夹有其他岩性的薄岩层,则称为夹层或岩脉;如果由两种以上不同岩性的岩层交互重叠组成,则称为互层。夹层和互层的出现可反映构造运动或气象变化导致的沉积岩层形成环境的变化。

(2)地层

在同一地质时段(称为地质年代)形成的所有岩层称为一个地层。同一地层可由一个或多个岩层组成。正因为地层具有地质年代的概念,一个地区可能存在多个地层,并且这些地层会按一定地质年代顺序叠合在一起。因此,按照地层层序可将野外地层划分为正常地层和倒转地层:

①正常地层:地层的地质年代从上至下依次由新变老。大部分地层都属于正常地层。

②倒转地层:地层的地质年代从上至下依次由老变新。它是由于地壳运动使地层发生变

位形成的,是地壳运动和地质构造形成的标志。

值得注意,岩层和地层既存在联系也存在区别。同一岩层的概念强调的是岩性的相同与相似性,没有时间的含义,而同一地层强调的是时间概念,它由在同一地质年代形成的一个或多个岩层组成,不同地层具有不同的地质年代。另外,由于岩层和地层层面往往都是弱面,而且它会引起地基或工程结构围岩物理力学性质的变化(如由单一岩层物理力学性质的各向同性转化为整个岩土体物理力学性质的横观各向同性),它们对土木工程建设存在重要的影响。例如,边坡滑坡和地下结构与隧道的破坏或垮落经常受这些弱面的控制;地基与地下结构的变形或沉降也会随岩土体物理力学性质的改变而发生变化等。

1.4.2 地质年代

地球发展演化的时间段落称为地质年代,其表明地质现象形成的时间和不同地质现象发生的时间顺序关系。它可分为绝对地质年代和相对地质年代。

(1)绝对地质年代

绝对地质年代亦可称为绝对地质年龄,它是以绝对的天文时间单位"年"来描述地质时间,可表示地质现象或事件发生的起止与延续时间。目前较常见也较准确地确定绝对地质年代的方法是放射性同位素法,它根据岩石中所含放射性同位素及其蜕变产物(即稳定同位素)之间的相对含量来测定。当矿物和岩石形成时,一些放射性同位素就已经包含在其中,从此时起,这些放射性同位素将按恒定速度蜕变成为稳定同位素,如 $U^{235} \rightarrow Pb^{207}$ 等。例如,1.0 g 铀在一年的时间内可蜕变出 7.4×10^{-9} g 铅,于是,根据含铀矿物和岩石中的铅与铀的比率就可测定出含铀岩石的绝对地质年代。

值得注意的是,放射性同位素法测定绝对地质年代还存在较大误差,主要用于确定不含化石的古老地层和岩浆岩的绝对地质年龄,同时,它还广泛应用于考古研究中。

(2)相对地质年代

相对地质年代亦可称为相对地质年龄,它主要表示地质现象或地层产生或形成的时间顺序即新老关系。它虽然不能说明地质现象或地层形成的确切时间,但是可以反映它们形成的自然阶段,从而说明地球发展与演化的历史过程。因此,在地质工作中,相对地质年代的应用更广泛。

1.4.3 相对地质年代的确定方法

为了研究地球发展与演化的过程,相对地质年代的确定是极其重要但也是困难的问题,目前尚处于经验阶段。采用现有方法,并非所有地质现象或地层都能确定出准确的相对地质年代,而且对于不同类型岩石,相对地质年代确定方法也存在较大差异。除了通过采用放射性同位素方法确定绝对地质年代进而确定相对地质年代的方法以外,目前,较为成熟的是沉积岩地层相对地质年代确定方法,岩浆岩地层次之,而变质岩地层相对地质年代的确定只能依据它与沉积岩和岩浆岩地层的关系以及地质作用进行极为粗略的估计。下面将重点介绍沉积地层与岩浆岩地层的相对地质年代确定方法。

(1)沉积地层相对地质年代确定方法

沉积地层相对地质年代主要依据地层层序、古生物化石、岩性及沉积地层接触关系等进行确定。

①地层层序法:沉积地层在形成时,总是先沉积的在下面,而后沉积的覆盖在上面,从而形成一个从上至下由新变老的自然沉积时间顺序,称为地层层序定律。利用地层层序定律可确

定沉积地层的相对地质年代,但其存在一定局限性,例如,沉积地层在受到剧烈地壳运动的影响而发生地层变位的情况下,这种方法的应用就可能存在困难。

②古生物比较法:古生物化石是古代生物保存在沉积地层中的遗骸和遗迹,如动物的外壳、骨骼、角质层或足印以及植物的枝、干、叶等。自地球上有生物以来,每一个地质时期都有其相应的生物繁殖,随着时间的推移,生物演化总是由简单到复杂、由低级到高级,在某一地质历史阶段灭绝了的种属不能再在以后的发展阶段出现,这就是著名生物学家达尔文提出的生物进化论。因此,上面沉积地层的生物化石的种类和组合不同于下面地层内的生物化石的种类和组合,于是,人们可利用那些演化快、生存期短和分布广的生物化石(称为标准化石)来确定沉积地层的相对地质年代。岩浆岩和变质岩中是不可能存在化石的,因此,也就不能利用此种方法确定它们的相对地质年代。

③标准地层对比法:地壳运动使古代自然地理环境不断发生变化,而沉积环境的变化也必然反映到各地质年代沉积地层的岩性变化上。一般情况下,在同一沉积环境里,同一地质时期形成的沉积地层往往具有相同或相似的岩性特征,而不同地质时期形成的沉积地层在岩性上又往往不同。因此,在一定地区内,可根据各沉积地层的岩性变化来划分和对比地层的相对地质年代。通常是利用已知相对地质年代的、具有特殊性质和特征的且易为人们辨认的"标志层"来确定其他沉积地层的相对地质年代。例如,我国华北和东北南部各奥陶纪的厚层质纯的石灰岩和广西泥盆纪初期的紫色砂岩地层可作为标志层,还可利用沉积地层中含燧石结核的石灰岩、冰碛层、硅质层等作为标志层。标准地层对比法一般用于地质年代较古老而又无化石的"哑地层"的相对地质年代确定。当然,对含有化石的地层,也可结合运用,并相互印证。

④地层接触关系法:根据沉积地层之间的接触关系确定其相对地质年代。沉积地层之间的接触关系主要包括整合接触和不整合接触两大类,其中,不整合接触又可分为平行不整合接触和角度不整合接触,见图1-5。

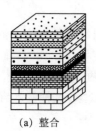 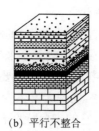 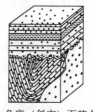

(a) 整合　　　　　(b) 平行不整合　　　(c) 角度(斜交)不整合

图1-5　沉积地层接触关系

a. 整合接触:在地壳长期连续下降的情况下,沉积物在沉积盆地中一层一层连续顺序沉积下来,不同地质年代的沉积地层的形成在时间上是连续的,这种两个地层之间的接触关系称为整合接触,如图1-5(a)所示。它的基本特点主要表现为:

(a)不同地层层面相互平行;

(b)接触面平滑;

(c)接触地层之间没有地层缺失,即相邻接触地层的形成在时间上是连续的。

b. 平行不整合接触:当地壳由长期连续下降转化为长期连续上升时,早先形成的沉积地层露出地表面,不仅不再接受新的沉积,而且还会由于外力地质作用受到风化与剥蚀,从而形成高低起伏不平的侵蚀面,其后地壳再次下降,在原来被风化侵蚀的表面上又沉积一套新的沉积地层,这种新老两套地层之间的接触关系称为平行不整合接触,亦称为假整合接触。如图

1-5(b)所示,它的基本特点主要表现为:

(a)不同地层层面平行;

(b)接触面高低起伏而不平滑,常保留有遭受风化与剥蚀的痕迹,其上往往存在下伏地层的风化岩石碎屑或化学风化产物(如底砾岩、褐铁矿等);

(c)接触地层之间存在地层缺失,即相邻接触地层的形成在时间上是不连续的。

c. 角度不整合接触:在地壳由下降转化为上升运动的过程中或地壳上升之前,原来的沉积地层因强烈的水平地壳运动而产生褶皱或断裂,原本水平的地层便会产生不同程度的倾斜。当这套地层上升露出地壳表面,会由于外力地质作用而受到风化和剥蚀,形成高低不平的侵蚀面,其后地壳再次下降,在原来被风化和侵蚀的表面上又沉积一套新的沉积地层,这种新老两套地层之间的接触关系称为角度不整合接触,亦称为斜交不整合接触,如图 1-5(c)所示。它的基本特点主要表现为:

(a)两个地层产状不一致或不同地层层面斜交;

(b)接触面高低起伏而不平滑,常保留有遭受风化与剥蚀的痕迹,其上往往有下伏地层的风化岩石碎屑或化学风化产物(如底砾岩、褐铁矿等);

(c)两个接触地层之间存在地层缺失,即相邻地层的形成在时间上是不连续的。

由此可见,沉积地层接触关系不仅可以确定沉积地层相对地质年代,还是地壳发生运动的有力证据。无论哪种沉积地层之间的接触关系,都是地壳运动在地层中的历史记录,特别是不整合接触关系,反映了地壳运动下降—上升—下降的阶段性变化规律。不整合接触面上下地层的岩性、古生物等都有明显不同,因此,不整合接触就成为划分沉积地层的重要依据。例如,在我国华北和东北南部地区,石炭至二叠纪的一套含煤地层直接覆盖在奥陶纪中期形成的厚层石灰岩之上,中间缺失了志留系和泥盆系地层,有一个明显的平行不整合面存在;在广西地区,泥盆系地层和早古生代地层之间也存在一个显著的角度不整合接触。

(2)岩浆岩地层相对地质年代确定方法

岩浆岩地层不含古生物化石,也没有层理构造,它的相对地质年代主要依据其与已知地质年代围岩的接触关系及不同岩浆岩体的穿插切割关系来确定。

①接触关系。岩浆侵入体与周围地层的接触关系主要有两种类型,即侵入接触和沉积接触。

a. 侵入接触:岩浆侵入到沉积地层中,使围岩发生变质现象,这种侵入岩浆岩地层与原来沉积地层之间的接触关系称为侵入接触,它的主要特点表现为:

(a)接触面平滑;

(b)接触地层之间存在地层缺失,即相邻地层的形成在时间上是不连续的;

(c)接触面一侧围岩存在变质现象。

如图 1-6 中岩浆侵入体①与地层④和图 1-7 中岩浆侵入体②与地层①均为侵入接触关系。这说明该岩浆侵入体形成的地质年代晚于发生变质的沉积地层的地质年代。

b. 沉积接触:岩浆岩形成之后,发生地壳上升运动露出地面而遭受风化与剥蚀作用,之后,由于发生地壳下降运动而接受新的沉积,从而形成新的沉积地层,这种岩浆岩地层与新近沉积地层之间的接触关系称为沉积接触。它的主要特点表现为:

(a)接触面不平滑,常保留有风化与剥蚀作用的痕迹,其上往往有侵入岩浆岩的风化岩石碎屑或化学风化产物;

(b)接触地层之间存在地层缺失,即相邻地层的形成在时间上是不连续的;

(c)侵蚀接触面上部沉积地层无变质现象。

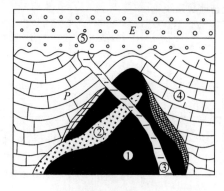

图 1-6 岩浆岩相对地质年代确定

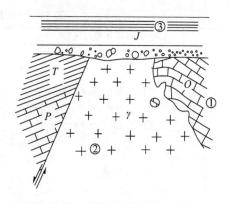

图 1-7 岩浆岩相对地质年代确定

如图 1-7 中岩浆岩体②与上覆沉积地层③即为沉积接触关系,它说明该岩浆岩地层形成的地质年代早于与之接触的沉积岩地层。

②岩浆侵入体的穿插切割关系。穿插的岩浆岩侵入体(如岩株、岩脉和岩基等)总是比被侵入的最新地层的地质年代要新,而比不整合覆盖在它上面的最老地层要老。如果两个侵入岩接触,岩浆侵入岩的相对地质年代也可由其穿插关系确定,一般是新的侵入岩穿过较老的侵入岩。例如,图 1-6 中岩浆岩体③切割了地层④、岩浆岩体①和②,所以③形成的地质年代晚于①、②和④而早于⑤;图 1-7 中岩浆侵入体②切割了①,所以,②形成的地质年代晚于①而早于③。

1.4.4 地质年代与地层系统的划分

相对和绝对地质年代是相辅相成的,地质年代研究不仅仅是地质现象发生和延续时间的推算,更重要的是研究地球自然历史的分期,反演地球历史的发展过程与阶段,从而为研究地球发展演化规律提供方便。

(1)地质年代单位与时间地层单位

地壳运动会导致地质现象的形成及变化,各种生物也会随之演变,这样就形成了地球发展历史的阶段性。地质学家根据内外力地质作用及其产生的地质现象、地球生物演化等特征以及放射性同位素法测定绝对地质年龄,地质历史被划分为宙、代、纪、世、期等若干大小级别不同的时间段落,在相应的地质时间段落会形成相应的地层,见表 1-4。

表 1-4 地质年代与时间地层单位

地质年代单位	宙	代	纪	世	期
时间地层单位	宇	界	系	统	阶

(2)地质年代表与地层系统

地质学家在长期实践中进行了地质年代和地层系统的划分和对比工作。按地质年代新老顺序把地质年代进行编年并列成表格,称为地质年代表;按地层形成的地质年代顺序划分地层,称为地层系统,见表 1-5。值得注意,表中绝对地质年龄为估计值,"?"表示该数据有争议或疑问,不同教材和著作中所列数据与生物现象描述稍有差异。

表 1-5　地质年代划分与地层系统

地质年代与地层				绝对年龄/百万年	构造运动	生物界现象
宙(宇)	代(界)	纪(系)	世(统)			
显生宙(宇)	新生代(界)Kz	第四纪(系)Q	全新世(统)Q₄	1~2	喜马拉雅运动	人类出现
			晚更新世(统)Q₃			
			中更新世(统)Q₂			
			早更新世(统)Q₁			
		第三纪(系)R	晚第三纪(系)N	上新世(统)N₂	2~25		被子植物、哺乳动物急速发展，并开始分化
				中新世(统)N₁			
			早第三纪(系)E	渐新世(统)E₃	25~70		
				始新世(统)E₂			
				古新世(统)E₁			
	中生代(界)Mz	白垩纪(系)K	晚白垩世(统)K₂	70~135	燕山运动	恐龙极盛，出现鸟类
			早白垩世(统)K₁			
		侏罗纪(系)J	晚侏罗世(统)J₃	135~180		
			中侏罗世(统)J₂			
			早侏罗世(统)J₁		印支运动	
		三叠纪(系)T	晚三叠世(统)T₃	180~225		裸子植物、爬行动物发展
			中三叠世(统)T₂			
			早三叠世(统)T₁		海西运动(华力西运动)	
	古生代(界)Pz	晚(上)古生代(界)Pz2	二叠纪(系)P	晚二叠世(统)P₂	225~270		蕨类植物、珊瑚、腕足类、两栖类动物繁盛
				早二叠世(统)P₁			
			石炭纪(系)C	晚石炭世(统)C₃	270~350		
				中石炭世(统)C₂			
				早石炭世(统)C₁			
			泥盆纪(系)D	晚泥盆世(统)D₃	350~400		陆生类植物和两栖类动物发育、鱼类极盛
				中泥盆世(统)D₂			
				早泥盆世(统)D₁		加里东运动	
		早(下)古生代(界)Pz1	志留纪(系)S	晚志留世(统)S₃	400~440		珊瑚、笔石发育
				中志留世(统)S₂			
				早志留世(统)S₁			
			奥陶纪(系)O	晚奥陶世(统)O₃	440~500		三叶虫、腕足类、笔石极盛
				中奥陶世(统)O₂			
				早奥陶世(统)O₁			
			寒武纪(系)∈	晚寒武世(统)∈₃	500~600	蓟县运动	生物开始大量发展，三叶虫极盛
				中寒武世(统)∈₂			
				早寒武世(统)∈₁			
隐生宙(宇)	元古代(界)Pt	晚元古代(界)Pt2	震旦纪(系)Z	晚震旦世 Z₃	600~1 000?		藻类繁盛
				中震旦世 Z₂			
				早震旦世 Z₁		吕梁运动	
		早元古代(界)Pt1			1 000?~3 400?		开始出现原始生命现象
	太古代(界)Ar				3 400?~4 500?	五台运动	
	地球初期发展阶段			6 000?		

1.5 岩层和地质结构面的产状

地壳内部岩层和地层不可避免地包含各种地质结构面。例如,岩层和地层的界面,地质构造中的断层和节理或裂隙面,不同岩石的分界面,沉积岩中的层理面,变质岩中的片理面等。由于地质结构面往往都是弱面,它们的空间状态尤其是与临空面的相对空间状态对工程结构的稳定性具有显著影响。例如,顺层边坡中的岩层或地层分界面对边坡稳定性起控制作用,地下结构或隧道围岩中结构面与临空面对围岩切割的空间状态决定其是否冒顶或片帮,地基中岩土层面会影响地基的变形力学特性、受力状态甚至稳定性等。因此,研究岩层面和地质结构面的空间状态即产状具有十分重要的工程实际意义。

1.5.1 岩层和地质结构面产状

岩层或地质结构面在空间的产出状态称为岩层或地质结构面的产状。通常采用走向、倾向和倾角三个要素表示,如图 1-8 所示。

①走向:岩层面或地质结构面与任一假想水平面的交线称为它的走向线(即 AB),走向线两端延伸的方向称为该岩层或地质结构面的走向,如图 1-8 中的 $\overrightarrow{OA}$ 与 $\overrightarrow{OB}$ 线。岩层面或地质结构面走向有两个方向,彼此相差 180°。

②倾向:在走向线 AB 上任取一点 O,以该点作为起点,在岩层面或地质结构面内向下作垂直于走向线的射线 $\overrightarrow{OD}$,其在水平面内的投影 $\overrightarrow{OD'}$ 所代表的方向称为该岩层或地质结构面的倾向。显然,倾向和走向相互垂直,彼此相差 90°。

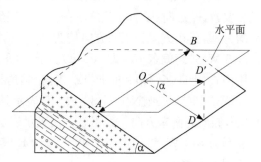

图 1-8 岩层和地质结构面产状要素

③倾角:射线 $\overrightarrow{OD}$ 与 $\overrightarrow{OD'}$ 的夹角 α 即为岩层或地质结构面与水平面的夹角,称为该岩层或地质结构面的倾角,它一般为锐角。在地质剖面图中见到的岩层或地质结构面倾角存在真倾角和假倾角(或称视倾角)之分,当射线 $\overrightarrow{OD}$ 与 $\overrightarrow{OD'}$ 所确定的铅直平面与走向线垂直时,$\overrightarrow{OD}$ 与 $\overrightarrow{OD'}$ 的夹角称为真倾角,否则,称为假倾角。真倾角恒定不小于假倾角,这可通过立体几何理论简单地得到证明。

1.5.2 岩层和地质结构面产状的表示方法

岩层和地质结构面产状一般采用文字和符号两种表示方法。文字表示方法主要用于地质报告中对产状的文字描述,而符号表示方法主要用于地质图件中对产状的表示。

(1)文字表示方法

岩层和地质结构面产状主要有方位角和象限角两种文字表示方法。

①方位角方法。采用方位角方法表示岩层或地质结构面产状时,只需要记录倾向和倾角两个参数。在自然地理坐标中,如图 1-9 所示,首先规定正北方向的方位角为 0°,然后按顺时针方向旋转,正东方向为 90°,正南方向为 180°,正西方向为 270°,再转至正北方向为 360°。如图 1-9 中 $\overrightarrow{O1}$ 射线的方位角为 50°,$\overrightarrow{O2}$ 射线的方位角为 230°,$\overrightarrow{O3}$ 射线的方位角为 140°。于是,采用方位角方法表示岩层或地质结构面的产状可采用格式"倾向方位角∠倾角"或"倾向方位角/倾角"表示。例如,某岩层或地质结构面的产状为 270°∠35°或 270°/35°,它表示该岩层或地质

结构面的倾向方位角为 270°,倾角为 35°。采用该方法表示岩层或地质结构面产状的形式是唯一的,是目前国际上通用的表示方法。

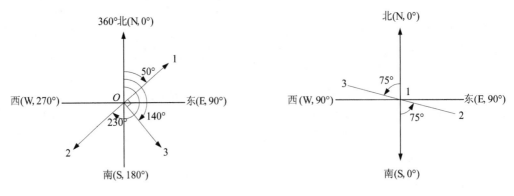

图 1-9　方位角方法　　　　　　　　　　　图 1-10　象限角方法

②象限角方法。采用象限角方法表示岩层或地质结构面产状时,需要记录产状的全部三个要素,即走向、倾向和倾角。在自然地理坐标中,如图 1-10 所示,规定正北方向和正南方向均为 0°,正东方向和正西方向均为 90°。例如,图 1-10 中直线 23 的象限角为北偏西 75°(即 N75°W)或南偏东 75°(即 S75°E)。于是,采用象限角方法表示岩层或地质结构面的产状可采用格式"走向∠倾角和倾向"或"走向/倾角和倾向"表示。例如,某岩层或地质结构面的产状为 N40°E∠30°SE 或 N40°E/30°SE,它表示该岩层或地质结构面的走向为北偏东 40°,倾角为 30°,倾向为南东方向。采用该方法表示岩层或地质结构面产状的形式并非唯一,例如,它还可表示为 S40°W∠30°SE 与 S40°W/30°SE 或 E50°N∠30°SE 与 E50°N/30°SE 等。目前该方法应用愈来愈少。

(2)符号表示方法

在地质图件中,往往采用一些特定的符号对岩层或地质结构面的产状进行表示,并把该符号表示走向与倾向的线之交点画在测点位置,这样会更加直观明了。目前,一些常用的岩层和地质结构面产状符号见表 1-6。

表 1-6　岩层和地质结构面产状的符号表示方法

产状	符号	符号含义
倾斜岩层或地质结构面	25°	长线表示走向,短线表示倾向即从长短线交点开始沿短线延伸方向,数值表示倾角,长短线方向须分别与实际走向和倾向一致,长短线交点与测量位置一致。
水平岩层或地质结构面		表示岩层是水平的。
铅直岩层或地质结构面		长线表示走向;带箭头线表示由老地层指向新地层。
倒转岩层或地质结构面	66°	表示地层发生倒转,直线表示倒转岩层或地层的走向,带箭头线表示由新地层指向老地层,数值表示倾角的大小。

1.5.3　地质罗盘与产状测定方法

岩层和地质结构面产状一般采用地质罗盘测定。地质罗盘种类很多,由于地磁场的影响,不同国家或地区所使用的地质罗盘在结构上稍有差别,当进行产状测定时,在操作上也稍有不同,主要表现在如下方面:

①磁针的指北针和指南针上是否系有铜丝。铜丝的作用是依靠其重力解决地磁场磁倾角引起的磁针不能保持水平状态而使其无法灵活转动的问题。由于磁针只有在赤道附近时才能保持水平状态,向两极移动时逐渐发生倾斜,因此,位于北半球的国家或地区所使用的地质罗盘,一般在指南针上系有铜丝,而位于南半球的一般在指北针上系有铜丝。由于不同国家或地区的磁倾角不同,因此,铜丝的重量和系铜丝的具体位置也都有差异。

②不同国家或地区所使用地质罗盘必须根据当地磁偏角校正其方位角刻度盘。一般来讲,地理磁极和地磁极是存在差异的,这就是地磁偏角问题。不同国家或地区的地磁偏角是不同的,由于利用地质罗盘测定岩层或地质结构面产状是针对地理磁极而言的,因此,不同国家或地区所使用的地质罗盘一般要根据地磁偏角对其方位角刻度盘进行校正。

(1)地质罗盘仪的结构与构造

我国所使用的地质罗盘种类较多,但是,任何一种罗盘都是由倾向或走向测试系统、倾角测试系统和瞄准系统组成,如图1-11所示。

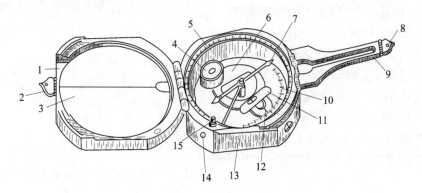

1—上盖　2与9—折叠式瞄准器　3—玻璃镜　4—圆形水准器　5—方位角刻度盘
6—倾斜仪　7—磁针　8—观测孔　10—倾角刻度盘　11—圆柱形水准器
12—倾角读数指针　13—底盘　14—方位角刻度盘校正螺栓　15—磁针制动器
图1-11　地质罗盘结构与构造

①倾向或走向测试系统。它由方位角刻度盘、磁针和固定在罗盘底盘内部底面的圆形水准器组成。

a. 方位角刻度盘:其上刻有 0°～360°范围的刻度数,它是测定倾向或走向的方位角读数盘。

b. 磁针:包括指北针和指南针,北半球地区(包括中国)所使用罗盘磁针的指南针一端系有铜丝,另一端即指北针是测定倾向或走向方位角的读数指针,其所指方位角刻度盘上的读数即为倾向或走向的方位角大小。

c. 圆形水准器:它用于测定倾向或走向时调平罗盘,使罗盘在读数之前保持水平,其标志是圆形水准器中气泡严格居中。

②倾角测试系统。倾角测试系统即为测斜仪。它用于测定岩层产状的倾角大小,由罗盘底盘内部底面的圆柱形水准器、固定该水准器的倾角读数指针和罗盘底盘内部底面的倾角刻度盘组成。

a. 圆柱形水准器:制作罗盘时,预先使圆柱形水准器的轴向严格垂直于倾角读数指针方向,因此,只要使圆柱形水准器的轴向保持水平,那么,倾角读数指针方向就一定处于铅直方向。圆柱形水准器用于测定倾角时调试罗盘,在读数之前要求该水准器中气泡严格居中。

b. 倾角读数指针：它是测定倾角时的读数指针，其所指倾角刻度盘上的读数即为倾角大小。

c. 倾角刻度盘：包括两个 0°～90° 范围的刻度数，是测定倾角的读数盘。

③瞄准系统。根据两点确定一条直线的原理，通过固定在地质罗盘底盘和上盖的折叠式瞄准器中的观测孔进行瞄准工作，测量岩层和地质结构面产状时一般很少使用瞄准系统。

此外，地质罗盘还包括磁针制动器、方位角刻度盘校正螺栓等。在地质罗盘上盖和底盘合上时，自动将磁针制动器压下，使磁针制动，因此，在罗盘移动过程中，磁针始终保持静止不动，达到保护磁针的目的；方位角刻度盘校正螺栓用于校正地磁偏角对罗盘的影响，该螺栓旋松时，方位角刻度盘可以旋转，根据当地磁偏角的大小可达到校正的目的。

(2)岩层或地质结构面产状测定方法

岩层或地质结构面产状的三个要素并非完全独立。知道了倾向自然就知道走向，相反，则不然，因此，利用地质罗盘测定产状只需测定倾向和倾角两个要素。其测定方法可分为两个步骤顺序进行，但是两个步骤的顺序不能颠倒。

①测定倾向：如图 1-12 所示，首先，将罗盘上盖背面紧贴岩层或地质结构面，其可以在岩层或地质结构面上滑动，但不能离开，或者使罗盘背面始终平行于岩层或地质结构面；然后，调整罗盘基座，使其处于水平即罗盘圆形水准器的气泡严格居中；最后，读取指北针所指方位角刻度盘上的读数，该读数即为倾向方位角的大小。

图 1-12 产状测量方法示意图

②测定倾角：测定岩层或地质结构面的倾向之后，其走向线的方向就已经知道，在此基础上就可以开始测定倾角了。如图 1-12 所示，首先，将地质罗盘的上盖和基座打开，并使它们处于同一平面；然后，将罗盘侧面紧贴岩层或地质结构面，并保持倾角刻度盘与岩层或地质结构面的距离最近，使上盖和基座确定的平面垂直于岩层或地质结构面，且其交线须与走向线相互垂直；最后，旋动基座背面旋扭，带动固定圆柱形水准器的倾角读数指针，直至该水准器中气泡严格居中，读取倾角读数指针所指倾角刻度盘上的读数，该读数即为倾角的大小。

思考题

1.1 地球构造圈层如何划分？各自特征如何？

1.2 地球内部天然地应力分布有哪些特点与规律？

1.3 地磁场磁倾角和磁偏角的物理意义是什么？有什么现实意义？

1.4 地质作用的物理意义是什么？包括哪些类型？它们对地球存在什么影响？

1.5 地质年代有哪些类型？如何确定沉积岩和岩浆岩地层的相对地质年代？

1.6 岩层和地层的区别是什么？时间地层单位和地质年代单位的区别是什么？

1.7 地层的接触关系是什么？存在哪些类型？它们的特点如何？

1.8 岩层产状的三个要素和表示方法是什么？岩层产状的测定方法和步骤是什么？

第2章 岩石及其工程地质性质

内容提要:

1. 矿物和常见矿物的特征;
2. 岩浆岩和常见岩浆岩特征;
3. 沉积岩和常见沉积岩特征;
4. 变质岩和常见变质岩特征;
5. 土和岩石的工程地质性质。

土木工程等建设总是在地表或地壳内特定地质环境中进行的,任何工程建筑都建设在岩土体之上(称为地面建筑物,如道路、桥梁、坝或堤、房屋或厂房等)或岩土体之中(称为地下建筑物,如隧道、地铁、地下洞室或地下厂房等)。对于前者,岩土体作为地基,而对于后者,岩土体作为建筑结构本身或部分,其工程地质性质将直接影响各类工程建筑物的设计、施工和投资以及建筑物的稳定安全性。因此,研究岩石(土可被认为是一种特殊的岩石)及其工程地质性质具有重要的理论与实际意义,这也是地质学尤其是工程地质学研究的重要任务。

岩石是地壳的主要组成物质,也是被人类广泛利用的自然资源之一。岩石,包括地壳表层作为特殊岩石的各类土,它是地质作用形成的矿物集合体。一种岩石可由一种矿物或多种不同矿物集合而成。前者称为单矿岩,如纯净的大理岩由方解石组成;后者称为复矿岩,如花岗岩由长石和石英等组成。当然,一种岩石也可由一种或多种矿物的集合体(称为矿屑),或者由一种或多种岩石的集合体(称为岩屑)再集合而成,这类岩石称为碎屑岩,如火山碎屑岩。按岩石形成原因,可将其分成为岩浆岩、沉积岩和变质岩三大类。因此,为了充分认识岩石及其工程地质性质,必须首先从认识矿物开始。

本章将重点介绍矿物、岩石的基本概念以及岩石的主要工程地质性质。

2.1 矿物及其特征

2.1.1 矿物的概念

矿物是指在自然界中因地质作用而形成的具有一定化学成分和物理化学与力学性质的天然单质或化合物。例如,自然金(Au)、自然铜(Cu)、金刚石与石墨(C)等属于单质矿物;岩盐($NaCl$),石英(SiO_2)、方解石($CaCO_3$)和石膏($CaSO_4 \cdot 2H_2O$)等属于化合物矿物。在自然界中,绝大多数矿物呈固态,也有少数呈液态(如水、自然汞等)和气态(如水蒸气、氡气等)。

在自然界中,至今已发现的矿物有 3 000 多种,目前被利用的只有 200 多种。其中,能够组成岩石的矿物称为造岩矿物。在岩石中经常出现、明显影响岩石性质、对鉴别岩石种类起重要作用的矿物称为主要造岩矿物,仅有 20~30 种。

由于不同矿物的化学成分和组成矿物的分子、原子或离子本身的化学性质及其组合方式存在很大差异,矿物在自然界中的形态非常复杂,而且不同矿物表现出不同的物理、化学与力学性质。正因为如此,这使人们能将一种矿物区别于另外一种矿物,也是人们在野外地质工作中用肉眼鉴定矿物与岩石的基础。下面将重点介绍矿物的主要物理化学性质及其特征。

2.1.2 矿物的主要物理性质

矿物的物理性质主要取决于其化学成分和内部结构与构造。由于不同矿物的化学成分和内部结构与构造不同,因而具有不同的物理性质。因此,矿物的物理性质是鉴别矿物的重要依据。矿物的物理性质多种多样,下面将介绍矿物的几种主要物理性质。

(1)矿物的形态

形态是矿物的重要外观特征,它与矿物的化学成分、内部结构与构造及其形成环境密切相关,是鉴定矿物和研究其成因的重要标志。

组成矿物的质点(包括分子、原子和离子)可能有或无规则排列,因此,可将矿物划分成结晶质矿物和非结晶质矿物两种类型。

①结晶质矿物:组成矿物的质点做规则排列,在适宜的形成环境下,其外表呈现由一些天然平面(称为晶面)所包围而成的固定几何形态。例如,岩盐(NaCl)由于其 Na^+ 和 Cl^- 在空间三个方向按等距离排列,所以外观呈立方体晶形(见图 2-1)。然而,在大多数情况下,由于形成条件的限制,矿物晶形的发育往往不很完善,但只要内部质点做规则排列,就不失结晶的本质。

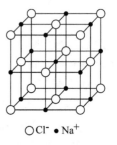

$\bigcirc Cl^-$ ● Na^+

图 2-1 岩盐晶体结构构造和外形

②非结晶质矿物:组成矿物的质点不做规则排列,其外表不具有固定的几何形态。例如,蛋白石($SiO_2 \cdot nH_2O$)和褐铁矿($Fe_2O_3 \cdot nH_2O$)就不具有固定的几何形态。

结晶质和非结晶质并非一成不变,在一定温度和应力条件下可以相互转化。例如,结晶质的铁氢氧化镁石可变为非结晶质,而非结晶质蛋白石可转化为结晶质石英。

按组成同一矿物晶体的晶面形状种类,可分为单形和聚形结晶质矿物两种(见图 2-2):

①单形结晶质矿物:由单一形状的晶面所形成的矿物。例如,黄铁矿的立方体晶体是由六个相同正方形晶面所组成;磁铁矿的八面体晶体是由八个同样的等边三角形晶面所组成等。

(a)单形结晶的黄铁矿　　(b)聚形结晶的石英

图 2-2 单形和聚形结晶质矿物

②聚形结晶质矿物:由两种或以上的单形所形成的矿物。例如,石英晶体通常由六方双锥和六方柱两种单形聚合而成。

值得注意的是,同一种矿物因其形成的物理化学条件不同可以出现不同的晶形。例如,磁铁矿的晶形除八面体单形外,还有菱形十二面体单形和八面体与菱形十二面体的聚形,如图 2-3所示。不同矿物也可有相似的晶形,例如,岩盐、萤石、黄铁矿等都可呈立方体晶形。

(a)八面体　　　　　　(b)菱形十二面体　　　(c)八面体和菱形十二面体的聚形

图 2-3 磁铁矿的三种晶形

对于同种晶质矿物的两个或两个以上的晶体,其中相邻两个晶体中的一个正好是另一个的映像,或者一个正好是相当于另一个旋转180°的位置,则此两个或两个以上的连生体称为双晶。例如,石膏的燕尾双晶、萤石的贯穿双晶和斜长石的聚片双晶等,如图2-4所示。

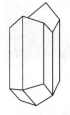 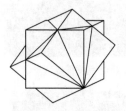 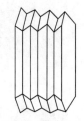

(a)石膏的燕尾双晶　　　　　　　　(b)萤石的贯穿双晶　　　　　　(c)斜长石的聚片双晶

图2-4　几种双晶形式

就在空间的发育状况而言,矿物在野外的形态主要包括单体和集合体的形态:

①矿物单体形态:非晶质矿物没有规则的单体形态,而晶质矿物具有规则的单体形态。晶质矿物单体主要包括三种形态:

a. 一向延伸:晶体沿一个方向发育。如柱状角闪石、针状石膏等。

b. 两向延伸:晶体沿平面两个方向发育均等。如板状重晶石、片状云母等。

c. 三向延伸:晶体在空间三个方向发育均等。如粒状磁铁矿等。

②矿物集合体形态:非晶质矿物集合体没有规则的形态,而晶质矿物很少以单体形态出现,所以晶质矿物常按集合体的形态来识别。由于晶质矿物集合体的形态往往反映了晶质矿物的形成环境,因而它对研究晶质矿物的成因具有重要的意义。在自然界中,晶质矿物的集合体形态形形色色,常见的有如下多种形式:

a. 晶族状:一种或多种矿物晶体,一端固定在共同的基底上,另一端则自由发育成比较完好的晶形,显示它是在岩石的空洞内或表面上形成的。例如,石英和方解石的晶族,如图2-5(a)所示。

b. 粒状:由各向均等发育的矿物晶粒集合而成,例如,粒状橄榄石,如图2-5(b)所示。按粒度大小可分为粗粒状、中粒状和细粒状三种。当颗粒过于细小以致肉眼无法分辨其界限时,一般称为致密块状,如块状磁铁矿。按颗粒集合的紧密程度又可分为三种,即致密状、疏松状和散粒状。

c. 鳞片状:由细小薄片状矿物集合而成。如鳞片状的辉钼矿和石墨等。

d. 纤维状:由针状或柱状矿物集合而成,且针状或柱状晶体彼此平行排列。如纤维状石棉和石膏等,如图2-5(c)所示。

e. 放射状:由针状或柱状矿物集合而成,且针状或柱状晶体大致围绕一个中心点向四周散射。如放射状的阳起石和红柱石等,如图2-5(d)所示。

f. 结核状:集合体呈球状、透镜状或瘤状,它是晶质或者胶体围绕某一核心逐渐向外沉淀而成的,因而其横断面上常出现同心圆状,如沉积形成的黄铁矿和菱铁矿结核等。颗粒像鱼籽的结核状称为鲕状,如鲕状赤铁矿等,如图2-5(e)。

g. 钟乳状:溶液或胶体因失去水分而逐渐凝聚形成,因此,它常具有同心层状(即皮壳状)构造,如钟乳状方解石和孔雀石等。钟乳状可再细分为肾状,如肾状赤铁矿,见图2-5(f);葡萄状,如葡萄状孔雀石和硬锰矿等,见图2-5(g);皮壳状,如皮壳状孔雀石等,见图2-5(h)。

29

(a)石英晶族   (b)粒状橄榄石   (c)纤维状石膏

(d)放射状红柱石   (e)鲕状赤铁矿   (f)肾状赤铁矿

(g)葡萄状孔雀石   (h)皮壳状孔雀石   (i)树枝状自然铜

图 2-5 几种矿物集合体的形态

h. 树枝状：它有时是由于矿物晶体沿一定方向连生而成的，如自然铜，见图 2-5(i)；有时是由于胶体沿岩石微小裂隙渗入凝聚而成的，如氧化锰等。

i. 土状：集合体疏松如土，是由岩石风化而成的，如高岭石等。

(2)颜色与条痕

矿物的颜色是矿物在光照下引起光学效应的结果，不同矿物甚至同种矿物均会表现出不同的颜色。矿物的颜色具有三种属性，即自色、他色和假色。

①自色：矿物本身固有的颜色。它取决于矿物内部性质，特别是所含色素离子的类别。例如，赤铁矿之所以呈砖红色是因为它含 Fe^{3+}；孔雀石之所以呈绿色是因为它含 Cu^{2+}。矿物的自色相对较稳定，同种矿物具有同一种自色，因此，它对矿物鉴定具有重要意义。

②他色：由于矿物混入某些杂质而引起的，与矿物本身性质无关。他色不固定，随杂质的不同而异。例如，纯净的石英晶体本是无色透明的，但含碳的微粒时就呈烟灰色（即墨晶），含锰就呈紫色（即紫水晶），含氧化铁则呈玫瑰色（即玫瑰石英）。

③假色：由矿物的内部结晶面或表面的氧化膜对光的内部反射、折射、内散射和干涉所引起。其中，由结晶面所引起的假色称为晕色，如方解石解理面上出现的虹彩；由氧化膜所引起的假色称为锖色，如斑铜矿表面常出现斑驳的蓝色和紫色。

为了获得矿物的自色，常引进条痕的方法。所谓条痕，就是将矿物在素瓷板（即无釉瓷板）

上擦划而留下矿物粉末的痕迹。因为矿物粉末的颜色呈现其固有的颜色,所以矿物条痕的颜色即为自色,因此,条痕对鉴定矿物具有重要意义。例如,赤铁矿有红色、钢灰色、铁黑色等多种颜色,但是其条痕的颜色却总是樱桃红色。条痕对于鉴定浅色的透明矿物没有太大价值,因为这些矿物的条痕色几乎都是白色或近于无色,难以区别。

(3)光泽

矿物光泽是指矿物表面对可见光的反射能力。它的强弱取决于矿物的折射率、吸收系数和反射率。其中,反射率又是折射率和吸收系数的函数。反射率越大,矿物的光泽就越强。在矿物学中,将矿物光泽的强弱按反射率 R 的大小分为三个等级,即金属光泽、半金属光泽和非金属光泽。

①金属光泽: $R > 0.25$,如同金属抛光表面上的反射光,闪耀夺目。如方铅矿、黄铜矿、铅锌矿和黄铁矿等。

②半金属光泽: $R = 0.19 \sim 0.25$,比新鲜金属抛光面略暗一些,如同陈旧的金属器皿表面的反射光。如磁铁矿和铬铁矿等。

③非金属光泽: $R = 0.04 \sim 0.19$,如同非金属抛光表面上的反射光,光泽暗淡。它可再细分为金刚光泽和玻璃光泽。金刚光泽: $R = 0.10 \sim 0.19$,如同金刚石等宝石的磨光面上的反射光,如金刚石、白铅矿和闪锌矿等;玻璃光泽: $R = 0.04 \sim 0.10$,如同玻璃表面的反射光,如水晶、萤石和方解石等。

上述是针对矿物光滑表面(包括晶面和解理面)上的光泽而言的。若矿物表面不平坦或矿物集合体表面或解理面发育引起光线折射、内反射和散射等,均可出现特殊的非金属光泽,主要表现为如下多种类型:

a. 珍珠光泽:对于某些具有极完全解理的浅色透明矿物,其解理面使光多次发生内反射而呈现如同珍珠一样的光泽,如透石膏和白云母等。

b. 油脂光泽:在某些透明矿物的断口上,由于反射表面不平滑而使部分光发生散射而呈现如同油脂般的光泽,如石英断口上的光泽。

c. 丝绢光泽:在纤维状集合体的浅色透明矿物上,由于各纤维的反射光相互干扰而呈现如同丝绢一样的光泽,如纤维石膏和绢云母等。

d. 蜡状光泽:某些隐晶质矿物或胶凝体矿物表面呈现如同石蜡一样的光泽,如叶蜡石、蛇纹石和滑石等。

e. 土状光泽:在矿物的土状集合体上,由于反射表面疏松、多孔而使光线几乎全部发生散射而呈现如同土一样的暗淡光泽,如高岭石等。

非金属矿物一般都表现为非金属光泽,而金属矿物则表现为金属光泽或半金属光泽。矿物光泽是鉴定矿物的重要标志,也是评价宝石质量的重要标准之一。

(4)透明度

矿物透明度是指矿物透过可见光的能力,其大小可用透射系数表示。设投入矿物的光线强度为 I_0,透过矿物的光线强度为 I,当矿物厚度为 1.0 cm 时,则 I 与 I_0 的比值称为矿物的光透射系数。因此,透射系数大,矿物透明,反之,矿物半透明或不透明。

从本质上来讲,矿物透明度取决于矿物对可见光的吸收能力,但吸收能力除和矿物本身的物理化学性质与晶体构造有关以外,还明显与厚度及其他因素有关。某些不透明的矿物,当其磨成薄片时,却是透明的。因此,矿物透明度只能作为一种相对的矿物鉴定依据。为了消除矿物厚度对透明度的影响,一般以 0.03 cm 薄片厚度作为参考标准。据此,矿物透明度可分为如下三个等级：

①透明：0.03 cm厚度矿物透光能力强，如石英、长石和角闪石等。

②半透明：0.03 cm厚度矿物透光能力弱，如辰砂、锡石等。

③不透明：0.03 cm厚度矿物不能透光，如方铅矿、黄铁矿和磁铁矿等。

同一种矿物的透明度还因其中的杂质、包裹体、气泡、裂隙、放射性以及集合方式的不同而存在差异。在自然界中，没有绝对透明或绝对不透明的矿物，如金箔也能透过一部分光，而极深的水也可表现为不透明。

矿物颜色、条痕、光泽与透明度之间存在相互消长的关系。矿物的颜色越深，说明它对光线的吸收能力越强，光线也就越不易透过，因此，透明度就越差；矿物的光泽越强，说明投射于矿物表面的光线大部分被反射，通过折射而进入矿物内部的光线就越少，因此，透明度就越差。掌握这些规律(见表2-1)对正确鉴定矿物具有重要的意义。

表2-1　矿物颜色、条痕、光泽和透明度之间的关系

颜色	无色	浅色	彩色	黑色或金属色
条痕	白色或无色	浅色或无色	浅色或彩色	黑色或金属色
光泽	玻璃	金刚	半金属	金属
透明度	透明	半透明		不透明

(5)硬度

矿物抵抗外力刻划、压入和研磨的能力称为矿物的硬度。它主要与矿物的化学成分和内部结构与构造有关，因此，不同矿物常具有不同的硬度。同一种矿物由于具有相对稳定的化学成分和内部结构与构造，因而具有相对稳定的硬度，所以硬度也是矿物鉴定的重要特征。

1822年，德国矿物学家Friedrich Mohs提出采用10种典型矿物来衡量一般矿物相对硬度。这10种矿物的相对软硬程度序列就构成所谓"摩氏硬度计"，如表2-2所示。通常摩氏硬度只反映矿物相对硬度的顺序，并非矿物绝对硬度的等级，而且，各摩氏硬度等级之间的硬度分布是不均匀的，等级之间只表示硬度的相对大小。

表2-2　摩氏硬度计

摩氏硬度	典型矿物	化学成分	摩氏硬度	典型矿物	化学成分
1°	滑石	$Mg_3[Si_4O_{10}](OH)_2$	6°	正长石	$K[AlSi_3O_8]$
2°	石膏	$CaSO_4 \cdot 2H_2O$	7°	石英	SiO_2
3°	方解石	$CaCO_3$	8°	黄玉	$Al_2[SiO_4](F,OH)_2$
4°	萤石	CaF_2	9°	刚玉	Al_2O_3
5°	磷灰石	$Ca_5[PO_4]_3(F,Cl)$	10°	金刚石	C

在鉴定矿物时，通常以摩氏硬度计为依据，采用相互刻划的方法确定矿物的硬度。例如，某矿物可以被石英刻动，而不能被正长石刻动，则该矿物硬度介于6°～7°之间。在野外，可利用指甲(2°～2.5°)、铁刀刃(3°～3.5°)、钢刀刃(6°～6.5°)、玻璃(5°～5.5°)和石英(7°)等来粗略地测定矿物的硬度。

值得注意，有些矿物在不同结晶方向上的硬度是存在差异的，例如，蓝晶石沿结晶延长方向的硬度为4.5°，而垂直该方向的硬度为6.5°；由于风化、裂隙、杂质等会影响矿物的硬度，故在鉴定矿物硬度时，要注意在矿物新鲜表面上进行。

(6)解理与断口

由于不同矿物结晶的性能和程度不同，在其受到外力打击后，不同矿物的破裂面状况存在

很大差异。对于晶质矿物,一般沿结晶面裂开,而且破裂面平整光滑,表现为解理特性;而对于非结晶质矿物,破裂面既不平整也不光滑,破裂面的方向具有随机性,表现为断口特性。同一种矿物由于其结晶的性能和程度相对稳定,矿物破裂面的状况也相对稳定,因此矿物的解理和断口性质是鉴定矿物的重要特征。

①解理:晶质矿物在受到外力打击作用后沿特定方向裂开成平整光滑平面的性质。裂开的光滑平面称为解理面。矿物之所以能发生解理,源于矿物内部质点的规则排列,解理面常平行于特定结晶面,且垂直于晶体结构中相邻质点连接强度较弱的方向。

依据矿物受打击后是否易于沿解理面破裂以及解理面的大小和平滑程度,可将解理分成四个等级,即极完全解理、完全解理、中等解理和不完全解理,如表2-3所示。

表2-3 矿物解理分级

解理等级	破裂的难易程度	解理面特征	实例
极完全解理	极易裂成薄片	大而非常平滑	云母
完全解理	易裂成薄片或小块	较大且较平滑	方解石
中等解理	不易裂开	小且不平滑,也不连续	角闪石
不完全解理	难裂开	难出现解理面	磷灰石

值得注意,不同晶质矿物解理方向的数目不同。有一个方向的解理,如云母;有两个方向的解理,如长石;有三个方向的解理,如方解石;有四个方向的解理,如萤石;有六个方向的解理,如闪锌矿。晶质矿物破裂后,大块与小块的形状具有很强的相似性。如食盐破裂后可形成大小不同的块体,但其形状均为立方体,如图2-6所示。不同晶质矿物的解理面之间夹角也不一样。例如,正长石和斜长石都有两组完全解理面,正长石两组解理面夹角为90°,而斜长石近似为86°,正长石和斜长石因此而得名。

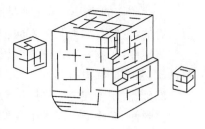

图2-6 食盐的立方体解理

②断口:指非晶质矿物在受到外力打击作用后,破裂面方向随机且极不平整光滑的性质。裂开的不平整也不光滑的面称为断口面。矿物断口的性质虽然不如解理固定,但对某些宝石和玉石来说,它也是鉴定它们的重要特征。根据断口的形态特征,常出现以下主要类型:

a. 贝壳状断口:呈椭圆形曲面的形态,且具有同心凹面,与贝壳很相似。如石英(见图2-7)。

b. 平坦状断口:断面平坦。一些土状块体或致密块体矿物(如块状高岭石)常具此种断口。

c. 参差状断口:断口粗糙起伏,参差不齐。粒状或块状集合体矿物(如磷灰石)常见此种断口。

d. 锯齿状断口:断面呈尖锐锯齿状形态。如自然铜常具此种断口。

e. 刀片状断口:断面呈如同重叠排列的刀片。常见于由纤维单体交织构成的块状集合体(如硬玉)的断口。

图2-7 石英的贝壳状断口

f. 阶梯状断口:由解理面和参差状断口反复交替出现所形成,呈阶梯状。如长石的断口。

由于矿物解理和断口的性质主要取决于矿物的结晶性能与程度,因此,对于同一种矿物,其解理与断口的性质往往是此消彼长的,一种矿物的解理性质越强,则其断口性质就越弱,反之亦然。

(7)密度和重度

矿物的密度是指单位体积所含矿物质量的多少,其量纲可表示为 $g \cdot cm^{-3}$ 或 $kg \cdot cm^{-3}$ 等,它也可采用相对密度的概念来描述。所谓矿物相对密度是指矿物的密度与温度为 4 ℃时的纯水密度之比,它是一个无量纲的量。矿物的重度是指单位体积矿物的重力大小,其量纲可表示为 $N \cdot m^{-3}$ 或 $kN \cdot m^{-3}$ 等。密度反映矿物的质量性质,而重度则反映矿物的重力性质,两者具有密切的关系。

不同矿物具有不同的密度和重度,同一种矿物具有较稳定的密度和重度,因此,矿物的密度和重度是矿物的重要物理常数,对鉴定矿物具有重要的意义。在自然界中,最大的矿物相对密度可达 23 或更大,如锇铱族矿物;最小的可低于 1.0,如地蜡和冰等;绝大多数为 2.5~4.0。依据矿物相对密度 d,可将矿物划分为如下三类:

①小密度:$d < 2.5$,称为轻矿物,如石盐等。

②中密度:$d = 2.5 \sim 4.0$,大多数矿物属于此类,如白云石等。

③大密度:$d > 4.0$,称为重矿物,如方铅矿、黑钨矿等。

(8)其他物理性质

上述矿物的物理性质几乎是所有矿物都具有的,除此之外,还有一些物理性质是某些矿物所特有的,主要有如下几个方面:

①脆性:矿物容易被击碎或压碎。用小刀刻划这类矿物时,一般容易出现粉末,如方铅矿、黄铁矿、磁铁矿和滑石等。

②延性:矿物在应力作用下易变形成薄片或细丝。如自然铜和自然银等。

③弹性:矿物受力时发生变形,而外力释放后又恢复原状。如云母和石英等。

④挠性或塑性:矿物受力时发生变形,而外力释放后不能恢复原状。如绿泥石等。

⑤磁性:矿物颗粒或粉末能为磁铁所吸引。由于许多矿物均具有不同程度的磁性,所以磁性是鉴定矿物的重要特征。但由于大多数矿物磁性较弱,使得具有鉴定意义的只限于少数磁性较强的矿物,如磁铁矿和磁黄铁矿等。

⑥导电性:有些金属矿物(如自然铜、自然银和辉铜矿等)和非金属矿物(如石墨等)是良导体;另一些矿物(如金红石和金刚石等)是半导体;还有一些矿物(如云母和石棉等)是不良导体或绝缘体。

⑦带电性:在受到外界能量作用(如摩擦、加热、加压等)下,有些矿物往往会产生带电现象。例如,电气石受热时,一端带正电,而另一端带负电,称为热电性;压电石英(纯净透明、不含气泡和包体、不具双晶的水晶)在压缩或拉伸时,可产生交变电场,将机械能转化为电能,称为压电性。

⑧发光性:矿物在外部作用(如加热、加压以及受紫外线、阴极射线和其他短波射线等照射)下发光。如萤石在加热时、白钨矿在紫外线照射下均能发光。激化作用停止时,矿物发光现象随之消失的光学现象,称为萤光,如萤石等;激化作用停止后,矿物继续发光的光学现象,称为磷光,如金刚石等。

⑨放射性:含放射性元素的矿物所特有的性质,特别是含铀、钍的矿物,如晶质铀矿(UO_2)和方钍矿(ThO_2)均具有强烈的放射性。

2.1.3 矿物的主要化学性质

在自然界中,矿物是地球内部各种化学元素由于地质作用而结合形成的产物,除少数以单质形式存在外,绝大多数矿物都是化合物。自然界中的矿物成分并非绝对固定,有些矿物的主要化学成分虽然较固定,但也常混入杂质,致使其物理化学性质随之发生改变,如石英、方解石和磁铁矿等;而另一些矿物的主要组成成分在一定范围内发生变化,如斜长石和锰矿等。之所以这样,是由于矿物一般并非纯净化合物,在很多情况下,它们是以下面即将介绍的固溶体、类质同象混合物和胶体等形式存在。

(1)固溶体和胶体

①固溶体:指两种或两种以上彼此不能化合的组分相互混溶而形成的均匀固体物质。日常所见的合金即是最典型的实例。固溶体按其形成的方式可分为交替固溶体和侵入固溶体两种类型:

a. 交替固溶体:其组分间具有共同的结晶构造,即一种组分的原子或离子被另一种组分的原子或离子所替换,如图 2-8(a)所示。它是矿物经常出现的一种形式,也是下面将要介绍的类质同象的概念。

b. 侵入固溶体:一部分杂质以机械混入物形式出现,如图 2-8(b)所示。

交替固溶体和侵入固溶体都是引起晶质矿物化学成分不固定的根本原因。

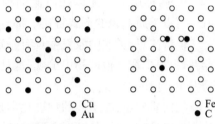

(a)交替固溶体　　(b)侵入固溶体

图 2-8　固溶体构造

②胶体:指一种或几种物质的微细质点($1\sim100$ 毫微米,即 $10^{-6}\sim10^{-4}$ mm)分散在另一种物质中而形成的不均匀分散体系。这种微细质点称为胶体颗粒,容纳胶体颗粒的物质称为分散介质。

就胶体的形成过程而言,胶体颗粒通常是原岩或原矿的微细碎屑,而分散介质一般是水,两者一起便构成胶体溶液或溶胶。由于胶体颗粒带有电荷,因此,当带不同电荷的胶体颗粒间或胶体颗粒与带异种电荷离子间发生相互作用时,胶体颗粒相互中和而失去电荷,从而凝聚下沉而与介质分离,经固结就形成固态的胶体矿物。如带负电的 SiO_2 胶体颗粒和带正电荷的 $Fe(OH)_3$ 胶体颗粒相遇时,就凝聚成含 SiO_2 的褐铁矿。

由于上述原因,胶体矿物的化学成分常常是很不稳定的。例如,胶体成因的硬锰矿($mMnO_2 \cdot MnO \cdot nH_2O$),不仅其主要成分 MnO_2 和 MnO 的含量变化很大,而且还常混入 K_2O、BaO、CaO 和 ZnO 等成分,这是由于带负电荷的 MnO_2 胶体颗粒能够从水溶液中吸附 K^+、Ba^{2+}、Ca^{2+} 和 Zn^{2+} 等阳离子所致。除此之外,分散介质的干湿、温度变化和生物的活动都会影响胶体的凝聚。

由此可知,胶体物质的质点是不规则排列的,因而它属于非晶质。但必须强调的是,随时间的增长、温度和压力的变化,胶体会发生陈化作用。在陈化的过程中,质点会趋向于规则排列,也就是由非晶质逐渐转变为晶质,如蛋白石($SiO_2 \cdot nH_2O$)可转化为石髓和石英。

(2)类质同象和同质异象

①类质同象:化学成分相近、结晶构造相似的两种或两种以上的物质,在不破坏结晶构造的条件下发生相互替换的现象,称为类质同象。由其混合形成的混合晶体称为类质同象混合物,如果替换的量很少,则称为类质同象混入物。由于这种替换不破坏结晶构造,因而替换后的晶体的形状不发生改变。类质同象存在完全类质同象和有限类质同象两种类型。

a. 两种组分能以任何比例相互混溶,从而形成连续的类质同象系列,称为完全类质同象。例如,各种斜长石是由钠长石($NaAlSi_3O_8$)和钙长石($CaAl_2Si_2O_8$)以某种比例混溶而形成的,如表 2-4 所示。

表 2-4 斜长石的类质同象系列

名　称	含　量/%	
	NaAlSi₃O₈	CaAl₂Si₂O₈
钠长石	90～100	0～10
更长石	70～90	10～30
中长石	50～70	30～50
拉长石	30～50	50～70
培长石	10～30	70～90
钙长石	0～10	90～100

表 2-5 金刚石和石墨物理性质比较

物理性质	石墨	金刚石
颜色	灰黑或铁灰色	无色或带各种彩色
透明度	不透明	透明
光泽	金属	金刚
摩氏硬度	1°	10°
解理	完全	中等
相对密度	2.09～2.23	3.50～3.53
导电性	强	弱

b. 两种组分不能以任何比例相互混溶,称为有限类质同象。例如,在闪锌矿(ZnS)中,Fe^{2+} 可以类质同象的形式替换一部分 Zn^{2+},但是,总量不能超过 20%。

值得注意,类质同象发生具有一定规律。例如,镉(Cd)经常在闪锌矿中以类质同象形式存在,但很少在其他矿物中出现,这是因为锌和镉的离子类型相同、大小相近和电价相等而容易发生替换的缘故。

②同质异象:在不同的物理化学条件下,化学成分相同的物质可以生成不同的结晶构造,从而形成具有不同形态和不同物理性质的矿物,这种现象称为同质异象。最典型的实例就是金刚石和石墨,虽然它们的组成元素都是碳(C),但两者的结晶构造和物理性质却截然不同,如图 2-9 和表 2-5 所示。

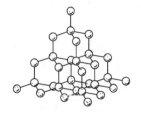 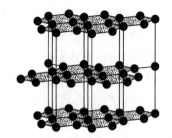

(a)金刚石的结晶构造　　　　　　(b)石墨的结晶构造

图 2-9 金刚石和石墨的同质异象

(3)矿物的化学式

矿物的化学成分以化学式表示,主要有如下两种表示方法:

①实验式:它仅表示矿物组成元素的种类和数量比,如闪锌矿可表示为 ZnS,正长石可表示为 $KAlSi_3O_8$。

②构造式:它不仅表示组成矿物化学元素的种类和数量比,还反映各元素在分子构造中的相互关系。其书写方法是用方括号把络合阴离子括出,以此与阳离子相区别。例如,孔雀石可表示为 $Cu_2[CO_3](OH)_2$,正长石可表示为 $K[AlSi_3O_8]$。

对于类质同象混合物,将存在等价替换的原子或离子用圆括号括出,按含量多少依次排列,并以逗号分开。如黑钨矿可表示为 $(Mn,Fe)[WO_4]$;如果是离子不等价替换的类质同象,可将极端组分的化学式都写出来,中间以圆点分开,并分别以 n 和 $(100-n)$ 表示两个组分的相对含量,写在各自的化学式之前,如斜长石可表示为 $nNa[AlSi_3O_8] \cdot (100-n)Ca[AlSi_3O_8]$。

对于含水化合物的水分子,一般是写在化学式的最后,写出所含水分子的数量,并以圆点分开,如石膏可表示为 $CaSO_4 \cdot 2H_2O$;如果是胶体水,水分子数量通常以 n 表示,如蛋白石可

表示为 $SiO_2 \cdot nH_2O$。

(4)矿物的杂质

矿物中除含有其化学式所表示出来的主要化学元素外,有时还存在数量不定的伴生元素,这些伴生元素就是矿物的杂质,它以如下两种形式存在于矿物之中。

①杂质作为构造单位存在于矿物结晶构造中,它们是以类质同象混入物的形式存在的,例如,辉钼矿中的铼(Re);黄铁矿中的钴(Co);闪锌矿中的镉(Cd)、铟(In)和镓(Ga)等。

②杂质并不参与矿物的结晶构造,它们或以机械混入物的形式存在,如石英由于混入不同的杂质而呈现各种颜色;或以包裹体的形式存在,如石英晶体中的气态(如 CO_2)和液态(如 H_2O)包裹体;或以胶体形式存在,如蛋白石中的铁质等。

矿物杂质应予以足够的重视,因为它对矿物的综合利用具有重要的意义。一方面,矿物中的某些杂质往往是提取稀有元素的重要来源;另一方面,矿物中的某些杂质又会对矿物的冶炼和利用产生某些不利的影响。

2.1.4 矿物分类及鉴定方法

(1)矿物分类原则与方法

自然界中存在众多矿物,为了更好地研究和利用这些矿物,对其按照一定的原则与方法进行分类,具有重要的意义。

矿物分类的依据和原则是它们的相互关系和共性,但由于对矿物共同规律研究的侧重点不同,因而出现了不同的矿物分类方法。例如,成因分类方法是根据形成矿物的主要地质作用进行分类;地球化学分类方法是依据组成矿物的主要化学元素进行分类;形态分类方法是根据矿物晶形进行分类;用途分类方法是依据矿物是形成矿石还是岩石进行(前者称为造矿矿物,后者称为造岩矿物)分类等。显然,现有各种矿物分类方法都带有一定的片面性,它们均不够完全合理,但也不能否认,它们在一定条件下都有其实际意义。

自从应用 X 射线研究矿物内部构造并积累大量实际资料后,出现了目前广泛采用的矿物分类方法即晶体化学分类方法,它综合考虑了矿物的化学成分和晶体构造的特点,具体分类方法见表2-6。

表2-6 矿物的晶体化学分类

大 类	小 类	实 例
自然元素		自然金、石墨、金刚石
硫化物及其类似化合物	简单硫化物及其类似化合物	辉铜矿、方铅矿、闪锌矿、辉钼矿、辰砂、
	复杂硫化物	雌黄、雄黄、毒砂、黄铜矿
卤化物	氟化物	萤石、石盐
	氯化物、溴化物和碘化物	
氧化物和氢氧化物	简单氧化物	石英、赤铁矿、磁铁矿
	复杂氧化物	钛铁矿、铬铁矿
	氢氧化物	铝土矿、硬锰矿、蛋白石
含氧盐	硅酸盐	长石、石榴子石、高岭石、滑石
	硼酸盐	硼砂
	磷酸盐、砷酸盐和钒酸盐	磷灰石
	钼酸盐和钨酸盐	白钨矿、黑钨矿
	硫酸盐	石膏、重晶石
	碳酸盐	方解石、白云石、菱铁矿、孔雀石

(2)矿物的鉴定方法

正确的识别和鉴定矿物是识别和鉴定岩石的基础,也是地质学和工程地质学的重要内容。

37

目前,矿物鉴定方法很多,而且随着现代科学技术的发展,还在进一步发展和完善之中。较为准确的矿物鉴定方法是借助各种仪器与设备,采用物理和化学方法,通过对矿物化学成分、晶体形态和构造及物理性质的测定,以达到鉴定矿物的目的。这种方法往往需要借助复杂而精密的仪器设备和良好的实验条件,所以在野外无法采用。因此,在野外地质工作中,矿物鉴定一般采用肉眼鉴定方法即矿物外表特征鉴定方法,它主要凭借地质或工程地质技术人员肉眼和一些简单工具(如小刀、钢针、放大镜、磁铁、条痕板等)来分辨矿物的外表特征和物理性质,当然,有时也可配合采用一些简易化学分析方法,从而对矿物进行粗略的鉴定。该方法简便易行,特别适合于野外地质勘察工作。在野外肉眼鉴定矿物的过程中,应特别注意以下几个方面问题:

①矿物的所有物理性质在同一矿物上可能不会全部显示出来,因此,必须善于抓住矿物的主要特征,尤其是要注意那些具有鉴定意义的特征。例如,磁铁矿的磁性;赤铁矿的樱桃红色条痕;方解石的菱面体完全解理;冰洲石的重折射现象等。

②应充分考虑矿物形成和赋存的环境,因为各种矿物的形成和赋存一般都不是孤立的,在一定地质条件下,它们有一定的共生和伴生规律。例如,闪锌矿和方铅矿常常伴生在一起;石英和自然金也有一定的共生和伴生现象等。

③同种矿物可能表现部分不同的物理性质,而不同矿物可能表现部分相同的物理性质。例如,赤铁矿可呈现红或钢灰等不同颜色;方解石和冰洲石可能均无色透明,且都表现出平行六面体的完全解理等。

④应充分综合考虑矿物物理性质之间的相互关系。例如,金属矿物一般颜色较深、密度大、光泽强,而非金属矿物则相反;晶质矿物一般解理性能好、晶体形状较固定,而非晶质矿物则相反等。

总之,野外肉眼鉴定矿物带有较强的经验性。在野外肉眼鉴定矿物时,必须首先对矿物标本认真观察、仔细分析和相互比较,建立起对矿物外表物理特征的深入感性认识,并在此基础上,按下述步骤顺序进行:

①观察矿物的光泽。通过判断矿物是金属还是非金属光泽,以确定其是金属矿物还是非金属矿物(这不是绝对的,例如,闪锌矿就出现非金属光泽,它却是金属矿物)。

②确定矿物硬度。判断矿物硬度是大于还是小于小刀的硬度,或者利用摩氏硬度计确定出矿物的具体硬度。也应注意不同矿物可能具有相同或相近的硬度,例如,滑石和石墨的硬度都是1°。

③观察矿物的颜色。对于矿物的颜色,只有其自色才具有鉴定意义,应尽量消除或减小矿物的假色或他色对鉴定矿物的影响。例如,赤铁矿可能表现出红色、钢灰色等,而它的条痕色或自色总是樱桃红色。

④观察矿物的形态。应该注意,不同矿物可能具有相同或相近的形态特征,而同种矿物可能具有不同的形态特征。例如,石膏和石棉可能都表现出针状的集合体形态;绿帘石可能表现出柱状或板状等不同的集合体形态。

⑤观察其他物理性质。应尽量消除同种矿物具有不同物理性质以及不同矿物具有相同或相近物理性质对鉴定矿物的影响,逐步缩小范围,进而确定矿物的名称。

肉眼鉴定矿物的方法虽然较粗糙,但它对一个具有丰富实践经验的地质和工程地质技术人员来讲,利用该方法可鉴别很多常见的矿物,同时,它也是其他更准确的矿物鉴定方法必不可少的先行环节和重要基础。

(3)常见矿物及其肉眼鉴定特征

为了帮助深入认识和鉴别矿物,下面将一些常见矿物及其物理特征列出,仅供参考。

①自然金(Au):通常为分散颗粒状或不规则树枝状集合体;颜色和条痕均为金黄色;相对密度 15.6~18.3;具延展性;不易氧化;热和电的良导体。

②石墨(C):多为鳞片状或块状集合体;铁黑色至钢灰色,条痕为亮黑色;相对密度 2.09~2.23;硬度 1°;有滑感,易污手;薄片有挠性;导电性良好。

③金刚石(C):多呈八面体或菱形十二面体晶形;极纯净的为无色透明,一般多呈黄、褐、灰、绿、蓝、乳白和紫色,含杂质的为半透明或不透明;标准金刚光泽;相对密度 3.47~3.56;硬度 10°;脆性;具强色散性,紫外光照射后发出淡青蓝色磷光。

④方铅矿(PbS):呈立方体或八面体晶形,常为粒状或块状集合体;铅灰色,条痕为灰黑色;强金属光泽;完全立方体解理;相对密度 7.4~7.6;硬度 2°~3°;脆性。

⑤闪锌矿(ZnS):常为粒状或致密块状的集合体;浅褐、棕褐至黑色,白至褐色条痕;树脂至金刚光泽;相对密度 3.9~4.0;硬度 3°~4°。

⑥辰砂(HgS):呈细小的厚板状或菱面体晶形,多为粒状、致密块状、被膜状集合体;鲜红色,红色条痕;相对密度 8.09;硬度为 2.0°~2.5°。

⑦毒砂(FeAsS):呈短柱状或柱状晶形,晶面具纵向纹理;多为粒状或致密块状集合体;锡白色,灰黑色条痕;金属光泽;相对密度 5.9~6.2;硬度 5.5°~6°;脆性;锤击后发出蒜臭味。

⑧萤石(CaF_2):呈立方体或八面体晶形,常为粒状或块状集合体;无色透明者少见,常呈绿、黄、浅蓝、紫等颜色,加热时可失去颜色;玻璃光泽;相对密度 3.18;硬度 4°;脆性;完全的八面体解理;紫外线照射下发出荧光。

⑨刚玉(Al_2O_3):呈桶状或短柱状晶形,柱面或双锥面上有纹理;常为致密粒状或块状集合体;钢灰色或黄灰色;玻璃光泽;相对密度 3.95~4.1;硬度 9°;脆性;无解理。

⑩赤铁矿(Fe_2O_3):呈片状或板状晶形,常为致密块状、鱼籽状、肾状或鲕状等集合体;钢灰色或红色,樱桃红色条痕;相对密度 5.0~5.3;硬度 5.5°~6°;半金属至土状光泽;脆性;无解理;火烧后具弱磁性;结晶呈片状并具金属光泽的赤铁矿称为镜铁矿,红色粉末状的赤铁矿称为铁赭石。

⑪石英(SiO_2):常为六方柱、六方双锥等所形成的聚形晶体,多为粒状、块状或晶族状集合体;白色,含杂质时可呈现紫、玫瑰、黄或烟灰等颜色;相对密度 2.65;硬度 7°;玻璃至油脂光泽;解理差或无解理,贝壳状断口;隐晶质的石英称为石髓,结核状的石英称为燧石,具不同颜色的同心层状或平行带状的石英称为玛瑙。

⑫磁铁矿(Fe_3O_4):多呈八面体晶形,少数呈菱形十二面体,晶面上有平行于菱形晶面长对角线的纹理,多为致密粒状或块状集合体;颜色和条痕均为铁黑色;相对密度 4.9~5.2;硬度 5.5°~6.0°;半金属至金属光泽;不透明;具强磁性。

⑬蛋白石($SiO_2 \cdot nH_2O$):常为致密块状或钟乳状集合体;多呈白色,含杂质时可呈黄、褐、红、绿或黑等颜色;玻璃或蜡状光泽;相对密度 1.9~2.5;硬度 5.0°~5.5°;贝壳状断口。

⑭橄榄石($(Mg,Fe)_2[SiO_4]$):晶体不常见,常为粒状集合体;呈橄榄绿、黄绿至黑绿色;相对密度 3.3~3.5;硬度 6.5°~7.5°;玻璃光泽;不透明;贝壳状断口;具脆性。

⑮石榴子石($A_3B_2[SiO_4]_3$):呈菱形十二面体或八面体晶形,常为散粒状或致密块状集合体;肉红、褐、绿、紫等颜色;玻璃或油脂光泽;相对密度 3.5~4.2;硬度 6.5°~7.5°;不完全或无解理,参差状断口;在其化学式中,A 代表二价阳离子:Mg^{2+}、Fe^{2+}、Mn^{2+}、Ca^{2+},B 代表三价

阳离子:Al^{3+}、Fe^{3+}、Cr^{3+}。

⑯绿帘石($Ca_2(Al,Fe)_3[Si_2O_7][SiO_4]_3O(OH)$):呈柱状或板状晶形,晶面有明显纹理,常为致密粒状或放射状集合体;黄绿至黑绿色;玻璃光泽;相对密度 3.35～3.38;硬度 6.5°。

⑰透闪石($Ca_2Mg_5[Si_4O_{11}]_2(OH)_2$):多呈柱状晶形,常为放射状或纤维状集合体;浅灰色;相对密度 2.9～3.0;硬度 5°～6°;玻璃光泽;脆性;两组解理交角为 56°。

⑱阳起石($Ca_2(Mg,Fe)_5[Si_4O_{11}]_2(OH)_2$):呈现柱状或针状晶形,常为放射状、纤维状或致密块状集合体;其隐晶质致密块状集合体称为软玉;呈现深浅不同的绿色;相对密度 3.1～3.3;硬度 5.5°～6°;玻璃或丝绢光泽。

⑲滑石($Mg_3[Si_4O_{10}](OH)_2$):呈板状晶形,但少见,常为片状或致密块状集合体;白色,微带浅黄、浅褐或浅绿色;相对密度 2.7～2.8;硬度 1°;玻璃或油脂光泽;一组极完全解理面,其上呈珍珠光泽;薄片有挠性,且具滑感和绝缘性。

⑳蛇纹石($Mg_6[Si_4O_{10}](OH)_8$):常为致密块状集合体,少数为片状或纤维状集合体;多呈深浅不同的绿色(如黑绿、暗绿或黄绿);油脂光泽或蜡状光泽;相对密度 2.5～2.7;硬度 2°～3.5°。

㉑石棉(分别与蛇纹石、透闪石和阳起石的成分相同):通常为纤维状集合体;包括:(a)蛇纹石石棉,又称为温石棉,即纤维状蛇纹石的集合体,(b)角闪石石棉即透闪石石棉(纤维状透闪石集合体),(c)阳起石石棉即纤维状阳起石集合体。上述三者的总称为石棉;灰白、浅黄或浅绿色;相对密度 3.2～3.3;硬度 2°～4°;丝绢光泽;具有绝热性和绝缘性;蛇纹石石棉以其能溶于盐酸区别于角闪石石棉。

㉒黑云母($K(Mg,Fe)_3[AlSi_3O_{10}](OH,F)_2$):呈板状或短柱状晶形,常为片状集合体;黑色或深褐色;相对密度 3.02～3.12;硬度 2°～3°;玻璃光泽,解理面上呈现珍珠晕彩;半透明;一组极完全解理;薄片具弹性。

㉓白云母($KAl_2[AlSi_3O_{10}](OH)_2$):呈板状或片状晶形,多为致密片状集合体;无色透明;具弹性;相对密度 2.76～3.10;硬度 2°～3°;一组极完全解理;珍珠光泽;绝缘性极好;具有丝绢光泽的隐晶质白云母称为绢云母。

㉔绿泥石:为一族矿物的总称,包括叶绿泥石($(Mg,Fe)_5Al[AlSi_3O_{10}](OH)_8$)、斜绿泥石、鲕绿泥石($Fe_4Al[AlSi_3O_{10}](OH)_6 \cdot nH_2O$)、鳞绿泥石等;这些矿物极为相似,肉眼难分辨,其共同特点有:通常为片状、板状或鳞片状集合体;浅绿至深绿色;相对密度 2.60～3.40;硬度 2°～3°;玻璃或珍珠光泽,一组极完全解理;薄片具挠性,但无弹性,以此可与绿色云母相区别;具有滑感。

㉕斜长石($(100-n)Na[AlSi_3O_8] \cdot nCa[Al_2Si_2O_8]$):呈板状或板柱状晶形,双晶常见,常为粒状、片状或致密块状集合体;白或灰白色;相对密度 2.61～2.76;硬度 6.0°～6.5°;玻璃光泽;两组完全解理,解理面交角约为 86°～87°。

㉖正长石($K[AlSi_3O_8]$):呈短柱状或厚板状晶形,常为粒状或致密块状集合体;肉红或黄褐色;相对密度 2.57;硬度 6.0°～6.5°;玻璃光泽;两组完全解理,解理面交角约为 90°,当两组解理面交角为 89°30′时,称为钾微斜长石。

㉗磷灰石($Ca_5[PO_4]_3(F,Cl)$):呈六方柱体晶形,常为粒状、致密块状、土状或结核状等集合体;灰白、黄绿或翠绿色;相对密度 3.18～3.21;硬度 5°;玻璃或油脂光泽;脆性;于暗处锤击或用火烧其粉末均发出绿光。

㉘石膏($CaSO_4 \cdot 2H_2O$):呈板状或柱状晶形,常为纤维状、叶片状、粒状、致密块状等集合

体;多为白色,也有灰、黄、红、褐等颜色;相对密度 2.3;硬度 1.5°;玻璃光泽;脆性;两组解理交角 66°;较易溶于水。

㉙重晶石($BaSO_4$):呈板状晶形,常为粒状或致密块状集合体;一般无色,因含杂质而呈灰白、淡红、淡褐等颜色;相对密度 4.3~4.5;硬度 3.0°~3.5°;玻璃或珍珠光泽;三组解理(其中一组完全解理);脆性;用火烧时有噼啪响声。

㉚方解石($CaCO_3$):晶形多样,常见的有菱面体,常为粒状、钟乳状、致密块状、晶族状等集合体;多为白色,有时因含杂质而呈现各种色彩;相对密度 2.6~2.8;硬度 3°;玻璃光泽;透明或不透明,无色透明且晶形较大者称为冰洲石;完全的菱面体解理,遇盐酸起泡。

㉛白云石($CaMg[CO_3]_2$):常呈弯曲马鞍状的菱面体晶形,常为粒状、多孔状或肾状集合体;白色,有时微带浅黄、浅褐、浅绿色;相对密度 2.8~2.9;硬度 3.5°~4.0°;玻璃光泽;三组完全解理,解理面常弯曲。

㉜孔雀石($Cu_2[CO_3](OH)_2$):呈柱状晶形,但极少见,常为肾状、葡萄状、放射纤维状集合体;绿色,浅绿色条痕;相对密度 3.9~4.1;硬度 3.5°~4.0°;玻璃至金刚光泽,纤维状的具丝绢光泽;遇盐酸起泡,以此与相似的硅孔雀石($CuSiO_3 \cdot 2H_2O$)相区别。

㉝黄玉($Al_2[SiO_4](F,OH)_2$):亦称黄晶;属正交(斜方)晶系的岛状结构硅酸盐,常为斜方柱状、不规则的粒状或块状集合体;呈现无色、淡黄、深黄、棕色、天蓝、粉红、红、淡绿或褐色等多种颜色;透明至半透明;相对密度 3.49~3.57;硬度 8°;玻璃光泽;完全解理;脆性。

㉞高岭石($Al_4[Si_4O_{10}](OH)_8$):属于黏土矿物;晶体属单斜晶系的含水层状结构硅酸盐,常为疏松鳞片状晶形,颗粒细小,多为致密粒状、土状、疏松块状集合体;白色或灰白色,也有浅黄、浅绿、浅褐等颜色;白色条痕;相对密度 2.58~2.60;硬度 1°~2.5°;土状光泽;具强吸水性,遇水膨胀;含水潮湿后可具塑性;触摸时有粗糙感。

㉟蒙脱石($(Al,Mg)_2[Si_4O_{10}](OH)_2 \cdot nH_2O$):属于黏土矿物;晶体属单斜晶系的含水层状结构硅酸盐,常为隐晶质土状或鳞片状集合体;多为浅灰白色、浅粉红色,有时微带绿色;土状或蜡状光泽;鳞片状者解理完全;相对密度 2.0~2.7;硬度 2°~2.5°;质软,有滑感;具强吸水性,遇水膨胀;因其在法国 Montmorillon 首先发现而得名。

㊱伊利石($KAl_2[(Al,Si)Si_3O_{10}](OH)_2 \cdot nH_2O$):属于黏土矿物;晶体属单斜晶系的含水层状结构硅酸盐,通常为极细小的鳞片状、土状或块状集合体;纯洁者一般为白色,含杂质时可呈浅绿、浅黄或褐色;块状者有油脂光泽;相对密度 2.6~2.9;硬度 1°~2°;具强吸水性,遇水膨胀。

2.2 岩浆岩及其特征

岩浆岩是岩浆作用的结果,其占地壳总质量约 95%,在岩石三大成因类型中,岩浆岩占有极其重要的地位。

岩浆是存在于上地幔和地壳深处、以硅酸盐为主要成分、富含挥发性物质(如 H_2O、CO_2 等)、处于高温(700 ℃~1 300 ℃)和高压(高达数千兆帕)状态下的熔融体。由于侵入和喷出作用,岩浆总是沿地壳薄弱处上升或喷出地表,致使其温度与压力急剧下降,挥发性成分逸出,从而冷却凝固形成岩石,这类岩石被称为岩浆岩。由于它是岩浆作用(包括火山活动)的产物,亦可称为火成岩。

由于不同的岩浆岩是通过不同的岩浆作用所形成的,因此,岩浆岩可分为侵入岩和喷出岩两大类：

①侵入岩：岩浆侵入到地表以下一定深度(一般小于 3 km)冷凝而形成的岩浆岩。依据岩浆侵入深度的不同，它又可分为浅成侵入岩和深成侵入岩。

②喷出岩：岩浆喷出地表冷凝而形成的岩浆岩。

由此可以看出，不同岩浆岩形成的地质环境存在较大差异，因此，不同岩浆岩在野外的产状及内部结构与构造均存在明显不同，换句话来讲，依据岩浆岩的产状和结构与构造可研究岩浆岩形成的地质环境，相关内容将在下面进行概要介绍。

2.2.1 岩浆岩的野外产状

岩浆岩的野外产状是指位于野外的岩浆岩体的几何形态及其与围岩的关系。由于野外岩浆岩的形成条件和所处地质环境的差异，岩浆岩的野外产状形形色色，多种多样，如图 2-10 所示。

(1)深成侵入岩的野外产状

深成侵入岩埋深较大，其规模甚大，面积由几平方公里至几百或几千平方公里。其野外形态主要有岩基和岩株：

①岩基：它是体积巨大、形状不规则、下大上小的穹窿状岩浆岩体。一般向下延伸很深，常切割围岩，但有时局部与围岩平行。

②岩株：岩基边缘的分枝，在深部与岩基相连，在上部则向外伸出，岩株可切穿围岩。

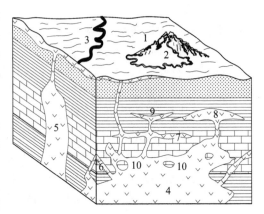

1—火山锥　2—熔岩流　3—熔岩被
4—岩基　5—岩墙　6—岩株　7—岩床
8—岩盘　9—岩盆　10—捕掳体

图 2-10　岩浆岩的野外产状

深成作用的岩浆规模比浅成作用的大，其热量多且压力高，对围岩的同化作用明显。在深成岩浆岩体边缘常有捕掳体，这些捕掳体是岩浆上升侵入过程中，从围岩掉下来的岩石碎块，这在浅成侵入岩中一般很少见。另外，由于埋深大，岩浆侵入后，温度和压力下降缓慢，以利于岩浆在冷凝过程中充分结晶，因此，深成侵入岩一般为粗大的等粒全晶质岩浆岩。

(2)浅成侵入岩的野外产状

浅成侵入岩埋深较小，其规模不大，面积由几十平方米到几十平方公里。其野外形态及其与围岩的接触关系主要有下列几种形式：

①岩盘：岩浆顺裂隙上升而侵入围岩中，因压力使岩层沿岩层面撑开，岩浆在其中冷凝成上凸下平的水平透镜状侵入岩浆岩体，其与围岩呈和谐的接触关系。

②岩盆：与岩盘基本类似，但顶部平整，中央向下凹，形似面盆。

③岩床：侵入岩浆岩体顶和底部平整，呈现水平层状而夹于围岩中。

④岩墙：岩浆侵入围岩裂隙中，冷凝成垂直或倾斜的侵入岩浆岩体。它切穿围岩，并与围岩形成不和谐的接触关系。形状不规则的岩墙或分枝称为岩脉。

浅成作用的岩浆规模比深成作用的小，热量不多，压力也不高，对围岩的同化作用不明显。由于埋深小，岩浆侵入后，温度和压力快速下降，不利于岩浆在冷凝过程中结晶，所以浅成侵入岩一般多为半晶质岩浆岩，尤其是浅成侵入体上部边缘部位的岩浆岩，结晶性很差甚至无结晶性。

(3)喷出岩的野外产状

喷出岩是岩浆喷出或溢流出火山口冷凝而形成的,其规模随喷出作用的强弱而变化。由于火山喷发可以多次发生,因而野外的喷出岩往往呈层状的熔岩被或熔岩流以及由火山碎屑物形成的火山锥。

熔岩被是熔岩大量涌出地表时覆盖在广大地面上的岩浆岩体;熔岩流是熔岩涌出火山口向外流动的舌状岩浆岩体;火山锥是岩浆喷出或溢流出火山口冷凝而成的锥体状岩浆岩体。

岩浆喷出地表后直接裸露于空气中,因此在岩浆冷凝过程中,温度和压力迅速下降,岩浆几乎来不及结晶就已冷凝成岩浆岩,所以喷出岩几乎都是非晶质岩浆岩。另外,由于喷出岩是岩浆在流动过程中冷凝形成的,所以流纹状构造是喷出岩较典型的构造。

2.2.2 岩浆岩的物质成分

岩浆岩的物质成分包括化学成分和矿物成分,研究物质成分不仅有助于了解各类岩浆岩的内在联系、成因及次生变化,而且可作为岩浆岩分类的主要依据。

(1)化学成分

地壳中存在的化学元素在岩浆岩中几乎都存在,但各种元素的含量却不相同。O、Si、Al、Fe、Mg、Ca、K、Ti 和 Na 等元素在岩浆岩中普遍存在,它们占岩浆岩总量约 99.25%,其次为 P、H、Mn 和 Ba 等。

岩浆岩的化学成分常用氧化物表示,其中,SiO_2 的平均含量约为 59.14%,其次为 Al_2O_3,约为 15.34%。岩浆岩中各种氧化物之间存在密切的关系,如图 2-11 所示。由此可见,SiO_2 含量大小呈规律性变化,通常根据 SiO_2 含量将岩浆岩划分为四类,即超基性岩($SiO_2 < 45\%$)、基性岩($45\% \leqslant SiO_2 \leqslant 52\%$)、中性岩($52\% < SiO_2 \leqslant 65\%$)和酸性岩($SiO_2 > 65\%$)。

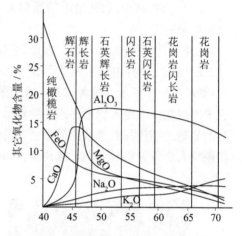

图 2-11 岩浆岩中主要氧化物之间关系

(2)矿物成分

组成岩浆岩的大多数矿物,根据其化学成分特征,常分为硅铝矿物和硅镁矿物两大类:

①硅铝矿物:矿物中 SiO_2 和 Al_2O_3 的含量较高,不含铁与镁的氧化物或含量很少。包括石英与长石类矿物,它们的颜色通常较浅,因此又称为浅色矿物。

②硅镁矿物:矿物中含 FeO 和 MgO 较多,而 SiO_2 和 Al_2O_3 较少。包括橄榄石、辉石、角闪石及黑云母等类矿物,它们的颜色通常较深或暗,因此又称为深色或暗色矿物。

不同类型的岩浆岩有比较固定的矿物组合(见图 2-11)。随着岩浆温度的下降,两个矿物系列分别按顺序结晶。在同一时刻,两个系列所结晶析出的矿物共同组合成一定类型的岩浆岩,例如,辉长岩主要由基性斜长石和辉石组成。这些矿物结晶的顺序并非后一种矿物必等前一种矿物结晶结束后才开始结晶,同时由于岩浆温度是逐渐降低,相邻矿物在一定温度范围内其结晶顺序是互有先后的,故同一类岩浆岩中可以或多或少含有与其近似岩类的矿物。

在自然界中,绝大多数岩浆岩都是由上述两种矿物混合组成的,但在不同类型岩浆岩中,两种矿物含量是不同的,因此,岩浆岩的颜色自然就有深浅之分。一般从酸性岩变化到超基性岩,深色或暗色矿物的含量逐渐增大,而浅色矿物的含量逐渐减小,岩浆岩的颜色会由浅变深或暗。

2.2.3 岩浆岩的结构与构造

岩浆岩的结构与构造往往是岩浆岩的物质成分及其形成环境的综合反映,也是岩浆岩分类的重要依据之一。

(1)岩浆岩的结构

岩浆岩的结构是指组成岩浆岩的矿物的结晶程度、颗粒大小、形态及其相互关系的特征。从不同角度来看,岩浆岩的结构具有不同的分类方法。

①按矿物结晶程度,岩浆岩的结构可分为全晶质、半晶质和非晶质结构。

a. 全晶质结构:岩浆岩全部由晶体矿物集合而成,它是岩浆在温度和压力降低缓慢、结晶充分的条件下形成的。因此,这种结构常出现在侵入岩,尤其是深成侵入岩中。

b. 非晶质结构:又称为玻璃质结构,岩浆岩全部由没有结晶的矿物集合而成,它是岩浆在温度和压力迅速下降时冷凝形成的。因此,这种结构常出现在喷出岩中,也可出现在浅成侵入岩的上部边缘。

c. 半晶质结构:岩浆岩由结晶和未结晶的矿物共同集合而成,多见于喷出岩和浅成侵入岩接触带附近。

②按矿物颗粒大小与均匀程度,岩浆岩结构可分为等粒结构和不等粒或斑状结构。

a. 等粒结构:组成岩浆岩的矿物全部为晶质矿物,呈现粒状,且主要矿物颗粒大小较均匀,如图 2-12 所示。这种结构是在岩浆温度和压力较高且缓慢下降的条件下形成的,因此,它常出现在深成侵入岩中。按矿物颗粒大小可进一步分为肉眼(包括放大镜)可识别出矿物颗粒的显晶质结构和需要借助显微镜才能识别矿物颗粒的隐晶质结构。显晶质结构还可根据矿物颗粒大小分为粗粒结构(粒径>5 mm)、中粒结构(粒径 2~5 mm)和细粒结构(粒径< 2 mm)。

图 2-12　等粒结构

图 2-13　不等粒结构或斑状结构

b. 不等粒结构或斑状结构:岩浆岩中较大晶体散布于较细物质之间的结构,如图 2-13 所示。矿物颗粒可以从大到小连续变化,也可以明显地分成大小不同的两部分,其中晶形比较完好的粗大颗粒称为斑晶,小的颗粒称为基质。如果基质为隐晶质或玻璃质,则称为斑状结构;如果基质为显晶质,且斑晶与基质成分基本相同,则称为似斑状结构。这种结构主要是由矿物结晶时间的先后不同引起的,地下深处的岩浆的温度和压力较高,侵入上升过程中温度和压力缓慢降低,部分先结晶的矿物形成个体大的斑晶,随着岩浆上升到地壳浅部或喷出地表,未凝固的岩浆在温度和压力快速降低的条件下冷凝成隐晶质或玻璃质的基质,从而形成大小不等的两部分。斑状结构常出现在浅成侵入岩中,而似斑状结构常出现在浅成侵入岩和深成侵入岩上部边缘中。

(2)岩浆岩的构造

岩浆岩的构造是指由组成岩浆岩矿物的排列和充填方式引起的岩浆岩外貌特征。常见的岩浆岩构造主要表现为如下几种类型：

①块状构造：组成岩浆岩的矿物没有一定的排列方向，而是均匀分布于岩浆岩中，不显层次，呈致密块状，见图2-14。它常出现在侵入岩特别是深成侵入岩中。

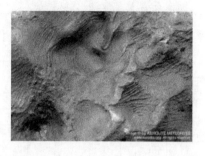

图2-14　块状构造　　　　　　　　　　图2-15　流纹状构造

②流纹状构造：在岩浆流动过程中，被拉长的气孔与长条状矿物沿流动方向排列，岩浆冷凝后，流纹保留在岩浆岩中，见图2-15。它常出现在喷出岩的熔岩被和熔岩流中。

③气孔状构造：岩浆冷凝时，挥发性气体未能及时逸出，以致在冷凝形成的岩浆岩中留下许多球形、椭球形或长管形的孔洞，见图2-16。它常出现在浮岩、玄武岩等喷出岩中。

图2-16　气孔状构造　　　　图2-17　杏仁状构造　　　　图2-18　条带状构造

④杏仁状构造：岩浆岩中的孔洞（主要由岩浆冷凝时挥发性气体未能及时逸出而引起的）被后期矿物（如方解石、石英等）充填，形似杏仁，见图2-17。它常出现在玄武岩、安山岩等喷出岩中。

⑤条带状构造：岩浆岩中不同颜色矿物呈现条带相间分布，见图2-18。经常出现在超基性岩和伟晶岩中。

流纹状、气孔状和杏仁状构造是岩浆岩特有的构造，它们是鉴别岩浆岩的重要标志。

2.2.4　岩浆岩分类及其鉴定

岩浆岩的野外识别与鉴定是地质学和工程地质学的重要问题，而岩浆岩的分类、命名方法以及岩浆岩的特征是其基础。下面将重点介绍相关内容。

(1)岩浆岩分类

自然界的岩浆岩种类繁多，它们彼此之间存在着物质成分、结构与构造、野外产状及成因等许多方面的差异，因此，从不同角度可得到不同的岩浆岩分类方法。这里，主要根据岩浆岩的物质成分、结构与构造、野外产状和成因等方面特征，归纳总结出岩浆岩的分类简表，如表

2-7所示。

表 2-7　岩浆岩分类简表

按物质成分分类		超基性岩	基性岩	中性岩		酸性岩
物质成分	SiO_2含量(%)	<45	45~52	52~65		>65
	石英含量(%)	无或罕见	少见	0~20		>20
	长石含量	无或罕见	斜长石为主		正(或钾)长石为主	
	深(或暗)色矿物含量(%)	橄榄石 辉石 角闪石 95	辉石 角闪石 橄榄石 45~50	角闪石 黑云母 辉石 30~45	角闪石 黑云母 20	黑云母 角闪石 约占10
	颜色变化规律	由深(或暗)色逐渐变为浅色				
	相对密度变化规律	由大变小				

按成因分类		结构	构造	超基性岩	基性岩	中性岩		酸性岩
喷出岩		玻璃	气孔		黑曜岩、浮岩、珍珠岩、松脂岩等。			
		隐晶	杏仁	金伯利岩	玄武岩 玄武玢岩	安山岩 安山玢岩	粗面岩 钠长斑岩	流纹岩 石英斑岩
		斑状	流纹			煌斑岩	细晶岩	伟晶岩
侵入岩	浅成岩	伟晶 细晶 斑状	块状		辉绿岩 辉长玢岩	闪长玢岩	正长斑岩	花岗斑岩
	深成岩	等粒	块状	橄榄岩 辉岩	辉长岩 斜长岩	闪长岩	正长岩	花岗岩

(2)岩浆岩命名方法

随着岩石学的不断发展,岩浆岩分类标志及命名要素越来越多,其名称也随之复杂化,但总的来讲,岩浆岩的名称大体包括基本名称和附加名称两部分:

①基本名称:它是岩浆岩命名不可缺少的部分,由岩浆岩中主要矿物决定,反映岩浆岩的基本物质组成,也是岩浆岩命名的基本单元,如"花岗岩""闪长岩"等。

②附加名称:它是说明岩浆岩不同特征(包括颜色、结构、构造以及次要矿物等)的限定词,一般置于基本名称之前。

由于岩浆岩的矿物成分是其化学成分的反映,不同类型的岩浆岩矿物组合也不相同,因此,矿物成分在岩浆岩命名中常占有重要地位。按矿物在岩浆岩分类和命名中的作用,可将岩浆岩中矿物分为三类:

①主要矿物:它是划分岩浆岩大类和确定岩浆岩基本名称的依据。例如,花岗岩中石英和长石都是主要矿物,没有它们就不能称为花岗岩。

②次要矿物:它是划分岩石类别和确定岩浆岩附加名称的依据。例如,石英在闪长岩中一般少于5%,若其含量超过5%,则称为石英闪长岩。

③副矿物:其含量很少,通常不足1%,纳入命名时,不受含量限制。例如,花岗岩中含微量的电气石或绿柱石,则可命名为电气石花岗岩或绿柱石花岗岩。

根据上述岩浆岩命名的基本原则可初步确定出岩浆岩的名称。例如,某种岩浆岩,根据其野外产状确定为侵入岩,又知主要矿物为辉石和斜长石,而次要矿物为少量橄榄石,因此,可初步将该岩浆岩定名为橄榄辉长岩。

为了让工程技术人员较准确地掌握岩浆岩命名方法,下面归纳总结出岩浆岩命名的三个基本步骤:

①首先结合岩浆岩的野外产状,区分出岩浆岩属于侵入岩还是喷出岩。

②通过肉眼观察组成岩浆岩的主要矿物成分及其含量,确定岩浆岩的大类,进而确定出基

本名称。

③根据岩浆岩次要矿物成分及其含量,确定出岩浆岩的附加名称。

(3)常见岩浆岩特征

为了更好地识别与命名野外的岩浆岩,下面概要介绍主要岩浆岩的特征。

①超基性岩类。在化学成分上,SiO_2含量小于45%,Al_2O_3含量为1%~6%,不含或少含铝硅酸盐,Na_2O和K_2O含量一般低于1%,富含FeO和MgO,FeO含量达10%左右,而MgO达40%左右;在矿物成分上,铁镁矿物占绝对多数,主要为橄榄石和辉石,其次为角闪石和黑云母,一般不含硅铝矿物;颜色很深,相对密度大,呈现致密块状;常见的有橄榄岩和辉岩,形成不大的岩体;在喷出岩中少见。

a. 橄榄岩:常为暗绿色或黑色粒状岩浆岩,主要矿物为橄榄石,次要矿物为辉石或角闪石,不含长石和石英。若辉石含量特别大,则过渡为辉岩。后者中的辉石往往形成粗大晶体,橄榄石晶体很小,散嵌在辉石晶体内,颜色多呈现绿褐色。

b. 角砾云母橄榄岩:又称金伯利岩,主要由橄榄石、辉石和金云母组成,尚含少量磁铁矿、磷灰石、石榴子石等,一般都已蛇纹石化;岩体常呈管状出现,亦有呈岩墙、岩脉产出;岩管大小不一,由数十米到一公里不等。

②基性岩类。在化学成分上,SiO_2含量为45%~52%,比超基性岩的含量稍高,但仍低于其他岩浆岩类。与超基性岩不同之处在于出现了15%左右的Al_2O_3,CaO含量达10%左右,FeO和MgO含量较低,约占6%左右;在矿物成分上,除有较多的铁镁矿物(包括辉石、角闪石和橄榄石)外,还出现大量的硅铝矿物(包括斜长石和石英);颜色较超基性岩浅,但与其他岩浆岩类相比,颜色深,相对密度较大;侵入岩常呈致密块状或条带状构造,喷出岩常具有气孔或杏仁状构造。常见的有辉长岩、辉绿岩和玄武岩。

a. 辉长岩:灰、灰黑或暗绿色;主要矿物有辉石和斜长石,次要矿物有角闪石和橄榄石;具有等粒结构(辉石与斜长石成等轴它形颗粒,系两者同时从岩浆中析出的结果,又称辉长结构)或块状构造。辉长岩体一般不大,常呈岩盆、岩株和岩床等野外产状,有的辉长岩体常与超基性岩或闪长岩共生。在这类岩浆岩中,若斜长石含量超过85%,而不含或很少含暗色矿物,则称为斜长岩,呈白色或白中微带绿色,鲜见黑色,斜长岩一般少见。

b. 辉绿岩:灰绿或深灰色,矿物成分与辉长岩类似,但结构不同(斜长石呈完好的自形晶,辉石呈它形晶而充填在斜长石晶体的空隙中,称为辉绿结构。系同样成分的岩浆由于压力降低,共结比发生变化,从而引起结构上由辉长结构变为辉绿结构,辉绿结构具有浅成侵入岩的结构特点),常呈岩床和岩墙等野外产状。

c. 玄武岩:深灰、灰绿或黑色,矿物成分与辉长岩相同。隐晶质结构,气孔状或杏仁状构造,柱状节理特别发育。由海底的岩浆喷发而形成的玄武岩称为细碧岩,浅绿色,杏仁状或枕状构造特别发育。玄武岩因其岩浆黏度小,易于流动,常呈大面积熔岩流的野外产状。

③中性岩类。在化学成分上,SiO_2含量为52%~65%,FeO和MgO各约占3%;CaO占6%左右;Al_2O_3、Na_2O和K_2O含量均高于基性岩,其中,K_2O含量约2%,Na_2O约3%,在正长岩和粗面岩中,两者更高,可达4%~5%,故有碱性岩之称。在矿物成分上,铁镁矿物减少,主要为角闪石,次要为辉石和黑云母;硅铝矿物显著增多,主要为中性斜长石,有时出现少量正(或钾)长石和石英(正长岩或粗面岩中主要为钾长石)。颜色较浅,一般为灰或浅灰色。常见的有闪长岩、闪长玢岩、安山岩、正长岩、正长斑岩和粗面岩等。

a. 闪长岩:浅灰、灰或灰绿色,主要矿物为角闪石和斜长石,次要矿物为辉石和黑云母,有时含少量正长石和石英,具有等粒结构和块状构造。

b. 闪长玢岩:灰或灰绿色,具有明显斑状结构,斑晶主要为斜长石或角闪石,基质呈细粒或致密状。

c. 安山岩:灰、紫、浅玫瑰、浅黄或红褐色等,浅色矿物为斜长石,暗色矿物有辉石、角闪石、黑云母等,具斑状结构,斑晶为斜长石,杏仁状构造特别明显,气孔中常为方解石充填。

d. 正长岩:浅灰、灰或肉红色;与闪长岩不同的是正长石大量出现,也含少量斜长石;暗色矿物有角闪石和黑云母;具等粒结构,有时具斑状结构;块状构造;它常与酸性岩和基性岩共生,或以岩盘单独产出。

e. 正长斑岩:其特点与正长岩极为相似,区别在于它具有明显的斑状结构。

f. 粗面岩:浅灰、浅黄或粉红色;矿物成分主要为碱性长石,其次为黑云母,此外,尚有少量斜长石和角闪石;常具粗面结构(系长条状碱性长石的微晶近于平行的流纹状排列)和斑状结构,斑晶为碱性长石,基质为隐晶质,其矿物成分以碱性长石为主;一般为块状构造,有时可见流纹状和气孔状构造。

④酸性岩类。在化学成分上,SiO_2 含量高于 65%,FeO 和 MgO 低于 2%,CaO 低于 3%,Na_2O 和 K_2O 各约占 3.5%;在矿物成分上,深色矿物大幅减少,而硅铝矿物大量增多,除含大量石英(其含量高于 25%)外,尚有正(或钾)长石或斜长石,暗色矿物主要为黑云母和角闪石;颜色很浅,一般为浅灰红色,相对密度小,分布广,特别是该类侵入岩常呈岩基大面积分布。常见的有花岗岩、花岗斑岩和流纹岩等。

a. 花岗岩:灰白、灰或肉红色;矿物成分以石英和钾长石为主,其次为黑云母、角闪石和白云母等;具等粒结构(石英、长石成半自形等轴颗粒,称为花岗结构)和块状构造。

b. 花岗斑岩:具斑状结构,斑晶为石英和长石,基质由细小的长石、石英及其他矿物组成;其他特征与花岗岩类似。

c. 流纹岩:一般呈浅灰和粉红色,也有灰黑、绿或紫色;矿物成分与花岗岩类同;常具斑状结构(斑晶为石英和钾长石)和流纹状构造,也有气孔状构造。

d. 花岗闪长岩:与花岗岩的区别是斜长石多于正长石,石英含量较花岗岩少,一般在 15%～25%之间,暗色矿物稍多,以角闪石为主,黑云母次之。

e. 石英二长岩:与花岗闪长岩的主要区别是正长石含量增多,常多于斜长石,铁镁矿物以黑云母为主,角闪石次之。

除上述主要岩浆岩外,在自然界中还可见到一些呈脉状的浅成侵入岩,如煌斑岩、细晶岩和伟晶岩等,统称为脉岩。它们的物质成分均与相应深成侵入岩有许多共同之处,因此,它们不是独立的岩体,而是相应深成侵入岩的岩浆经过分异的产物。

a. 煌斑岩:几乎全由暗色矿物组成,颜色很深,呈暗绿、黑褐或黑色,故称为脉岩,其矿物成分为黑云母、角闪石和辉石等;具细粒斑状结构,斑晶大部分为暗色矿物,如黑云母、角闪石等,硅铝矿物呈细粒基质;常见的有云煌岩,它由黑云母和少量正长石组成。

b. 细晶岩:颜色一般较浅,呈灰白、黄白、浅红或灰绿等颜色;具细粒结构;常见的有花岗细晶岩、闪长细晶岩和辉长细晶岩,它们的矿物成分分别与花岗岩、闪长岩和辉长岩相同,其中以花岗细晶岩分布较广。

c. 伟晶岩:具伟晶结构,常见的有花岗伟晶岩。其矿物成分与花岗岩相同,主要为石英、正长石和黑云母,这些矿物晶体特别粗大,一般在几厘米以上,有时可达几十厘米,甚至还有更巨大的晶体,伟晶岩因此而得名。

2.3 沉积岩及其特征

地球表面或浅层原有岩石(包括岩浆岩、变质岩和早已形成的沉积岩)经过风化、剥蚀、搬运和沉积等外力地质作用而在地壳表面低处形成松散沉积物,并在压力和生物及物理化学过程影响下,它们通过压密、固结、胶结和重结晶等成岩作用而形成的一种新岩石,称为沉积岩。它是地壳表层分布最广的一种岩石,虽然其约只占地壳重量的5%,但其出露面积却占地表的约75%。由于土木工程建设几乎都在地表或地壳浅层进行,因此,研究沉积岩及其特征具有重要的实际意义。

2.3.1 沉积岩的物质组成

由于沉积岩的组成物质来源包括岩浆岩、变质岩和早已形成的沉积岩在内的所有原有岩石破坏而形成的粗细不同的松散物质,有时甚至还包括生物残骸,致使沉积岩的矿物成分与原岩存在密切关系,且粗细不同的松散物质对沉积岩形成的作用也不相同,因此,研究沉积岩的物质组成有必要从这两个方面来考虑。

(1)沉积岩的矿物组成

组成沉积岩的矿物包括原有矿物和新生矿物两大类:

①原有矿物:原岩(包括岩浆岩、变质岩和沉积岩)中已有矿物。它是原岩经过风化、剥蚀和搬运而来的矿物,如石英、长石和云母等。由于岩浆岩和变质岩中的斜长石和铁镁矿物等都易风化,而石英、正长石和白云母等矿物比较稳定,故沉积岩中的原有矿物主要是石英、正长石和白云母等。

②新生矿物:在沉积岩形成过程中新形成的矿物。主要包括方解石、白云石、岩盐、石膏、高岭石、菱铁矿和褐铁矿等,这些矿物常大量存在于沉积岩中。

如果将沉积岩与岩浆岩中的矿物成分进行比较,则可看出两者存在显著差别,这可为沉积岩的野外识别和鉴定提供重要依据。其差别主要表现为如下四个方面:

①岩浆岩中大量存在的矿物(如橄榄石、辉石、角闪石和黑云母等铁镁矿物)在沉积岩中极为罕见。

②SiO_2在岩浆岩中绝大部分以单矿物石英出现,而沉积岩中除石英外尚有石髓和蛋白石等变种。

③岩浆岩中极少有的矿物(如黏土矿物、岩盐、石膏及碳酸盐矿物等)在沉积岩中却占有显著的地位。这是由于沉积岩是在地表常温常压和O_2、CO_2与H_2O充足的条件下形成的缘故。

④沉积岩中常包含一些生物残骸(或称生物化石),这在岩浆岩和变质岩中是不可能存在的,它是沉积岩区别于岩浆岩和变质岩的显著标志。

(2)沉积岩的松散颗粒组成

沉积岩是由原岩破碎形成的粗细不同的松散物质颗粒所组成,这些粗细不同的松散物质颗粒对沉积岩形成的作用是不同的,因此,按照松散物质颗粒的大小及其作用不同,可将沉积岩的组成物质分为岩屑和胶结物。

①岩屑:它是组成沉积岩的粗颗粒物质,一般为原岩的碎屑,是沉积岩组成物质的主要部分。

②胶结物:它是组成沉积岩的细颗粒物质,把粗颗粒物质联接起来,使沉积岩成为一个有机的整体。它对沉积岩的物理力学特征(如颜色、强度和刚度等)有重大影响。按胶结物成分,

主要可分为泥质、钙质、硅质和铁质胶结物四类：

a. 泥质胶结物：如泥土或黏土，由其胶结成的沉积岩一般坚硬程度小，易碎，断面呈土状，与泥土的颜色相近。

b. 钙质胶结物：主要成分为钙质，由其胶结成的沉积岩的坚硬程度较泥质胶结的大些，呈现灰白色，遇盐酸起泡。

c. 硅质胶结物：主要物质成分为 SiO_2，由其胶结成的沉积岩的坚硬程度较泥质和钙质胶结的都大，颜色呈现灰黑色。

d. 铁质胶结物：主要成分为 $Fe(OH)_3$ 或 Fe_2O_3，由其胶结成的沉积岩的坚硬程度较大，常呈现黄褐色或砖红色。

2.3.2　沉积岩的结构与构造

(1)沉积岩的结构

沉积岩的结构由其物质成分的形态特征、性质、大小及所含数量决定。它与岩浆岩结构的区别在于岩浆岩绝大多数是结晶结构，而沉积岩绝大多数是碎屑结构。根据其成因，沉积岩的结构主要可分为碎屑结构、结晶结构和生物结构三大类。

①碎屑结构。碎屑结构是由碎屑物质被胶结起来而形成的，它是碎屑沉积岩所具有的结构。按照碎屑颗粒大小和形状可细分为如下三类：

a. 砾状结构：粒径大于 2.0 mm，磨圆度较好，无明显棱角。若磨圆度较差而具有明显棱角的，则称为角砾状结构。

b. 砂状结构：粒径在 0.05～2.0 mm 之间。可再细分为粗砂结构（粒径在 0.5～2.0 mm 之间）、中砂结构（粒径在 0.25～0.5 mm 之间）和细砂结构（粒径在 0.05～0.25 mm 之间）

c. 粉砂状结构：粒径在 0.005～0.05 mm 之间。

②泥质结构。泥质结构由粒径小于 0.005 mm 的黏土矿物颗粒组成，它为泥岩和页岩等黏土岩类所具有的结构。

③结晶结构。结晶结构是沉积岩组成物质从真溶液或胶体溶液中沉淀时经结晶作用以及非晶质与隐晶质的重结晶作用和交代作用所产生的。由沉淀形成的晶粒极细，经重结晶作用形成的晶粒变粗，但一般都小于 1.0 mm，肉眼不易分辨。它为石灰岩和白云岩等化学岩类的主要结构，可再细分为粒状结构（结晶粒径在 0.01～1.0 mm 之间）、隐晶质结构（结晶粒径在 0.001～0.01 mm 之间）和胶状结构（粒径小于 0.001 mm）。此外，化学岩类还具有鲕状结构（鲕粒直径一般在 0.5～2.0 mm 之间，鲕粒的形成系胶体物质围绕砂粒或碎屑沉积而成）和竹叶状结构（系新近沉积的石灰岩因水的流动和冲刷而成碎屑，其形态呈扁平状，再被同类沉积物胶结而成）等。

④生物结构。生物结构由生物遗骸或碎片所组成，系生物化学岩类所具有的结构，如介壳结构、珊瑚结构等。沉积岩中经常可见到化石，它们是经石化作用保存下来的动植物遗骸或遗迹，如蚌壳、鱼、三叶虫和树叶等，见图 2-19。根据化石可推断沉积岩形成的地理环境和确定沉积地层的地质年代。生物结构是沉积岩区别于岩浆岩和变质岩最为明显的标志之一。

图 2-19　化石

(2)沉积岩的构造

沉积岩的构造是指其组成部分的空间分布及其相互之间的排列关系。最常见的沉积岩构造包括层理构造和层面构造,它们不仅反映了沉积岩的形成环境,而且是沉积岩区别于岩浆岩和变质岩的重要构造特征。

①层理构造。在沉积岩形成过程中,沉积环境的改变使先后沉积的物质在颗粒大小、形状、颜色和物质成分上发生变化,从而显示出沉积岩的成层现象,称为层理构造。其中,层与层之间的分界面称为层理面。由于形成层理的条件不同,层理有各种不同的形态类型,可分为平行层理、斜层理和波状层理。

(a)平行层理　　　　　　　　　　　　(b)单向斜层理

(c)交错层理　　　　　　　　　　　　(d)波状层理

图 2 - 20　层理构造

a. 平行层理:如图 2 - 20(a)所示,层与层之间的界面是平直的,且互相平行,它是在沉积环境比较稳定的条件下形成的。

b. 斜层理:细层与主要层理面斜交。斜层理是沉积物在水介质中做单向运动时产生的,斜层理的倾斜方向代表了当时水流的方向。它还可细分为单向斜层理和交错层理。单向斜层理是由一系列与层面斜交的细层组成的层理,如图 2 - 20(b)所示;交错层理是由多组不同方向的斜层理互相交错重叠而成的,如图 2 - 20(c)所示,它是由水流的运动方向频繁发生变化所形成的。

c. 波状层理:如图 2 - 20(d)所示,层理面成对称或不对称、规则或不规则的波状线,其总方向平行于总的层理面,形成于波浪运动的浅水地区,这种层理常见于细砂岩或粉砂岩中。

②层面构造。在沉积岩层面上往往保留有反映沉积岩形成时流体运动、自然条件变化而遗留下来的痕迹或特征(如波痕、雨痕和泥裂等),称为层面构造。它同样反映了沉积岩形成条件和环境的特殊性。

a. 波痕:当经过砂层表面的流水或风达到一定速度时,砂粒即开始移动,因而在砂层表面出现波浪起伏的痕迹,称为波痕。这种现象常在砂岩中或在河流砂滩上见到。

波痕是由无数波峰和波谷组成,按其成因可分为风成波痕、水流波痕和浪成波痕,如图 2 - 21 所示。风成波痕和水流波痕的波峰圆滑,迎风或迎着水流的一面较缓,而另一面较陡,两边不对称,这是由于风或水流等向一个方向前进而形成的,因此,亦称为不对称波痕。浪成波痕的波峰较尖锐,波谷较圆滑,波峰两边对称,这是由于水流的来回振荡而形成的,因此,亦称对称波痕。

b. 泥裂:在干旱和暴晒条件下,黏土沉积物表面往往形成许多纵横交错的裂缝,在平面上的裂缝构成许多大小和形状不同的多边形,在铅直剖面上则呈现许多深浅不同和上宽下窄的楔形缝。这些裂缝被后来的沉积物充填,这种现象在沉积物转变为沉积岩后仍保留下来,称为泥裂,如图 2-22 所示。

c. 雨痕:雨点滴落在湿润而柔软的泥质或砂质沉积物表面上时,便形成圆形或椭圆形的凹穴,在适当条

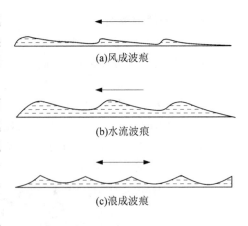

(a)风成波痕

(b)水流波痕

(c)浪成波痕

图 2-21 波痕形成剖面示意图

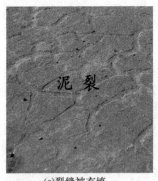

(a)裂缝被充填

(b)裂缝未被充填

图 2-22 泥裂现象

件下,在沉积岩层理面上保留下来,这种凹穴称为雨痕。常见于当时干旱气候地区形成的泥质岩中,如图 2-23 所示。

图 2-23 雨痕

2.3.3 沉积岩的分类及常见沉积岩的特征

沉积岩的分类、结构与构造、物质成分及沉积岩特征是沉积岩鉴定的基础,尤其是沉积岩的结构与构造以及物质成分,它们是沉积岩野外识别的重要标志。下面将重点介绍相关内容。

(1)沉积岩的分类

沉积岩分类的主要依据是其成因、物质成分和结构与构造等因素,据此,可得到沉积岩分类简表,如表 2-8 所示。

(2)常见沉积岩的特征

了解一些常见沉积岩的特征具有重要意义,下面将就一些常见沉积岩的特征做概要介绍。

①火山碎屑岩类。火山碎屑岩是沉积岩和喷出岩之间的过渡产物,它是由火山喷发的碎屑物质在地表经短距离搬运或就地沉积而形成的。喷出岩受冲刷作用形成的碎屑物质经正常沉积作用而产生的沉积岩不是火山碎屑岩,而是沉积碎屑岩;火山喷出的熔岩流直接冷凝而成的熔岩属于喷出岩,也不是火山碎屑岩。根据碎屑颗粒大小,火山碎屑岩可分为火山集块岩、火山角砾岩和凝灰岩。

表 2-8　沉积岩分类简表

岩石类别	结 构		岩石名称		主 要 物 质 成 分	沉积作用
碎屑岩类	火山碎屑岩（碎屑结构）	粒径>100 mm	火山集块岩		熔岩碎块和火山灰等	以机械沉积作用为主
		粒径在2～100 mm之间	火山角砾岩		熔岩碎屑、晶屑、玻屑及其他碎屑混入物	
		粒径<2 mm	凝灰岩		由50%以上粒径<2 mm的火山灰组成,其中有岩屑、晶屑、玻屑等细粒碎屑物质	
	沉积碎屑岩（碎屑结构）	砾状结构（粒径>2 mm）	角砾岩		带棱角的角砾	
			砾岩		磨圆的角砾	
		砂状结构（粒径在0.05～2 mm之间）	砂岩	石英砂岩	石英(含量>90%)、长石和岩屑(含量<10%)	
				长石砂岩	石英(含量<75%)、长石(含量>25%)、岩屑(含量<10%)	
				岩屑砂岩	石英(含量<75%)、长石(含量<10%)、岩屑(含量>25%)	
		粉砂状结构(粒径在0.005～0.05 mm之间)	粉砂岩		主要由石英、长石和黏土矿物组成	
黏土岩类	泥质结构（粒径<0.005 mm）		泥岩		主要由黏土矿物组成	机械沉积和胶体沉积作用
			页岩	泥质页岩	由黏土矿物组成	
				碳质页岩	由黏土矿物和有机质组成	
化学及生物化学岩类	结晶结构及生物结构		灰岩	石灰岩	方解石(含量>90%)、黏土矿物(含量<10%)	化学、胶体化学及生物化学沉积作用
				泥灰岩	方解石(含量50%～75%)、黏土矿物(含量25%～50%)	
			白云岩		白云石(含量90%～100%)、方解石(含量<10%)	
			灰质白云岩		白云石(含量50%～75%)、方解石(含量25%～50%)	

a. 火山角砾岩:火山碎屑物质占90%以上,碎屑粒径在2～100 mm之间,多数为大小不等的熔岩角砾,亦有其他岩石的角砾;火山角砾多呈棱角状,分选性差,常为火山灰所胶结。常呈暗灰、蓝灰、褐灰、绿及紫色;孔隙性强并以此为其特征;火山碎屑的粒径大于100 mm的火山碎屑岩称为火山集块岩。

b. 凝灰岩:组成岩石的碎屑较细,一般粒径小于2 mm,外表很像砂岩或粉砂岩,但较砂岩表面粗糙;其成分多为火山玻璃、矿物晶屑和岩屑,此外,尚有一些沉积物质;火山碎屑物质亦呈棱角状;多呈灰色、灰白色,亦有黄色和黑红色等;可用作水泥原料。

②沉积碎屑岩类。沉积碎屑岩是最常见沉积岩之一,特别是在陆相沉积物中,分布极为广泛。一般所指的沉积碎屑岩是由50%以上的碎屑物(包括矿物和岩石的碎屑)组成的岩石;它们的形成主要与外动力地质因素有关,大多为机械破碎的产物经搬运沉积而成。在沉积碎屑岩中,也可混入化学沉淀物与黏土物质,且多以胶结物的形式存在,当这些混入物的含量增多而超过50%时,则分别过渡为化学岩或黏土岩。按碎屑颗粒大小,可分为砾岩、砂岩和粉砂岩。

a. 砾岩:破碎的岩块经过较长距离的搬运或受到海浪的反复冲击,使棱角消失,形成圆形或椭圆形的砾石(或称为卵石),再经胶结而成的岩石,称为砾岩。砾石直径一般大于2 mm。不同砾岩的砾石成分和胶结物也是不同的。具砾状结构和层理构造,但层理一般都不很发育。若这类岩石的砾石未被磨圆而具明显棱角,则称为角砾岩。

b. 砂岩:由各种成分的砂粒胶结而成的岩石,一般所讲的砂岩是砂质岩石的总称。粒径在0.05～2 mm之间。胶结物可能是泥质、钙质、硅质或铁质胶结物等。砂粒成分复杂,主要为石英和长石,其次为云母,此外,尚有一些重要矿物、碳酸盐类矿物和岩屑。按砂粒大小,可分为粗粒砂岩、中粒砂岩和细粒砂岩;按砂粒成分,又可分为石英砂岩、长石砂岩和岩屑砂岩。

c. 粉砂岩:由直径为 0.05～0.005 mm 的砂粒胶结而成的岩石。其成分以石英为主,有少量长石、云母、绿泥石、重矿物和泥质混入物等。外貌颇似泥质岩,但较坚硬,并有粗糙感。第四纪沉积物中的黄土及黄土岩亦属于粉砂岩。黄土中粉砂占 50％ 以上,质轻而多孔(孔隙率达 40％～55％),易研磨成粉末,含有较多的奇形怪状的钙质结核,无明显层理、节理发育,常被侵蚀而呈陡峭的山崖,这在我国西部一带广泛发育,最厚可达 400 余米,成为著名的黄土高原。

③黏土岩类。黏土岩又称为泥质岩,是沉积岩中最常见的一类岩石,约占沉积岩的 50％～60％。它是介于碎屑岩和化学岩之间的过渡类型,并具有独特的物质成分、结构和性质等特征。这类岩石是由含量在 50％ 以上的直径小于 0.005 mm 的颗粒物质胶结而成的。主要矿物成分是黏土矿物(如高岭石、蒙脱石和伊利石等),尚有少量极细的石英、长石、云母、碳酸盐矿物和重矿物等。主要由含铝硅酸盐类矿物的岩石经化学风化作用形成胶体溶液,被搬运至江、河、湖、海或在原地沉积而形成。黏土岩的颜色与沉积环境和混入物有关,多呈黑、褐红、紫、红和绿等颜色,也有呈白色或浅灰色的。具有典型的泥质结构,质地均匀,有细腻感。可塑性和吸水性很强,岩石吸水后体积增大。根据其固结程度,可分为黏土、页岩和泥岩。

a. 黏土:疏松的土状岩石,含黏土矿物颗粒在 30％ 以上。由于黏土颗粒和砂粒的含量不同,黏土存在亚黏土(砂粒含量 10％～30％)、亚砂土(黏粒含量 3％～10％)及砂土(黏粒含量小于 3％)等过渡类型。根据所含主要矿物成分,黏土又可分为高岭石黏土、蒙脱石黏土和伊利石(或称水云母)黏土。

b. 页岩:由疏松黏土经硬结成岩作用而形成,为黏土岩的一个构造变种,它具有能沿层理面分裂成薄片或页片的性质,常可见显微层理,称为页理(页岩亦因此得名),具有页理构造的黏土岩主要是水云母质的黏土岩,是由于云母质片状矿物平行排列所致。页岩成分复杂,除各种黏土矿物外,尚有少量石英、绢云母、绿泥石、长石等混入物,一般呈灰、棕、红、绿和黑等多种颜色。按照混入物成分的不同,页岩又可细分为黑色页岩、碳质页岩、钙质页岩、铁质页岩、硅质页岩和油页岩等。

c. 泥岩:其成分与页岩相似,但层理不发育,具块状构造。

④化学岩及生物化学岩类。由于在母岩遭受强烈化学分解作用之后,其中某些风化产物形成水溶液(包括胶体溶液)被搬运到水盆地中,通过蒸发作用、化学反应和在生物的直接或间接作用下沉淀而形成的。这类岩石的数量和分布均较碎屑岩和黏土岩少,但它们却占有非常重要的地位,其在地壳中分布最广的是碳酸盐类岩石,其次是硅质岩。对土木工程建设影响很大的岩溶地貌很多出现在该类岩石中。

a. 石灰岩:由结晶细小的方解石组成,常含少量白云石、黏土矿物、菱镁矿和石膏等混入物。纯石灰岩常为浅灰色或灰色,当含杂质时为浅黄色、浅红色、灰黑色及黑色等。以遇盐酸强烈起泡为显著特征。根据石灰岩的成因、物质成分和结构与构造,又可分为普通灰岩、生物灰岩、碎屑灰岩和燧石灰岩等。

b. 白云岩:主要由细小的白云石组成,常含有少量方解石、石膏、菱镁矿及黏土矿物等。白云岩的外表特征与石灰岩极为相似,但遇盐酸不起泡或起泡微弱,具有粗糙的断面,且风化表面多出现格状溶沟。白云岩中随方解石含量增大,有逐渐向石灰岩过渡的类型,如石灰质白云岩或白云质石灰岩等。

c. 泥灰岩：它是碳酸盐类岩石与黏土岩之间的过渡类型，黏土含量在 $25\%\sim50\%$ 之间。若黏土含量在 $5\%\sim25\%$，称为泥质灰岩。泥质灰岩常为隐晶质或微粒结构，遇盐酸起泡，且有黄色泥质沉淀物残留。常呈浅灰、浅黄、浅绿、天蓝、红棕及褐等颜色。

d. 硅质岩：主要由蛋白石、石髓及石英组成，SiO_2 含量在 $70\%\sim90\%$ 之间，此外，尚有黏土矿物、碳酸盐类矿物、铁的氧化矿物等。这类岩石包括硅藻土和燧石岩等，其中以燧石岩最为常见。燧石岩致密坚硬，锤击有火花，多呈结核状、透镜状产出，也有呈层状存在于碳酸盐类岩石之中的。多呈深灰和黑色，也有呈红、黄或白色的。常具有隐晶质结构和条带状构造。

2.4 变质岩及其特征

变质岩是母岩（包括原来已有的岩浆岩和沉积岩，甚至变质岩）受到高温高压以及外来化学成分加入的影响，在固体状态下发生剧烈变化后形成的新岩石。由岩浆岩变质形成的变质岩称为正变质岩，而由沉积岩变质形成的变质岩称为负变质岩。由于不同变质岩形成的原因是不同的，因此，按其成因可将变质岩分为区域变质岩、接触变质岩和动力变质岩三类。

变质岩在地球表面分布面积约占陆地面积的 20%。由于它基本上是母岩在保持固体状态下在原来位置经变质作用所形成的，因此，变质岩的野外产状与母岩的基本相同或存在很大相似性，即正和负变质岩的野外产状分别与岩浆岩和沉积岩的基本一致，而且，变质岩不仅具有自身的特征，还常保留着母岩原来的某些特征。

2.4.1 变质岩的矿物组成及特征

组成变质岩的矿物分为共有矿物和特有矿物两类：

①共有矿物：它是与岩浆岩和沉积岩共同拥有的矿物，主要包括石英、长石、云母、角闪石、辉石、方解石和白云石等。

②特有矿物：它是变质岩所特有的矿物，在岩浆岩和沉积岩中是找不到的，主要包括石榴子石、红柱石、蓝晶石、阳起石、硅灰石、透辉石、透闪石、矽线石、十字石、蛇纹石、滑石和绿泥石等，这些特有变质矿物往往是鉴定变质岩的标志。

变质岩中矿物的变质一般具有如下特征：

①在高温条件下，变质矿物都较稳定，如矽线石和滑石等。

②变质岩由于常受定向压力作用的影响，其中某些矿物常呈针状、纤维状、鳞片状、柱状和放射状等，如呈鳞片状的绿泥石和石墨，呈放射状的阳起石和硅灰石等；而另一些矿物出现被拉长的现象，如变质岩中角闪石、云母和长石等一般较岩浆岩中的同种矿物长得多，就连某些非一向延伸的矿物也可被拉长而按一定方向排列。

③变质矿物中常有包裹体，如十字石中常有炭质和石英等包裹体存在。

④变质岩中的矿物由于本身生长力的关系而有不同的自形程度。例如，石英的生长能力较弱，一般只能形成它形晶；十字石生长能力特强，常形成自形晶。它们与岩浆岩中矿物因熔点不同所形成的结晶顺序也是不同的。例如，变质岩在其变质过程中，先形成的斜长石是酸性斜长石，最后才形成基性斜长石，这一规律恰好与岩浆岩中斜长石形成的结晶顺序相反。

⑤变质岩中虽有些与岩浆岩中的矿物相同,但其形成时的温度远较岩浆岩中的相同矿物低。

值得注意,一定的母岩成分经过变质作用后会产生不同的矿物组合。如同样是含 Al_2O_3 较多的泥质岩类,在低温时产生绿泥石、绢云母与石英的组合,在中温时产生白云母和石英的矿物组合,而在高温时则产生矽线石和长石的矿物组合。另外,变质矿物的共生组合还取决于母岩成分。如果母岩成分不同,即使变质条件相同,所产生的变质矿物也不相同。例如,石英砂岩受热力变质作用后生成石英岩,而石灰石同样也受热力变质作用,则只能形成大理岩。

2.4.2 变质岩的结构与构造

(1)变质岩的结构

变质岩几乎都具有结晶结构。由于变质作用的程度不同,变质岩结构可分为变余结构、变晶结构和压碎结构三种类型。

①变余结构:它是一种过渡型结构。由于变质作用不完全,在变质岩的个别部分还残留着母岩的结构,这种结构对于判断母岩属何岩石类型有重要意义。例如,若变质岩的母岩是砂状沉积岩,则可出现变余砂粒结构或变余泥质结构;若变质岩的母岩是岩浆岩,则可能出现变余斑状结构等。变余结构一般常见于变质较轻的岩石中。

②变晶结构:它是变质岩最重要的一种结构形式,由于这种结构是母岩中各种矿物同时再结晶所形成的,因此,矿物晶体相互嵌生,晶形的发育程度并不取决于矿物结晶的顺序,而取决于矿物的结晶能力,这是与岩浆岩的结晶结构不一样的(岩浆岩的结晶结构一般是先形成的矿物自形程度较后形成矿物的高)。常见的变晶结构包括如下几种形式:

a. 等粒变晶结构:岩石中所有矿物晶粒的大小几乎相等,与岩浆岩的等粒结构近似。石英岩和大理岩常具此种结构。

b. 斑状变晶结构:它与岩浆岩的斑状结构相似,即细粒基质中分布一些较大的变斑晶的粗大晶体。组成变斑晶的矿物大多是结晶能力强的矿物,如石榴子石、电气石、十字石等。片岩和片麻岩常具此种结构。

c. 鳞片状变晶结构:一些鳞片状矿物沿一定方向排列而形成的结构,如云母片岩等。

③压碎结构:由于动力变质作用,使岩石发生破碎而形成的结构。若母岩碎裂成块状,称为碎裂结构;若压力极大,母岩破碎成细微颗粒,称为糜棱结构。碎裂岩和糜棱岩常具有此种结构。

(2)变质岩的构造

母岩经过变质作用后,其中矿物颗粒在排列方式上大多具有定向性,能沿矿物排列方向劈开。变质岩的构造是识别变质岩的重要标志。常见的变质岩构造主要包括片理构造、板状构造、块状构造、条带状构造和斑点构造等。

①片理构造:由岩石中片状、板状、针状和柱状矿物(如云母、长石和角闪石等)在定向压力作用下重结晶,沿垂直压力方向平行排列而形成。顺着平行排列的面可以把岩石劈开成一片一片的现象称为片理,而这种可劈开的面称为片理面。常见的片理构造主要包括如下几种形式:

a. 片麻状构造:如图 2-24(a)所示,岩石中的深色矿物(如黑云母、角闪石等)和浅色矿物(如长石、石英等)相间呈断续条带状分布,在外观上构成一种深浅或黑白相间的断续层带状构造,如片麻岩等。

b. 眼球状构造:如图 2-24(b)所示,岩石中常有某种颗粒粗大的矿物(如石英、长石等)呈

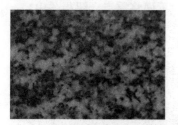
(a)片麻状构造

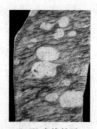
(b)眼球状构造

(c)片状构造

(d)千枚状构造

(e)板状构造

图 2-24　片理构造

透镜状或扁豆状,沿片理方向排列,形似眼球,因此而得名。

　　c. 片状构造:如图 2-24(c)所示,由一些片状、柱状、针状矿物(如云母、滑石、绿泥石、角闪石、矽线石等)作平行排列而成。片岩常具此种构造。

　　d. 千枚状构造:如图 2-24(d)所示,片理清晰,片理面上有许多细小的绢云母鳞片作有规律的分布,使岩石呈现丝绢光泽。它是千枚岩所具有的构造。

　　e. 板状构造:如图 2-24(e)所示,柔软的泥质岩石受挤压后形成平整的板状,沿构造方向易于劈开,劈开的面称为板理面,其上常有鳞片状绢云母散布,它是板岩具有的构造。

　　②块状构造:如图 2-25 所示,矿物无定向排列,其分布大致均匀。石英岩和大理岩常具有此种构造。

　　③条带状构造:如图 2-26 所示,岩石中矿物成分分布不均匀,某些矿物相对集中而呈现宽窄不等和相间排列的条带。混合岩常具此种构造。

　　④斑点构造:如图 2-27 所示,当温度升高时,母岩中的某些成分(如炭质等)首先集中凝结或产生化学变化,形成斑点状的小矿物晶体,其形状和大小可能不同。某些板岩具有此种构造。

图 2-25　块状构造

图 2-26　条带状构造

图 2-27　斑点构造

2.4.3　变质岩分类及常见变质岩特征

　　变质岩的分类、结构与构造、矿物成分及变质岩特征是变质岩鉴定的基础,尤其是变质岩构造和特有矿物成分,它们是变质岩野外识别的重要标志。下面将重点介绍相关内容。

(1)变质岩分类

变质岩主要有成因和构造两种分类方法。按岩石成因可将变质岩分为区域变质岩、接触变质岩和动力变质岩;按岩石构造可将变质岩分为片理状岩类、块状岩类和构造破碎岩类。具体情况分别见表2-9和表2-10。

表2-9　变质岩的成因分类

岩石类型	岩石名称	主要矿物	构造		形成原因
区域变质岩	板岩	黏土矿物、云母、绿泥石、石英、长石	片理	板状	区域变质作用
	千枚岩	绢云母		千枚状	
	片岩	云母、石英、滑石、绿泥石		片状	
	片麻岩	石英、长石、云母、角闪石		片麻状	
	大理岩	方解石	块状	糖粒状	
	石英岩	石英		致密状	
	混合岩	石英、长石	片理	条带状或片麻状	混合岩化作用
接触变质岩	大理岩	方解石	块状	糖粒状	热力变质作用
	石英岩	石英		致密状	
	角页岩	长石、石英、角闪石、红柱石		斑状或致密状	
	矽卡岩	石榴子石、透辉石		不等粒状	接触交代作用
动力变质岩	构造角砾岩	母岩碎块	角砾状		动力变质作用
	糜棱岩	母岩碎屑	条带状或眼球状		

表2-10　变质岩的构造分类

岩石类型	岩石名称	主要矿物	结构	构造	形成原因
片理状岩类	板岩	黏土矿物、云母、绿泥石、石英、长石	变余结构 部分变晶结构	板状	区域变质作用
	千枚岩	绢云母	显微鳞片变晶结构	千枚状	
	片岩	云母、石英、滑石、绿泥石	显晶质鳞片变晶结构	片状	
	片麻岩	石英、长石、云母、角闪石		片麻状	
块状岩类	大理岩	方解石	粒状变晶结构	块状	接触或区域变质作用
	石英岩	石英			
	矽卡岩	石榴子石、辉石、硅灰石	不等粒变晶结构		接触变质作用
	蛇纹岩	蛇纹石、滑石	隐晶质结构		
	云英岩	云母、石英	粒状变晶结构 花岗变晶结构		
构造破碎岩类	构造角砾岩	母岩碎块和碎屑	角砾状结构 碎裂结构		动力变质作用
	糜棱岩	长石、石英、绢云母、绿泥石	糜棱结构		

(2)常见变质岩的特征

为了更好地在野外识别和鉴定变质岩,充分了解一些常见变质岩的特征具有重要意义。为此,下面将就一些常见变质岩的特征做简要介绍。

①板岩:泥质岩类受轻微变质作用而形成,结晶程度很差,尚保留较多的泥质成分,具变余泥质结构和板状构造。矿物颗粒很细,肉眼一般难以识别,只在板理面上可见绢云母或绿泥石鳞片。与页岩的区别是质地坚硬,用锤敲击能发出清脆的响声。

②千枚岩:岩石的变质程度较板岩高,泥质成分一般不保留,新生矿物颗粒较板岩粗大,有时部分绢云母有变为白云母的趋势。主要矿物除绢云母外,尚有绿泥石、石英等。岩石中片状矿物形成细而薄的连续片理,沿片理面呈定向排列,致使其具有明显的丝绢光泽和千枚状构

造,一般为绿、黄绿、黄、灰、红和黑等颜色。

③片岩:具有片状构造,组成这类岩石的矿物成分主要是一些片状矿物,如云母、绿泥石、滑石等,此外,尚含有石榴子石、蓝晶石、十字石等变质矿物。它与千枚岩、片麻岩极为相似,但其变质程度(结晶程度)较千枚岩高,而与片麻岩的区别除了构造上不同外,最主要的是片岩中不含或很少含长石。根据片岩中片状矿物种类的差别,又可分为云母片岩、绿泥石片岩、滑石片岩和石墨片岩等。

④片麻岩:具片麻状构造。片麻岩可由各种沉积岩、岩浆岩和已经形成的变质岩经变质作用而形成。变质程度较高,组成矿物大多重结晶,且结晶粒度较大,肉眼可辨识。主要矿物为石英和长石,次要矿物为云母、角闪石和辉石等,此外,尚可含少量的石榴子石、矽线石、十字石、蓝晶石和石墨等典型变质矿物。片麻岩和片岩是逐渐过渡的,两者有时没有清晰划分界线,但大多数片麻岩都含有相当数量的长石,因此,习惯上常根据是否含有粗粒长石来划分。

⑤大理岩:在区域变质作用下,较纯的石灰岩和白云岩由于重结晶而变为大理岩,也有部分大理岩是在热力接触变质作用下形成的。多具等粒变晶结构和块状构造。因其主要矿物为方解石,故遇盐酸强烈起泡,以此可与其他浅色岩石相区别。色彩多异,有纯白色大理岩(称为汉白玉)和浅红色、淡绿色、深灰色及其他各种颜色的大理岩,同时,常因其中含有杂质而呈现出美丽的花纹。

⑥石英岩:由较纯的石英砂岩经变质作用而成,变质后的石英颗粒和硅质胶结物结合为一体,因此,它的硬度和结晶程度均较砂岩高。主要矿物成分为石英,尚有少量长石、云母、绿泥石、角闪石等,深变质时还可出现辉石。质纯的石英岩为白色,因含杂质常可呈现灰、黄和红等颜色。多具等粒变晶结构和块状构造。石英岩常与大理岩相混淆,其区别在于大理岩遇盐酸起泡,且较石英岩硬度低。石英岩在区域和接触变质作用下均可形成,以前种方式更为主要。

⑦角岩:由泥质岩在热力接触变质作用下形成,是一种致密微晶质硅化岩石。主要矿物为石英和云母,次要矿物为长石和角闪石,此外,尚有少量石榴子石、红柱石、矽线石等标准变质矿物。北京西山菊花沟有红柱石角岩,红柱石晶体呈现放射状排列,形似菊花,故又称菊花石。

⑧矽卡岩:它是由石榴子石、透辉石以及一些其他钙铁硅酸盐矿物组成的岩石,是在石灰石或白云石与酸性或中酸性岩浆岩的接触带或其附近形成的。常为深褐、褐、褐绿等颜色。具粗—中粒状变晶结构和致密块状构造。

⑨蛇纹岩:主要矿物为蛇纹石,成分较纯的和蛇纹石相似。一般呈现黄绿色,也有暗绿色和黑色的。质软,略具滑感。常为片理和碎裂构造。大多是由超基性岩(橄榄岩)在热液作用下使其中的橄榄石、辉石变成蛇纹石而形成的,称为蛇纹石化,它多沿断裂破碎带发育,也可由区域变质作用和动力变质作用产生,在蛇纹石化不完全的某些蛇纹岩中,常保留有橄榄石和辉石等原岩矿物。

⑩混合岩:许多相当于花岗岩的物质(来自上地幔的碱性流质)沿原来变质岩(片岩、片麻岩、石英岩等)中片理贯注或与原岩发生强烈的交代作用(称为混合岩化作用)而形成的一种特殊岩石,它是在深成褶皱区的超变质作用下形成的。由两部分物质组成,一部分为原岩,由云母片岩、斜长角闪岩等组成,称为基体;另一部分为混合岩化过程中的活动部分,成分以钾长石、石英为主,称为脉体。构造多种多样,脉体在基体中常呈现眼球状、条带状和片麻状等。根据混合岩化的程度,可将混合岩分为注入混合岩、顺层混合岩、花岗质混合片麻岩和混合花岗岩四类。

⑪构造角砾岩:它是高度角砾岩化的产物。碎块大小不一,形状各异。成分取决于断层移

动带岩石的成分。破碎的角砾和碎块已离开原来的位置而杂乱堆积,带棱角的碎块互不相连,被胶结物隔开。胶结物以次生的铁质和硅质为主,亦见有泥质及一些被磨细的本身岩石的物质。它系构造错动即断裂变动所产生的局部应力使岩石破碎,甚至粒化作用(称动力变质作用)而形成的,其野外分布多呈狭长带状,受构造错动的控制,常常是断层形成的标志。

⑫糜棱岩:它是粒度比较细的强烈压碎岩。岩性坚硬,具明显的条带状和眼球状构造。条带状构造在标本上很像流纹,不同条带中矿物粒度、成分及颜色都有所差异,它是在压碎过程中,由于矿物发生高度变形移动或定向排列而成;在受压碎较轻的部分,残留有较大的眼球状矿物,这些残留矿物多已发生碎裂和形变,晶粒边缘已经磨碎或圆化。它系构造错动即断裂变动所产生的局部应力使岩石破碎,甚至粒化作用(称动力变质作用)而形成的,其野外分布多呈狭长带状,受构造错动的控制,也常常是断层形成的标志。

2.5 岩石的工程地质性质

地壳表层的岩石往往作为土木工程等结构的承载体或结构本身的组成部分,研究其工程地质性质对土木工程建设的安全性和经济性具有极为重要的实际意义。

岩石的工程地质性质是工程地质学的主要研究内容之一,将为各类工程设计与施工提供必不可少的依据,它主要包括岩石的物理和力学性质两个方面,其内容复杂而且繁多。但是,考虑到岩石和土的工程地质性质的显著差异性,而且又分别是后续课程即岩石力学和土力学的主要研究内容,为了兼顾本课程的系统性而又不至于使其与后续课程在内容上有过多的重复,因此,本节对岩石和土的工程地质性质方面的内容仅做概要介绍。

2.5.1 土的工程地质性质

土是岩石(包括岩浆岩、沉积岩和变质岩)在风化、剥蚀、搬运和沉积等一系列外力地质作用下形成的未固结成岩的松散堆积物。由于土的成因、形成环境、物质组成和组织结构不同,从而使自然界中各种土的工程地质性质存在很大差异。不同地区土的工程地质性质既存在一定程度的相似性或普遍性,也存在很大程度的特殊性。因此,下面将从土的工程地质性质的一般性和特殊性两个方面作概要介绍。

(1)土的一般工程地质性质

①三相特性。土是由固体颗粒、颗粒间的孔隙水和气体组成的三相体系,即由固相、液相和气相等三相组成。固相为土颗粒,由大小、形态和物质成分等不同的矿物碎屑和岩屑组成,构成土的主体;液相为土孔隙中的水溶液,或称为孔隙水,它对土的工程性质具有不可忽视的重要影响;气相是土孔隙中的气体。它们三者相互联系,共同影响土的工程地质性质,几乎所有土的工程地质性质都由其三相特性决定。

土的三相特性主要由土的物理性质指标来描述,它们主要包括三个基本试验指标(即土的天然密度、含水量和土粒相对密度)、质量指标(包括土的干密度、饱和密度、有效密度)和孔隙指标(包括孔隙比、孔隙率和土的饱和度)。

土的固相即土颗粒一般不发生变形或变形可以忽略,土的变形主要源于土中孔隙体积的减小,这实际是地基沉降的分层总和分析方法的本质。

②颗粒级配特性。土颗粒是土的主要组成部分,而组成土的土颗粒大小、形状和物质成分是不相同的。土颗粒大小及不同大小颗粒的含量往往对土的工程地质性质起着决定性影响。因此,研究土颗粒大小及不同大小土颗粒的含量即土颗粒的级配特性具有重要的工程实际

意义。

土颗粒大小以其直径来表示,称为粒径(或粒度);把介于一定粒径范围的成分相近、性质相似的土颗粒称为粒组;划分粒组的土颗粒直径的分界尺寸称为界限粒径。一般按照土颗粒界限粒径的大小,可将土颗粒划分为六个粒组,如表 2-11 所示。

表 2-11　土颗粒粒组划分

粒组名称	粒径范围/mm	一般特征
漂石或块石颗粒	>200	透水性大,无黏性,无毛细水
卵石或碎石颗粒	20~200	透水性大,无黏性,无毛细水
圆砾或角砾颗粒	2~20	透水性大,无黏性,毛细水上升高度不超过粒径大小
砂粒	0.075	易透水,当混入云母等杂质时透水性减小,而压缩性增加;无黏性,遇水不膨胀,干燥时松散;毛细水上升高度不大,随粒径变小而增大
粉粒	0.005~0.075	透水性小;湿时稍有黏性,遇水不膨胀,干时稍有收缩;毛细水上升高度与速度均较大,极易出现冻胀现象
黏粒	<0.005	透水性很小;湿时有黏性和可塑性,遇水膨胀,干时收缩显著;毛细水上升高度大但速度较小

土中所含各粒组质量的百分比含量(同一粒组的颗粒质量与土颗粒总质量的百分比)称为土的颗粒级配。以粒径(单位:mm)的常用对数作为横坐标,小于该粒径的所有土颗粒质量的相对百分比含量为纵坐标可得到土的颗粒级配曲线,它可以反映土的颗粒级配优劣程度。

为了定量评定土的颗粒级配优劣程度,一般引进均匀系数 C_u 和曲率系数 C_c($C_u=d_{60}/d_{10}$,$C_u=d_{30}^2/(d_{30}d_{10})$),其中,$d_{10}$、$d_{30}$ 和 d_{60} 分别指小于某粒径的土粒质量占总质量的10%、30%和60%所对应的土颗粒限定粒径)。据此,可将土划分为级配良好的土($C_u>5$ 且 $C_c=1$~3)和级配不好的土(不能同时满足 $C_u>5$ 和 $C_c=1$~3)。

土的颗粒级配不仅会影响其密度、重度、孔隙比、孔隙度以及密实程度,还会影响土的压缩性、变形特性和强度特性,因此,在工程中应该引起足够的重视。

③密度或重力性质。土的密度或重力性质是指单位体积土包含一定质量或具有一定重力的性质,一般采用土的密度或重度来度量。

a. 密度:一般包括土的天然密度、干密度、饱和密度和土颗粒相对密度。天然密度是天然状态下单位体积土的质量(包括土颗粒和水的质量);干密度是干燥状态下单位体积土的质量(仅为土颗粒质量);饱和密度是饱水状态下单位体积土的质量(包括孔隙中水的质量);土颗粒相对密度是土颗粒密度与 4 ℃时纯水的密度之比。土的密度可间接反映土的密实程度和孔隙性。

b. 重度:一般包括天然重度、干重度、饱和重度和有效重度(或称浮重度)。天然重度是天然状态下单位体积土的重量(包括土颗粒和水的重量);干重度是干燥状态下单位体积土的重量(仅为土颗粒重量);饱和重度是饱水状态下单位体积土的重量(包括孔隙中水的重量);有效重度是单位体积土中土颗粒的有效重量(即土颗粒重量减去土颗粒排开水的重量)。土的重度也可间接反映土的密实程度和孔隙性,而且,它是引起土中初始地应力的根本原因之一。

④孔隙性。土中包含一定孔隙的性质称为土的孔隙性,描述土的孔隙性最直接的指标是孔隙率(或称孔隙度)和孔隙比。土的孔隙率或孔隙度 n 是土中孔隙体积与总体积的百分比;土的孔隙比 e 是土中孔隙与土颗粒的体积之比。一般来说,$e<0.6$ 的土是密实的,其压缩性

低;$e>1.0$的土是疏松的,其压缩性高。

土中包含孔隙体积的比例反映土的密实程度,称为土的密实度,它对土的工程地质性质影响极大。但是它对黏性土工程性质的影响远不如对无黏性土(砂土)的影响大,因此,在实际工程中,除了采用天然干密度、孔隙率或孔隙比间接反映黏性土的密实程度外,还没有专门而直接的指标描述无黏性土的密实程度。

对于无黏性土,度量其密实程度的最为直接的方法就是相对密实度(D_r),它是最松散和天然状态砂土的孔隙比之差与最松散和最紧密状态砂土的孔隙比之差的比值,可综合反映土粒级配、形状和砂土结构等对砂土密实程度的影响。据此,可将砂土划分为密实($D_r=0.67\sim1.0$)、中密($D_r=0.33\sim0.67$)和松散($D_r=0.0\sim0.33$)等三种类型。我国现行的《建筑地基基础设计规范》采用标准贯入试验的锤击数 N 来评价砂土的密实度,也是一个行之有效的方法,据此可将砂土划分松散($N\leqslant10$)、稍密($N=10\sim15$)、中密($N=15\sim30$)和密实($N>30$)的四种类型。此外,在道路工程中,采用路基压实度来评价路基的压实程度,它是路基土压实后的干密度与标准最大干密度的百分比,是路基施工质量控制的重要指标。

由于土具有孔隙性,地基或路基土可以在外力(包括静力或动力)作用下而被压实,这实际是某些地基或路基处理方法(如排水固结、振动夯实包括强夯、碾压等)的本质所在。但是,在压实过程中,要特别注意土的含水量、压实功能、土的颗粒级配以及土的类别对压实效果的影响,否则,难以达到理想的压实效果,影响地基或路基的密实质量。

⑤含水性。自然界中的土因其孔隙性而含水,称为土的含水性。描述土含水程度的直接指标是土的含水量,所谓含水量是土中水与土颗粒的质量百分比。

自然界中土的含水程度是不同的,一般采用饱和度来衡量土的含水程度。所谓土的饱和度 S_r 是土中水和孔隙的体积百分比。显然,当 $S_r=0\%$ 时,土是完全干燥的;当 $S_r=100\%$ 时,土中孔隙全部被水充满,土是完全饱和的。一般情况下,这是不可能的,因为土中总有部分孔隙处于封闭状态,水不可能进入。在工程实际中,一般根据土的饱和度将黏性土划分为饱和土($S_r\geqslant80\%$)与非饱和土($S_r<80\%$),饱和与非饱和土的工程性质差异较大。此外,在工程实践中,还根据土的饱和度大小将土细分为稍湿($S_r\leqslant50\%$)、很湿($50\%<S_r\leqslant80\%$)和饱和($S_r>80\%$)的三种含水状况。

由于含水量不同,黏性土会处于不同的物理状态即固态、半固态、可塑状态和流动状态。黏性土从一种状态转变为另一种状态的分界含水量被称为界限含水量,包括液限(或称流限,可塑状态变为流动状态,用 w_L 表示)、塑限(半固态变为可塑状态,用 w_p 表示)和缩限(固态变为半固态,用 w_s 表示),这些界限含水量也称为阿特堡(Atterberg)界限。为了对黏性土的物理状态进行更好地描述和分类,采用了塑性指数 I_p($I_p=w_L-w_p$,习惯上用不带"%"的百分数表示,它反映黏性土处于可塑状态时含水量的变化幅度)与液性指数 I_L($I_L=(w-w_p)/I_p$,w 为天然含水量,液性指数表征黏性土天然含水量与界限含水量之间相对关系)。《建筑地基基础设计规范》按液性指数将黏性土划分为坚硬($I_L\leqslant0$)、硬塑($I_L=0\sim0.25$)、可塑($I_L=0.25\sim0.75$)、软塑($I_L=0.75\sim1.0$)和流塑($I_L>1.0$)五种软硬状态。此外,在道路工程中,有时还采用稠度 w_c[$w_c=(w_L-w)/I_p$]来区分黏性土的软硬状态。

土的含水性对其工程性质存在不同程度的影响。一般来讲,同类土当其含水量增大时,其强度降低。土的性质不同,含水性对其工程性质影响的程度和方式都不同。土的含水量对黏性土和粉土的工程性质影响较大,对砂土(包括粉砂和细砂土)稍有影响,而对碎石土等基本没有影响。此外,应特别注意饱和砂土中出现的振动液化(饱和砂土在振动作用下突然破坏而呈液态,从而失去任何强度的现象)、流砂或流土(饱和砂土颗粒在动水压力作用下处于悬浮状态而随水流动,使砂土失去稳定的现象)、管涌(饱和砂土中细颗粒在动水应力作用下通过粗颗粒孔隙被水流带走的现象)等不良工程现象。

⑥渗透性。土的渗透性是指其可被地下水流穿过的性质。渗透性可采用渗透系数来描述。其量纲与速度的量纲相同,渗透系数越大,土的渗透性越强。

影响土渗透性的因素多而复杂,主要包括土性(黏土或无黏性土)、土颗粒大小与形状以及级配、土的密度和孔隙比、土的结构与构造、土中孔隙的连通程度等。自然界中土的渗透性常表现出较强的各向异性。

⑦压缩性。土在压应力作用下表现为体积缩小的性质,称为土的压缩性。研究土的压缩性一般采用侧限压缩试验,由此可得到压缩过程中土的孔隙比 e 和压力 p 的关系试验曲线,称为土的压缩曲线,一般采用 $e-p$ 和 $e-\lg p$ 曲线来描述。

压缩系数、压缩指数和压缩模量可用来定量评定土的压缩性。压缩系数 a 是 $e-p$ 曲线上任一点切线斜率的绝对值。土在压缩过程中,压缩系数是不断变化的,为了统一标准,在工程实践中,通常采用试验压力由 $p_1=100$ kPa 增加到 $p_2=200$ kPa 的间隔所得到的压缩系数 a_{1-2} 来评定土的压缩性高低。据此,可将土划分为低压缩性土($a_{1-2}<0.1$ MPa^{-1})、中压缩性土($a_{1-2}=0.1\sim0.5$ MPa^{-1})和高压缩性土($a_{1-2}>0.5$ MPa^{-1})。如果采用 $e-\lg p$ 曲线描述土的压缩过程,则该曲线一般在后段接近直线,该直线斜率的绝对值称为压缩指数。根据压缩指数 C_c 的大小,也可将土划分为低压缩性土($C_c<0.2$)、中压缩性土($C_c=0.2\sim0.4$)和高压缩性土($C_c>0.4$)。压缩模量 E_s 是指土在压缩过程中试验压力增量和压缩应变增量之比,它与孔隙比 e 和压缩系数 a 紧密相关,即 $E_s=(1+e)/a$,可间接描述土变形的难易程度即刚度。土在压缩过程中的压缩模量也是不断变化的,根据压缩模量的大小,也可将土划分为低压缩性土($E_s>15$ MPa)、中压缩性土($E_s=4\sim15$ MPa)和高压缩性土($E_s<4$ MPa)。

值得注意,利用压缩系数、压缩指数和压缩模量分别评定土的压缩性时所得结果是存在一定差异的。

⑧结构性与触变性。土的结构性是指组成土的颗粒之间存在一定联接强度的性质。在自然界中,不同土的物质成分、粒度与级配、颗粒间的吸力、结构形式(如单粒结构、蜂窝结构、絮凝结构和分散结构等)以及土颗粒表面双电层效应不同,所以不同的土所具有的结构性是不同的。

按照土是否具有结构性,一般将自然界中的土划分为黏性土(或称黏土)和无黏性土(或称砂土)。土的结构性对土的强度具有极其重要的影响,在实际工程中,一般根据土的抗剪强度指标之一即黏聚力 c 来区分黏性土($c>0$)与无黏性土($c=0$)。

不同黏性土的结构性是不同的,而不同结构性土在受到扰动后的强度降低程度也是不同的,一般采用土的灵敏度来描述黏性土的扰动对其强度的影响程度。所谓黏性土的灵敏度是原状土和重塑土试件的无侧限抗压强度之比,其数值在 $0\sim1.0$ 之间变化。土的灵敏度愈高,结构性愈强,受到扰动后土的强度降低愈显著。根据黏性土的灵敏度 S_t,可将黏性土划分为低灵敏度($S_t=1.0\sim2.0$)、中灵敏度($S_t=2.0\sim4.0$)和高灵敏度($S_t>4.0$)的土三类。在工程实践中,为了保护黏性土中工程结构的稳定性,应尽量减小对土体的扰动。

与土的结构性相反的是土的触变性。黏性土的结构遭到破坏,但随时间推移土体强度恢复的胶体化学性质称为土的触变性。黏性土当受到外界扰动后,其结构性被破坏,土的强度明显降低,而当停止扰动,土的结构性会随时间推移而恢复,强度也会恢复。

土的结构性可改善黏性土的工程性质,这是对工程有利的一方面,但是,黏性土的结构性也会引发其触变性,扰动使黏性土结构性降低或丧失,对已建工程稳定性不利,而对在建工程有时却是有利的,如打入桩施工"一气呵成"就是这个道理。此外,无黏性土或砂土没有结构性、触变性和灵敏度可言。

⑨天然土的应力性质。天然土的应力性质是指不同埋深的土体均受到不同自重应力作用的性质。这种应力一般称为初始地应力或天然地应力,包括天然水平应力和天然铅直应力,它与土的重度和埋藏深度密切相关,有时还与地形有关。天然铅直应力的大小一般为埋藏深度以上单位水平截面积土柱的重力,或等于土的重度与埋藏深度的乘积;天然水平应力一般采用侧压系数计算,它等于天然铅直应力与侧压系数的乘积,值得注意的是侧压系数的确定与土的性质密切相关。

土的应力由土颗粒及其孔隙水共同承担。土所受的应力称为土的总应力,土颗粒所受的应力称为土的有效应力,而孔隙水所受的应力称为土的孔隙水压力。一般认为这三者服从太沙基有效应力原理,对于饱和土,总应力为有效应力与孔隙水压力之和。

一般认为土的变形是由土的有效应力引起的,值得注意的是,尽管地基的沉降是由附加应力(即建筑荷载引起的应力)引起的,但是在计算地基沉降时,必须考虑地基土初始地应力的影响。

⑩固结性。黏性土在压力作用下,孔隙水随时间的推移而逐渐被排出,孔隙体积也随之缩小,这一过程称为黏性土的固结。饱和与非饱和黏性土都具有这一性质,但两者的固结机理存在较大的差异,饱和黏土固结的本质是土中孔隙水压力消散和有效应力增长的过程。

土的固结程度采用固结度来衡量。所谓固结度是指在某一荷载作用下经过一定时间后,土固结完成的程度,其为土中有效应力与总应力的比值,其大小一般在 $0 \sim 1.0$ 之间。在土的固结过程中,土的固结度是不断发生变化的,固结完成后,固结度等于 1.0。固结度与土的固结变形大小及其强度增长都有紧密的关系。

土的固结程度与土的渗透性、所受压力(称为固结应力或压力)和时间紧密相关。渗透性越高,固结应力越大,固结时间越长,则土的固结程度越高。

不同天然黏性土在地质历史上所受到过的最大应力或压力 p_c(称为先期固结应力或压力),称为黏性土的应力历史,它与其当前所受到的实际应力或压力 p_1(称为固结应力或压力)可能相同或不同。把先期固结应力和固结应力之比定义为超固结比(OCR)。根据超固结比可将天然黏性土的固结区分为超固结(OCR>1.0)、正常固结(OCR=1.0)和欠固结(OCR<1.0)三种状态,土的固结状态将影响地基的沉降大小。

土的固结会改善土的工程性质,但有时也会给工程带来问题。例如,排水固结法处理软土地基,可改善地基土的工程性质;地基土固结可能会使建筑物工后沉降过大而出现事故。因此,在工程实践中,应重视土的固结给工程带来的影响。另外,无黏性土或砂土因透水性极强而无固结性质可言。

⑪变形特性。土的变形特性是土在应力作用下或在其他因素影响下会产生变形的现象。土在静和动应力分别作用下产生的变形特性分别称为土的静力变形特性和动力变形特性,它们的特征存在很大的差异。即便土不受应力的作用,也会由于土的主固结和次固结的影响而进一步发生变形,这种变形特性称为土的时间变形特性,其还可进一步划分为固结变形特性(由土的主固结引起)和流变特性(由土的次固结引起)。

土在应力作用下的应力与应变的关系,或者土的变形与时间的关系,称为土的本构关系或本构模型。它可描述土的变形过程,是地基沉降或土体变形计算的依据。地基沉降或土体变形分析几乎是所有工程设计不可或缺的内容,因此,土的本构模型在实际工程中具有十分重要的意义。

目前已有土的本构模型数不胜数,由于土的复杂性,几乎所有土的本构模型都与工程实际存在不同程度的差异。但是,在实际工程中被广泛采用的本构模型依然是少数几种简单实用的模型,如邓肯—张模型、剑桥模型和基于 Mohr-Coulomb 强度准则的弹塑性模型等。

土与一般材料不同,土的变形特性表现出强烈的非线性特性。影响土变形的非线性特性因素除了土的本身性质以外,还包括土所受荷载的水平和性质,甚至土的孔隙性、固结、孔隙水压力和渗流特性等。另外,土有时表现出应变硬化特性,有时却表现出应变软化特性。所谓应变硬化,是土在受力而变形的过程中应力随应变增大呈现单调增大的现象,这是松散土所特有的变形特性;所谓应变软化,是土所受应力超过其强度时,土的应力随应变增大而下降的现象,这是致密硬土所特有的变形特性。

土的变形参数有许多,最主要的包括模量(包括弹性模量、变形模量、压缩模量等)和泊松比。在荷载作用下,土所受应力与应变的比值,称为模量,它反映土变形的难易程度即刚度。模量越大,刚度就越大,变形就越小,反之亦然。一般根据土的模量大小,可以将土划分为软土和硬土。土的模量一般与土的强度相互影响,模量越大,强度也越大,反之亦然。在荷载作用下,在垂直荷载方向产生的应变与荷载方向产生的应变的比值,称为泊松比,它反映土在荷载作用下的侧向变形特性。在大多数情况下,土的模量和泊松比都并非常数,这也是土与其他材料不同的特点之一。

⑫剪胀性。土的剪胀性是土受到应力(包括压应力和剪应力)的作用而在其变形的过程中表现出体积变化的性质。体积减小表现为土的剪缩,而体积增大表现为土的剪胀。习惯上,将土的剪缩和剪胀特性统称为土的剪胀性。

由于一般认为土颗粒在土的变形过程中是不能被压缩,即体积不发生变化,因此土剪胀的本质是土中孔隙比的变化。土在变形过程中,孔隙比增大表现为土的剪胀,而孔隙比减小表现为剪缩。

自然界中的土在理论上存在一个临界孔隙比。在土的变形过程中,土的孔隙比大于临界孔隙比,则土表现出剪缩性质,而土的孔隙比小于临界孔隙比,则土表现出剪胀性质。因此,自然界中的土可根据其临界孔隙比区分为剪胀类土和剪缩类土。剪胀类土的强度具有应变软化性质,而剪缩类土的强度具有应变硬化性质。

⑬强度特性。土的强度特性是土具有抵抗荷载而不破坏的性质。土与一般材料不同,它一般只具有抗剪强度和抗压强度(包括无侧限抗压强度和三轴抗压强度),不具有任何抗拉和抗弯强度。土的强度不仅决定于土的性质,而且与其应力状态有紧密关系。土的强度(包括抗剪和抗压强度)一般采用抗剪强度指标(即黏聚力 c 和内摩擦角 φ)来表示。在实际工程中,一般由土的直剪或三轴压缩试验按 Mohr-Coulomb 强度准则确定。

由于土的强度受孔隙水及其孔隙水压力影响,因此,在测定土的强度指标时要考虑试验条件的差异性。土的抗剪强度指标测定的试验条件一般包括固结不排水剪(或称固结快剪)、不固结不排水剪(或称快剪)和固结排水剪(或称慢剪)三种。此外,土的强度与测定时加载路径(一般有总应力路径和有效应力路径两种)有关,因此,测定土的抗剪强度包括总应力法和有效应力法,对应的强度指标有总应力强度指标和有效应力强度指标。

土的抗剪强度指标是地基工程等的重要设计计算参数,在工程实践中,必须特别注意根据实际工程条件选取正确的土的抗剪强度指标。

(2)特殊土的工程地质性质

由于地理环境、气候条件、地质成因、物质成分及次生变化等的特殊性,自然界中某些土表现出特殊的工程地质性质,如黄土的湿陷性、淤泥土的触变性、膨胀土的膨胀性等。这种具有特殊工程地质性质的土在工程实践中常被称为特殊土,它往往是土木工程建设的安全性与经济性的关键影响因素,有必要了解特殊土的工程地质性质,因此,下面将就一些常见特殊土的工程地质性质做扼要介绍。

①软土。泛指淤泥及淤泥质土,是第四纪后期于沿海地区的滨海相、泻湖相、三角洲相、溺谷相、内陆平原或山区的湖相、冲洪积相和沼泽相等,在静水或非常缓慢的流水环境中沉积,并经生物化学作用形成的饱和软黏土。主要由黏粒和粉粒组成,黏粒的含量一般为30%～60%,黏粒的矿物成分以伊利石(或称水云母)和蒙脱石为主,富含有机质,有机质含量一般为5%～15%,有时高达17%～25%。主要包括淤泥($e \geqslant 1.5$)、淤泥质土($e=1.0 \sim 1.5$)、有机质土(有机质含量在5%～10%之间)、泥炭质土(有机质含量在10%～60%之间)和泥炭(有机质含量大于60%)等类型。软土的特殊工程地质性质主要表现在如下几个方面:

a. 高含水性:天然含水量一般为50%～70%,甚至超过200%;液限一般为40%～60%;饱和度一般大于95%。

b. 高孔隙性:天然孔隙比一般在1.0～2.0之间,甚至可达到3.0～4.0。

c. 渗透性差:渗透系数一般在$10^{-4} \sim 10^{-8}$ cm/s之间。

d. 压缩性高:压缩系数a_{1-2}一般在0.7～1.5 MPa^{-1}之间,最大可达4.5 MPa^{-1}。

e. 变形大而不均匀:软土地基的沉降较一般黏性土地基大几到十几倍,因此,上部结构荷载的不均匀性,必然会引起严重的差异沉降。

f. 变形稳定历时长:由于软土渗透性差,固结困难,使地基沉降时间较长。

g. 抗剪强度低:不排水三轴快剪的内摩擦角为0°,黏聚力一般小于20 kPa;直剪快剪的内摩擦角一般为2°～5°,黏聚力为10～15 kPa。

h. 较显著的触变性:灵敏度一般在4.0～10.0之间,甚至可高达13.0～15.0。

②黄土。是第四纪干旱和半干旱条件下形成的一种特殊沉积物。颜色多呈黄色、浅灰黄色或褐黄色;颗粒组成以粉土粒为主,约占60%～70%,粒度大小较均匀,黏粒含量较少,一般仅占10%～20%;含碳酸盐、硫酸盐及少量易溶盐;含水量小,一般仅为8%～20%;孔隙比大,一般在1.0左右,且具有肉眼可见的大孔隙;具有垂直节理,常呈现几乎直立的天然边坡。

黄土按其成因可分为原生黄土和次生黄土。一般认为,具有上述典型特征而没有层理的风成黄土称为原生黄土;原生黄土经过流水冲刷、搬运和重新沉积而形成的黄土则称为次生黄土,它一般不完全具备上述黄土特征,具有层理,并含有较多的砂粒甚至细砾,也称为黄土状土。

黄土在天然含水量时一般呈坚硬或硬塑状态,具有较高的强度和低的或中等偏低的压缩性,但是,遇水浸湿后,有的即使在自重作用下也会发生剧烈而大量的沉陷(称为黄土的湿陷性),强度也随之迅速降低,而有的却并不具有湿陷性。凡是在自重应力作用下或在自重应力与附加应力共同作用下,遇水浸湿后结构迅速破坏而发生显著沉陷的黄土称为湿陷性黄土;否则,称为非湿陷性黄土,非湿陷性黄土的工程性质接近于一般性黏土。因此,判断黄土是否属于湿陷性黄土、分析黄土湿陷性的强弱程度、判别黄土湿陷类型和湿陷等级成为黄土地区工程建设的核心问题。

③红黏土。红黏土是在亚热带气候条件下,碳酸盐类岩石及其中所夹的其他岩石经过红

土化作用所形成的高塑性黏土。除含有一定数量的石英外,还大量包含高岭石和伊利石等矿物,不含或极少含有机质;一般呈褐红和棕红等颜色。经流水再搬运后仍保留其基本特征,液限大于45%的坡积和洪积黏土,称为次生红黏土,在相同物理性质指标情况下,它的力学性能较红黏土差。红黏土特殊的工程性质主要表现在如下几个方面:

a. 天然含水量高:一般为40%～60%,有的高达90%。

b. 高孔隙性:天然孔隙比一般为1.4～1.7,有的高达2.0。因此,密度小。

c. 高塑性:液限一般为60%～80%,有的高达110%;塑限一般为40%～60%,有的高达90%;塑性指数一般为20.0～50.0。

d. 由于塑限高,所以尽管天然含水量高,一般仍处于坚硬或硬塑状态,液性指数一般小于0.25,但是,其饱和度一般在90%以上,甚至坚硬红黏土也处于饱水状态。

e. 一般有较高的强度和较低的压缩性:固结快剪的内摩擦角为8°～18°,黏聚力为40～90 kPa;压缩系数一般为0.1～0.4 MPa^{-1};变形模量为10.0～30.0 MPa,有的高达50.0 MPa。

f. 基本不具有湿陷性。

g. 原状土浸水后膨胀量很小(<2%),但是,失水后收缩剧烈,原状土体积收缩率可达25%,而扰动土可达40%～50%。

红黏土的一般特点是天然含水量和孔隙比很大,但其强度高,压缩性低,工程性质良好。它的物理力学性质具有独特的变化规律,不能采用一般黏性土的标准评价红黏土的工程性质。

④膨胀土。膨胀土是指含有大量的强亲水性黏土矿物(如高岭石、蒙脱石和伊利石等)成分,具有显著的吸水膨胀和失水收缩的性质,而且,它是胀缩变形往复可逆的高塑性黏性土。多为高分散的黏粒组成,常有铁锰质及钙质结核等零星包裹物;一般呈现坚硬～硬塑状态,但遇水剧烈变软;呈现黄、黄褐、灰白和棕红等颜色。膨胀土判别的依据主要是自由膨胀率(>40%)和蒙脱石的含量(>7%)。膨胀土特殊的工程性质主要表现为如下几个方面:

a. 黏粒含量多达35%～85%,其中粒径小于0.002 mm的胶粒含量一般在30%～40%之间。液限一般为40%～50%,塑性指数多在22.0～35.0之间。

b. 天然含水量接近或略小于塑限,其变化幅度为3%～5%,因此,一般呈坚硬硬塑状态。

c. 天然孔隙比小,一般在0.5～0.8之间,也有的达0.7～1.2。土体增湿膨胀,孔隙比增大;土体失水收缩,孔隙比减小。

d. 自由膨胀量一般超过40%,有的甚至超过100%。

e. 强度和压缩性质变化幅度大。膨胀土遇水后,其抗剪强度降低1/3～2/3;膨胀土结构破坏后,其抗剪强度降低2/3～3/4,压缩系数提高1/4～2/3。

f. 多裂隙性,主要由膨胀土的反复胀缩形成。

膨胀土的主要危害是不均匀沉降和产生大量裂隙。另外,膨胀土的超固结特性不仅使路堑边坡坡脚产生较大的剪应力,而且还会带来膨胀土强度的应变软化,造成边坡坍滑。

⑤冻土。冻土是高纬度、高海拔等高寒地区由于温度在0 ℃或以下,致使土中孔隙水被冻结而形成的。在天然条件下,冻结状态持续三年或三年以上的土称为多年冻土;冬季冻结而夏季全部融化的土,称为季节冻土;冬季冻结且一两年内不融化的土称为隔年冻土。冻土的形成与当地气候条件、地温与孔隙水(包括固和液态水)含量有紧密联系。冻土的特殊工程性质主要表现为如下两个方面:

a. 冻胀性:孔隙水被冻结时,土体内产生很大的冻胀应力,致使土的体积膨胀,并破坏土的结构。

b. 热融陷性:被冻结的孔隙水融化时,土体会产生融陷,并使土体产生强度软化、热融滑塌和体缩。

在工程实践中,冻土的热融陷性等级是描述冻土工程性质极其重要的指标,而冻土的融沉系数是冻土热融陷性等级划分的依据。所谓冻土的融沉系数 A 是冻融前后冻土的孔隙比变化量。据此,可将冻土的热融陷性划分为五个等级:不融沉($A<0.01$)、弱融沉($A=0.01\sim0.05$)、融沉($A=0.05\sim0.1$)、强融沉($A=0.1\sim0.25$)和强融陷($A>0.25$)。此外,工程上常主要依据土的类别、总含水量和热融陷性等级等将冻土划分为少冰冻土、多冰冻土、富冰冻土、饱冰冻土和含土冰层等。

⑥盐渍土。在地表不深的土层中,平均易溶盐(如氯盐、硫酸盐、碳酸盐等)含量超过0.5%且具有吸湿和松胀等性质的土,称为盐渍土。它一般分布在干旱和半干旱地区,其形成及所含盐的成分和数量与当地地形、地貌、气候、地下水的埋深与矿化度、土的性质和人为活动都有密切关系。当土中粉粒含量高、盐分来源充分、地下水矿化度较高且埋深小、毛细水能达地表或接近地表、气候较干燥、蒸发强烈而风多、年平均降雨量小于蒸发量时,便可形成盐渍土。

盐渍土按地理分布可分为滨海型、冲积平原型和内陆型。按所含盐类和平均含盐量也可以把盐渍土分为不同的类型,如表 2-12 所示。

表 2-12　盐渍土分类

按含盐成分比值的分类		按平均含盐量(%)的分类				工程允许含盐量(%)
	Cl^-/SO_4^{2-}	弱盐渍土	中盐渍土	强盐渍土	超盐渍土	
氯盐渍土	>2	0.5~1	1~5	5~8	>8	5~8
亚氯盐渍土	1~2	0.5~1	1~5	5~8	>8	5(其中,硫酸盐<2)
亚硫酸盐渍土	0.3~1	0.3--0.5	0.5~2	2~5	>5	5(其中,硫酸盐<2)
硫酸盐渍土	<0.3	0.3~0.5	0.5~2	2~5	>5	2.5(其中,硫酸盐<2)
碳酸盐渍土		<0.5	0.5~1	1~2	>2	2(其中,易溶碳酸盐<0.5)

盐渍土的工程地质性质与所含盐分及其数量密切相关。氯盐为主的盐渍土中易溶盐含量小于0.05%(其他盐渍土小于0.3%),对土的性质影响较小;超过此量时,对土的性质影响较明显。当含盐量超过3%时,土的工程地质性质主要取决于盐的种类和数量。一般来讲,土中含盐量愈高,土的液限和塑限愈低,夯实最佳密度愈小。

盐渍土的强度和变形与含水量关系密切。通常情况下,干燥状态的盐渍土具有较高的强度和较小的变形,但是,盐渍土被水浸湿,因盐分的溶解,土被溶蚀而导致土的强度降低,压缩变形增大。

盐渍土的危害是可溶盐遇水溶解,导致土体产生湿陷、膨胀以及有害的毛细水上升,使建筑物地基破坏。

2.5.2　岩石的工程地质性质

(1)岩石的物理性质

①空隙性。岩石的空隙性是指岩石中包含空隙的性质,采用空隙率来度量。岩石的空隙率是岩石中空隙体积与岩石总体积的百分比。由于岩石中的空隙包括孔隙、裂隙和溶隙,则与之相对应的分别有孔隙率(亦称孔隙度)、裂隙率和岩溶率。岩石的空隙性对岩石的其他工程

地质性质(如密度、含水性、渗透性和力学性质等)有重要的影响。

②密度和重力性质。岩石的密度或重力性质是指单位体积岩石包含一定质量或具有一定重力的性质,一般采用岩石的密度或重度来度量。

岩石的密度是岩石的质量与其体积之比,包括天然密度、饱和密度和干密度等。它与岩石的空隙率直接相关,空隙率越大,密度则越小。岩石的密度也会影响岩石的强度和变形性质,一般来讲,岩石的密度越大,岩石的强度和刚度会越大。此外,岩石的密度还有相对密度的概念,它是岩石固体的质量与同体积水在 4 ℃时的质量之比或岩石固体的密度与水在 4 ℃时的密度之比。

岩石的重度是岩石的重量与其体积之比,它包括天然重度、饱和重度、有效重度(或浮重度)和干重度等。它是引起岩石天然应力(或称初始地应力)的重要原因(即形成岩石的自重应力)。岩石天然应力还包括构造应力,也就是说,岩石天然应力或初始地应力由自重应力和构造应力两部分组成,它对工程结构尤其是地下结构的稳定性起着决定性的影响作用。

③吸水性。岩石的吸水性是岩石具有吸收水分的性质,常采用吸水率、饱和吸水率和饱水系数来描述。岩石的吸水率是岩石在一般大气或自然条件下的吸水能力,在数值上,它等于岩石的吸水质量与同体积干燥岩石质量的百分比。岩石的饱和吸水率是岩石在高压(一般为 15 MPa)或真空条件下的吸水率,在数值上,它一般与岩石的空隙率相等。岩石的饱水系数是岩石的吸水率与饱和吸水率之比,它反映自然条件下岩石的吸水程度。如果饱水系数为 0,岩石是干燥的;如果饱水系数为 1.0,岩石处于饱水状态。

表征岩石吸水性的上述三个指标与岩石空隙率的大小、空隙的张开程度等因素密切相关。岩石的吸水率越大,则水对岩石颗粒间胶结物的浸湿和软化作用越强,岩石受水作用的影响也就越显著,岩石的强度就会越低。岩石吸水率越大,则岩石中水的体积就越大,冻结时产生的膨胀力就越大,岩石的抗冻能力就会越低。因此,岩石的吸水性可间接反映岩石的软化和抗冻能力。一般认为,饱水系数小于 0.8 的岩石是抗冻的,否则,岩石是不抗冻的。

④软化性。岩石的软化性是指岩石遇水后强度降低的性质,它主要受岩石的矿物成分、结构与构造等因素影响。岩石中若亲水矿物(如高岭石、蒙脱石和伊利石等)或可溶性矿物(如岩盐等)含量高、空隙率大、吸水性强,则其与水作用后,颗粒间的联接力被削弱而使其的强度降低,从而引起岩石的软化性。

描述岩石软化性的直接指标是岩石的软化系数,它是岩石在饱和与干燥状态下的极限抗压强度之比。软化系数越小,岩石在水的作用下的强度越低。一般认为,软化系数接近 1.0 的岩石属于弱软化或不软化岩石,其抗水、抗风化和抗冻等性质强,如花岗岩等;软化系数小于 0.75 的岩石属于强软化岩石,其工程地质性质差,如黏土岩类。

⑤抗冻性。岩石空隙中有水存在时,一旦被冻结,岩石体积就会膨胀,致使岩石内部产生很大的膨胀力,从而使岩石的结构与构造和联接受到破坏;若岩石经反复循环冻融,就会使岩石强度降低。岩石抵抗冻融破坏的能力称为岩石的抗冻性。在高寒地区,抗冻性是评价岩石工程地质性质的重要方面。

描述岩石抗冻能力的指标主要有抗冻系数、强度损失率和质量损失率。饱水岩石在 -25 ℃和 $+25$ ℃条件下反复冻融 25 次,岩石冻融后与之前的抗压强度的百分比称为抗冻系数(R_d);冻融前后抗压强度的差值与冻融前岩石抗压强度的百分比称为岩石的强度损失率(K_s);冻融前后岩石干质量的差值与冻融前岩石干质量的百分比称为质量损失率(K_m)。在工程实际中,划分岩石抗冻性的方法主要有四种。其一,按岩石的强度损失率,可将岩石划分为抗冻(K_s<25%)和非抗冻(K_s>25%)的两类；其二，按抗冻系数和质量损失率进行划分，一般认为，如果R_d>75%且K_m<2%，岩石的抗冻性高，否则，其抗冻性低；其三，按岩石软化系数(K_R)、吸水率(w)和饱水系数(K_{sat})进行划分，如果w<5%、K_{sat}<0.8且K_R>0.75，岩石的抗冻性高，否则，其抗冻性低；其四，按岩石饱水系数进行划分，正如前述岩石吸水性中介绍的那样。由此可以看出，岩石的抗冻性还与其吸水性和软化性密切相关，当然，它主要取决于岩石本身的性质（如矿物成分、结构和构造等）。

⑥渗透性。在一定水力梯度（或称水力坡度）或压力差作用下，岩石能够被水穿过的性质，称为岩石的渗透性。一般认为，水在岩石中的运动如同水在土中的运动一样，也服从线性渗透定律即达西定律（渗流速度v与水力坡度i呈现线性正比关系，即$v=ki$，其中k为渗透系数，其大小等于水力坡度为1.0时的渗流速度）。

岩石的渗透性采用渗透系数来度量。渗透系数越小，岩石的渗透性越差；渗透系数越大，岩石的渗透性越强。岩石的渗透性与岩石的空隙率和空隙的连通程度具有紧密关系。

值得注意，岩石的渗透性与土的渗透性具有较大的差异性。首先，岩石的渗透性一般远低于土的渗透性；其次，野外岩体的渗透性往往并不取决于岩石或岩块的渗透性，而主要受岩体中裂隙的多少、裂隙的分布与连通情况等控制，因此，野外岩体的渗流主要表现为裂隙网络中水的运动（称为裂隙网络渗流）。理论上，岩体的渗流运动规律最好采用裂隙网络渗流理论来描述。

⑦膨胀性。岩石的膨胀性是指某些含有黏土矿物的岩石遇水后发生体积膨胀的现象，它常采用岩石的自由膨胀率、侧向约束膨胀率和膨胀压力来描述。

岩石的自由膨胀率是岩石在无任何约束的条件下浸水后产生的变形与岩石原尺寸的比值。将具有侧向约束的岩石浸入水中，使其仅发生轴向膨胀变形，则岩石的轴向膨胀变形与其在轴向的原尺寸之比称为岩石的侧向约束膨胀率。膨胀压力是为保持浸水后的岩石体积不发生变化所施加的最大压力。

上述三个参数从不同角度反映了岩石遇水膨胀的特性，可利用这些参数评价膨胀类岩石工程的稳定性，并为工程设计提供必要的依据。

⑧碎胀性。岩石的碎胀性是指岩石破碎后体积增大的现象。一般采用碎胀系数来描述，它是岩石破碎后处于松散状态下的体积与岩石破碎前处于整体状态下的体积之比，它与岩石的致密程度和岩石破碎后的颗粒级配密切相关。碎胀系数越大，岩石的碎胀性越强。

碎胀性是岩石区别于土的重要特性，土不具有或具有很低的碎胀性。在工程实践中，常利用岩石的碎胀性处理地下岩体中的空洞问题。

(2)岩石的力学性质

①变形特性。岩石的变形特性是岩石在应力作用下或在其他因素影响下会产生变形的现象。岩石在静和动应力作用下产生的变形特性分别称为岩石的静力变形特性和动力变形特性，它们之间存在很大的差异性。即便岩石不受应力的作用，也会由于岩石蠕变影响而进一步发生变形，这种变形特性称为岩石的时间变形特性。

岩石在应力作用下的应力与应变之间的关系，或者岩石蠕变时的变形与时间之间的关系，称为岩石的应力应变关系或本构模型，它可以描述岩石的变形过程，是岩石工程结构变形计算的依据。岩石的本构模型在实际工程中具有十分重要的意义。

目前已有岩石的本构模型无法计数，但由于岩石的复杂性，几乎所有岩石的本构模型都与工程实际存在不同程度的差异。在实际工程中被广泛采用的本构模型依然是少数几种简单实用的模型，如线弹性模型即广义胡克定律、弹塑性模型、简单蠕变模型等。

自然界中的岩石与土不同,它一般表现为应变软化特性,很少表现为应变硬化特性,只有深部岩石或在高压力水平作用下的岩石才表现应变硬化特性。此外,在深部地下岩石工程中,坚硬的高模量或高刚度的岩石常会发生岩爆现象,其具有很大的危害性,必须引起足够的重视。

岩石的变形参数有许多,最主要的包括模量(包括弹性模量和变形模量等)和泊松比。在荷载作用下,岩石所受应力与应变的比值,称为模量,它反映岩石变形的难易程度即刚度。模量越大,刚度就越大,变形就越小,反之亦然。在荷载作用下,在垂直荷载方向与荷载方向产生变形的比值,称为泊松比,它反映岩石在荷载作用下的侧向变形特性。岩石变形参数是岩石工程变形分析必不可少的计算参数。

②强度特性。岩石的强度特性是指岩石具有抵抗荷载而不破坏的性质。岩石与土不同,它不仅具有抗剪强度和抗压强度(包括单轴抗压强度和三轴抗压强度),还具有一定的抗拉强度。岩石的抗压强度较抗拉强度高很多,一般相差一到两个数量级。岩石的强度不仅取决于岩石的性质,而且与其应力状态有紧密关系,因此,岩石的强度(包括抗剪和抗压强度)一般采用抗剪强度指标(即黏聚力 c 和内摩擦角 φ)来表示。在实际工程中,一般由岩石的抗剪或三轴抗压试验按 Mohr-Coulomb 强度准则确定。

在野外的岩体中,往往存在大量的结构面(如节理、断层、层理面、岩石分界面、片理面等),岩体的强度并不直接取决于岩石或岩块的强度,而是取决于这些结构面的产状和强度。因此,岩石的强度还包括岩石结构面的强度,主要采用沿结构面剪切的弱面抗剪强度来表示。

值得注意,岩石强度与岩石的风化程度、水理性质(包括软化性、吸水性、抗冻性和膨胀性等)和空隙性密切相关,在工程实践中应该引起重视。

思考题

1. 岩石和矿物的区别是什么?
2. 矿物集合体形态有哪些常见形式?
3. 矿物颜色有哪三种属性? 如何获得矿物的自色?
4. 矿物光泽的物理意义是什么? 如何划分矿物光泽的等级?
5. 矿物透明度的含义是什么? 如何划分其等级?
6. 什么是矿物的硬度? 如何利用摩氏硬度计测定矿物的硬度?
7. 矿物解理与断口性质的本质是什么? 如何划分矿物解理的等级?
8. 矿物分类的基本原则与方法是什么? 如何用肉眼鉴定野外的矿物?
9. 岩浆岩野外产状具有哪些形式?
10. 为什么岩浆岩的结构与构造可反映其形成环境?
11. 常见岩浆岩的结构与构造存在哪些类型?
12. 如何对岩浆岩进行分类?
13. 沉积岩的颗粒组成由哪两部分组成? 它们的作用是什么?
14. 常见沉积岩的结构和构造存在哪些类型?
15. 沉积岩如何分类?
16. 变质岩的矿物组成及其特征是什么?
17. 常见变质岩的结构与构造存在哪些形式?
18. 如何对变质岩进行分类?
19. 岩石的主要工程地质性质包括哪些方面? 岩石与土的一般工程地质性质存在什么主要差别?

第 3 章　地质构造与岩体结构稳定性分析

内容提要：

1. 水平构造和单斜构造及其工程地质特征；
2. 褶皱构造及其工程地质特征；
3. 断裂构造及其工程地质特征；
4. 岩体结构和岩体工程地质性质；
5. 赤平投影原理及岩体结构稳定性分析方法。

地球自形成以来,经历了漫长的地质历史,并经受了永不停息的内外力地质作用,其组成物质、地形地貌和岩石或岩体的工程地质性质等都在持续不断地发生变化。在地应力作用下,地壳内部的地层或岩层不断发生变位(如地层或岩层的倾斜、倒转和升降,岩浆体侵入等)、变形(如地层或岩层的压缩、拉伸和弯曲等)和破坏(如节理、裂隙、断层和破碎带等),从而在地球内部或地壳中留下了永不磨灭的各种地质作用痕迹。这些保留下来的各种痕迹被称为地质构造。

一方面,地质构造的形成会使地形地貌和岩石或岩体的工程地质性质等发生变化,也会使岩体结构及其稳定性发生改变,这些都对土木工程建设产生巨大的影响。不仅影响到工程的设计与施工,而且还会对工程建设的安全性与经济性产生极其重要的影响。另一方面,由于绝大多数地质构造是在地应力作用下形成的,反过来,研究地质构造对于掌握地应力变化规律(包括地应力的性质、分布和方向等方面)也具有重要的意义。而地应力是土木工程尤其是地下工程荷载的主要来源,它很大程度上决定了工程结构的稳定性。最后,许多地质构造(如层状构造,节理、裂隙、断层和破碎带等断裂构造等)的产状与工程的开挖临空面或接触面的产状之间的相对关系往往决定各类工程结构的稳定性。因此,研究地质构造具有重要的工程意义。

地球内部或地壳中地质构造复杂而繁多,它们对土木工程影响的差异性也很大,所以本章仅对土木工程影响较大的常见地质构造进行介绍。将重点介绍常见地质构造(包括水平构造、单斜构造、褶皱构造和断裂构造等)的基本概念,它们对岩体工程的影响以及岩体结构稳定性的赤平投影分析方法。

3.1　水平构造

3.1.1　基本概念

水平构造是地层或岩层的层面平行且处于水平或近似水平(倾角一般小于5°)的构造,如图3-1所示。大多是因为未发生或仅发生轻微的构造运动,或发生均匀升降的构造运动,并经沉积与成岩等外力地质作用而形成的。一般出现在平原、高原或盆地中部,其地层或岩层未见明

图 3-1　水平构造

显的变位或变形。

在水平构造中，地层或岩层的地质年代从上往下一般呈现由新变老的分布规律。当地层或岩层受切割时，老的地层或岩层总是出现在河谷或洼地的低处，较新的则出现在较高处。在同一高程上的不同地点出现的往往是同一地层或岩层。

3.1.2　工程地质特征

具有水平构造的地层或岩层的工程地质性质相对较简单，主要表现在如下方面：

①地层或岩层具有成层的特征。正因为这样，作为工程构筑物的地基具有均匀沉降的特点，这对建筑物稳定性是有利的。虽然这样的地层或岩层的物理力学性质具有各向异性的特点，但它表现为横观各向同性（即水平方向与铅直方向的物理力学特性各自相同，而它们之间存在差别），如果采用横观各向同性模型，可简化这类地基与地下工程问题的分析与计算。另外，具有水平构造的地层或岩层中的地下工程的破坏往往最有可能出现在顶部边缘，产生冒顶或垮塌，如图3-2所示。因此，在工程实践中，地下工程加固的重点往往在顶部。

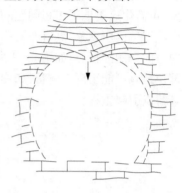

图3-2　水平构造中的隧道破坏

②地层或岩层内部应力大多呈现自重应力场特点。由于在形成水平构造时很少或没有发生构造运动，其内部很少具有构造应力，天然或初始地应力基本由自重应力组成。其最大主应力在铅直方向，而最小主应力在水平方向，因此，分析和估计天然或初始地应力的方法较简单。

结合前一个特征，据此分析具有水平构造的地层或岩层中地下工程问题时，可简化分析的方法与过程。此外，因为具有水平构造的地层和岩层的天然或初始地应力具有自重应力分布的特点，在选择地下工程铅直剖面形状时，只要将长轴方向置于铅直方向，地下工程就可能取得较好的稳定性，从而降低加固的成本。

3.2　单斜构造

3.2.1　基本概念

地层或岩层的层面平行且存在稳定倾角（倾角一般大于5°）的构造，如图3-3所示。大多是因为水平构造受到地壳运动的影响而发生变位所形成的，也有的可能是巨型复杂地质构造的一部分（如巨型背斜或向斜构造的两翼或部分）。

由于形成单斜构造时，发生了构造运动而使地层或岩层变位，因此，单斜构造的地层或岩层可能呈现正常的地层层序（从上至下，地层或岩层的地质年代由新变老），也可能呈现倒转的地层层序（从上至下，地层或岩层的地质年代由老变新）。

具有单斜构造的地层或岩层的正常与倒转层序主要依据其中生物化石来确定，也可根据层面特征以及沉积岩的岩性和构造特征来判断。例如，泥裂裂口的正常特征是上宽下窄，直至尖

图3-3　单斜构造

灭；波痕的波峰一般较波谷窄而尖,正常情况是波峰在上,而波谷在下。

3.2.2 工程地质特征

具有单斜构造的地层或岩层的工程地质性质较具有水平构造的要复杂一些,但是,其仍然较简单。它主要表现在如下方面：

①地层或岩层具有成层的特征。正因为这样,虽然这样的地层或岩层的物理力学性质具有各向异性的特点,但也比较特殊,它表现为横观各向同性。如果采用横观各向同性分析模型,可简化这类地下工程问题的分析与计算。另外,具有单斜构造的地层或岩层中的地下工程可能产生偏压现象,具有非对称性破坏特征。例如,地下工程容易破坏的部位往往位于岩层倾向方向一侧的顶部,如图3-4所示;如果地层或岩层属于急倾斜甚至近似于直立的,则破坏的部位最有可能出现在侧帮,如图3-5所示。因此,在这类地下工程的加固设计中,应该对其破坏特点引起重视。

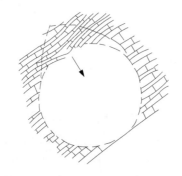 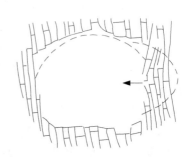

图3-4　倾斜岩层中隧道的非对称破坏　　　　图3-5　急倾斜岩层中隧道侧帮的破坏

②地层或岩层内部应力大多不再表现自重应力分布的特点。由于在形成单斜构造时发生了构造运动,因此其内部很可能具有构造应力。天然或初始地应力由自重应力和构造应力组成,最大主应力和最小主应力的大小与方向具有一定的随机性,一般要通过现场地应力量测才能确定。由于构造应力的存在,在水平方向可能出现较大的初始地应力,因此,在地下工程建设时,侧帮也可能是值得关注的重点加固部位。

③倾斜地层或岩层很可能沿层面产生滑动破坏。这是因为具有单斜构造的岩体沿层面的抗剪强度较低的缘故,对于顺层边坡(坡面和岩层面倾向一致),如图3-6所示,如果坡角大于地层或岩层的倾角,且坡脚被切割,边坡很可能在自重力作用下沿层面产生滑坡;而对于反倾向边坡(坡面和岩层面倾向相反),如图3-7所示,边坡的稳定性一般较好,但是,如果地层或岩层属于急倾斜的,则边坡很可能发生倾倒破坏,如图3-8所示。

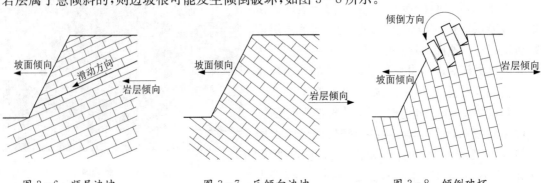

图3-6　顺层边坡　　　　　图3-7　反倾向边坡　　　　　图3-8　倾倒破坏

3.3 褶皱构造

由于受到因地壳运动和岩浆作用等影响而产生的构造应力的强烈作用,地层或岩层形成一系列波状弯曲而未丧失其连续性的构造,称为褶皱构造,如图3-9所示。它是地层或岩层发生塑性变形的表现,也是地壳中广泛发育的基本构造之一。

在自然界中,褶皱构造的规模悬殊,分布面积从几平方米到几平方公里,甚至在几平方公里到几百平方公里或更大的范围内变化;同一地区的褶皱构造也可能是不同地质历史时期形成的大小规模不同的褶皱构造的复合,巨型褶皱构造中可能包含次级褶皱构造,如复式背斜和复式向斜等;褶皱构造形成

图3-9 褶皱构造

时所受构造应力的大小和方向极其复杂,它可能是受到沿地层或岩层层面方向的挤压构造应力而形成的,也可能是受到地层或岩层层面下方的岩浆侵入挤压而形成的。因此,褶皱构造是一种极其复杂的地质构造。

褶皱构造一般是由一系列波状弯曲组成,其中的一个弯曲是其基本组成单位,常称为褶曲。下面将从褶曲开始逐步介绍褶皱构造的相关内容。

3.3.1 褶曲的组成要素

为了更好地表示和描述褶曲的空间形态,习惯上,把褶曲的各组成部分称为褶曲组成要素,它包括核部、翼部、轴面、轴和枢纽等五个组成要素,如图3-10所示。

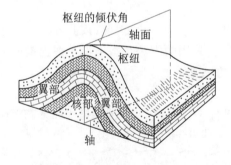

图3-10 褶曲的组成要素

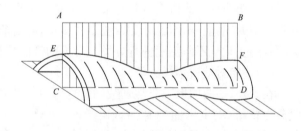

图3-11 褶曲的轴面、轴和枢纽

①轴面:平分褶曲为对称或基本对称的两部分的一个假想面(图3-11中ABDC面)。其形态多种多样,可能是一个简单的平面,也可能是一个复杂的曲面。轴面可能具有不同的产状,可能是直立、倾斜或水平。

②轴:轴面与水平面的交线(图3-11中CD线),表示褶曲延伸的方向。它的形态取决于轴面的形态,可能是直线或曲线。

③枢纽:轴面与地层或岩层层面的交线(图3-11中EF线)。枢纽的形态不仅取决于轴面的形态,还受地层或岩层厚度变化的影响,可能是直线或曲线。由于一个褶曲可能由一个或多个地层或岩层的弯曲叠合而成,因此,一个褶曲的枢纽可能包含一条或多条枢纽,而且,枢纽之间也未必一定平行。

④核部:褶曲中心部位的地层或岩层,如图3-10所示。从水平面上来看,由于被风化和侵

蚀而裸露于地表的褶曲的中心部位往往位于褶曲的轴和轴面的附近,所以核部有时亦称轴部。

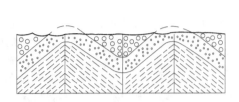

图 3-12 两翼倾向相反的褶曲

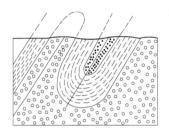

图 3-13 两翼平行的褶曲

⑤翼部:核部两侧的地层或岩层,如图 3-10 所示。一个褶曲一般具有两个翼,可称为上翼(位于具有水平轴面的褶曲上部)和下翼(位于具有水平轴面的褶曲下部),也可称为左翼(位于具有铅直或急倾斜轴面的褶曲左部)和右翼(位于具有铅直或急倾斜轴面的褶曲右部)。翼部的形态是多种多样的,可能是两翼倾向相反的(图 3-12)、两翼平行的(图 3-13)、扇形的(图 3-14)或箱型的(图 3-15)等。

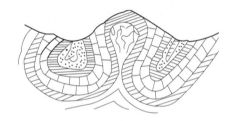

图 3-14 扇形褶曲

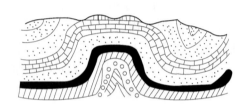

图 3-15 箱型褶曲

3.3.2 褶曲的分类

由于褶曲形成的机理极其复杂,它在野外的形态和产状千变万化,因此,褶曲分类是一个非常复杂的问题。褶曲的分类方法多种多样,但目前广泛采用的方法基本上都是根据褶曲组成要素的变化从不同侧面进行分类。常见的褶曲分类方法如下。

(1)按相对地质年代分类

在野外,褶曲的形态非常复杂,如向上弯曲、向下凹曲等。习惯上,一般根据褶曲形态将褶曲分为背斜(向上弯曲)和向斜(向下凹曲)两种基本形态类型。实际上,这种分类方法很不科学,具有不确定性。例如,在具有正常层序的地层或岩层中形成的背斜和向斜与在具有倒转层序的地层或岩层中形成的背斜和向斜正好相反,即前者的背斜和向斜却分别是后者的向斜和背斜。事实上,野外实际存在的某个褶曲是背斜还是向斜绝不会因为其形态变化而发生变化。合理的分类方法是按组成褶曲的一套地层的相对地质年代之间的关系来进行划分,具体情况如下:

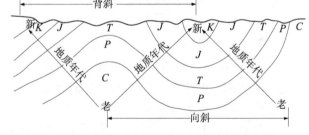

图 3-16 背斜与向斜(字母为地质年代符号)

①背斜:如图 3-16 所示,核部地层或岩层的地质年代较老,向两翼依次变新的褶曲。多数情况下,向上弯曲的褶曲为背斜。

②向斜:如图 3-16 所示,核部地层或岩层的地质年代较新,向两翼依次变老的褶曲。多数情况下,向下凹曲的褶曲为向斜。

值得注意,褶皱构造一般是由一系列褶曲组成的,背斜和向斜相间出现。

(2)按轴面产状分类

褶曲轴面的产状一般包括直立、倾斜和水平三种情况。因此,可按轴面产状将褶曲分为直立、倾斜、倒转和平卧褶曲四种类型:

①直立褶曲:如图 3-17 所示,轴面铅直(即轴面倾角近似等于 90°),两翼地层或岩层的倾向相反。在垂直轴面的铅直剖面上,两翼往往基本对称,亦称为对称褶曲。

图 3-17　直立褶曲　　　　　　　　　　图 3-18　倾斜褶曲

②倾斜褶曲:如图 3-18 所示,轴面倾斜(即轴面倾角小于 90°),两翼地层或岩层的倾向相反。在垂直轴面的铅直剖面上,两翼往往不对称,亦称为不对称褶曲。

图 3-19　倒转褶曲　　　　　　　　　　图 3-20　平卧褶曲

③倒转褶曲:如图 3-19 所示,轴面倾斜(即轴面倾角小于 90°),两翼地层或岩层的倾向相同,且其中一翼的地层或岩层的层序正常(上新下老),而另一翼的层序发生倒转(上老下新)。

④平卧褶曲:如图 3-20 所示,轴面水平或近似于水平,一翼的地层或岩层的层序正常(上新下老),而另一翼的层序发生倒转(上老下新)。

在褶皱构造中,褶曲的轴面产状和两翼的倾斜程度常和岩层的受力性质及褶皱的强烈程度有关。在褶皱不太强烈和受力性质较简单的地区,一般多形成两翼倾角舒缓的直立或倾斜褶曲;在褶皱强烈和受力性质较复杂的地区,一般两翼倾角较大,褶曲紧闭,并常形成倒转或平卧褶曲。

(3)按枢纽产状分类

褶曲枢纽有时为直线,有时为曲线,有时处于水平,有时处于倾斜。按照枢纽的形态和产状也可将褶曲划分为水平、倾伏、长圆形和浑圆形褶曲等四种类型:

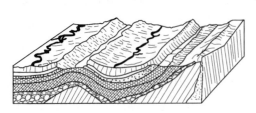
图 3-21 水平褶曲

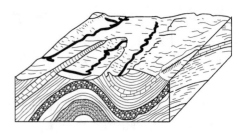
图 3-22 倾伏褶曲

①水平褶曲:如图 3-21 所示,枢纽是水平的,而且,整个褶曲沿水平方向延伸,两翼走向大致平行。在水平面上,如果核部裸露于地表,则其宽度基本不变。

②倾伏褶曲:如图 3-22 所示,枢纽是倾斜的,且两翼走向斜交,在水平面上,两翼地层或岩层逐渐接近,并最终会合起来,这个会合的地方称为褶曲的转折端。亦可称为倾伏背斜或倾伏向斜。

③长圆形褶曲:褶曲的两端在水平方向上延伸不远就发生倾伏,褶曲的长与宽之比大约在10∶1 到 3∶1 之间。习惯上,它被称为短轴褶曲,原为背斜者称为短轴背斜(图 3-23),原为向斜者称为短轴向斜(图 3-24)。

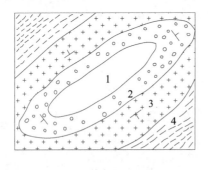
1—4 表示从老到新的地层
图 3-23 短轴背斜

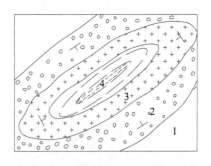
1 4 表示从老到新的地层
图 3-24 短轴向斜

④浑圆形褶曲:如果长圆形褶曲的长与宽之比小于 3∶1,则称为浑圆形褶曲。属于这类褶曲的背斜称为穹窿构造(图 3-25),而属于这类褶曲的向斜则称为构造盆地(图 3-26)。

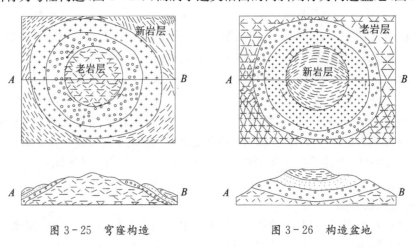
图 3-25 穹窿构造

图 3-26 构造盆地

3.3.3 褶皱构造的野外识别

在大多数情况下,褶皱构造的存在对勘察、设计、施工甚至工程建设的安全性和经济性都会产生很大的影响。通过野外工程地质调查及时发现和识别褶皱构造具有极其重要的工程现实意义。

地表松散沉积物的覆盖致使褶皱构造在地表的露头很少,遮挡了人们对褶皱构造认识的视线。同一褶皱构造在地表的表现可能不同,例如,背斜构造最可能形成背斜山的地形地貌,但由于背斜核部岩层极其破碎或组成背斜构造地层或岩层的岩性差,在风化、剥蚀和搬运等外力地质作用下又可能形成峡谷、河谷等地形地貌。因此,褶皱构造的野外识别是复杂而困难的。

目前,褶皱构造的野外识别方法缺乏系统性和可靠性,几乎只是地质和工程地质工作者一些零星实践经验的积累,但对野外识别褶皱构造来说,它们无论如何是宝贵的,有必要了解或掌握这方面的知识。下面将从如下主要方面进行简要介绍。

(1)地形地貌

①背斜山与向斜谷:褶皱构造往往伴随地壳的升降运动,使地球表面呈现出较特殊的地形地貌。例如,背斜形成背斜山(图3-27)和剥蚀地貌,向斜形成向斜谷(图3-28)和沉积地貌。这样的地形地貌连续而有规律的重复出现可能表明该地区存在大型褶皱构造。由于岩性差以及背斜与向斜核部挤压破碎程度的不同,在外力地质作用下可能导致出现与上述相反的地形地貌。但是,出现上述极端地形地貌总是判断褶皱构造是否存在的有力证据。

图3-27 背斜山　　　　　　　图3-28 向斜谷

②单独或零星出现的山头和盆地:单独或零星出现的山头及其剥蚀地貌、盆地(或凹地)及其沉积地貌也可能是褶皱构造存在的标志。因为单独或零星出现的山头及其剥蚀地貌极有可能是短轴背斜和穹窿构造引起的,而单独或零星出现的盆地极有可能是短轴向斜和构造盆地引起的。

(2)地层或岩层特征

地层或岩层的分布与产状特征是褶皱构造野外识别较可靠的标志,据此可较准确地在野外识别褶皱构造。

①地层或岩层的对称重复出现:地层或岩层呈现对称的重复出现,且对称的地层或岩层倾向相反,则可较肯定地判断该地区存在背斜或向斜构造。

②"岛状"分布地层的出现:对于呈现"岛状"分布的系列地层或岩层(围绕某一中心分布有圈状的地层或岩层)的地区,如果对称于岛中心的地层或岩层倾向相反,则可较肯定地判断该地区存在短轴褶曲、穹窿构造或构造盆地。

(3)褶皱构造的伴生现象

由于褶皱构造往往是受到强烈的挤压作用形成的,因此,褶曲核部往往节理、裂隙非常发育,其岩石非常破碎,甚至形成破碎带或破碎区域。这就是褶皱构造较常见的伴生构造现象,据此也极有可能判断出褶皱构造的存在。

①破碎带连续而间隔分布:如果某地区的破碎带呈现连续而间隔的分布,则可判断该地区可能存在大型的褶皱构造。

②单独或零星的破碎区域:如果某地区分布有单独或零星的破碎区域,则可判断该地区可能存在短轴褶曲、穹窿构造或构造盆地。

③规律的泉水出露点分布:因为褶曲核部节理与裂隙发育,甚至岩石破碎,它们是极好的导水通道,如果地下存在高水位地下水,尤其是承压地下水,就可能通过这些通道流出地表面。因此,有规律的泉水出露点分布很可能说明该地区存在褶皱构造。

值得注意,在野外识别褶皱构造时,特别忌讳结论武断,必须综合考虑各方面因素做出可能性的结论,肯定的结论还须结合更进一步的地质勘察工作才能做出。

3.3.4 褶皱构造的工程地质特征

褶皱构造的存在使岩体工程地质性质和天然或初始地应力场发生显著的变化,对土木工程建设的影响也是明显的,它会直接影响到工程的设计、施工以及工程建设的成本。但这种影响是复杂的,且对不同类型工程的影响也有较大的差异性,这里只能对一些普遍性问题做概要介绍,以供工程技术人员参考,其他问题只能留待具体工程设计时做专门深入的分析。

(1)显著的构造应力

由于褶皱构造形成的根本原因在于强烈的构造应力作用,这使得天然或初始应力场与一般的自重应力场存在很大不同,最大主应力已不再是铅直方向,最小主应力也不再是水平方向,而且构造应力占有很大的比例。

对于由一系列褶曲组成的大型褶皱构造,由于其主要受沿地层或岩层层面方向的挤压构造应力作用而形成,因此,天然最大主应力与这些褶曲的轴面垂直方向一致;对于短轴背斜和穹窿构造,由于其主要受下部岩浆向上侵入而产生的构造应力形成,因此,天然最大主应力一般与地层或岩层层面的垂直方向一致。

天然地应力或初始地应力的分布和方向对地下工程的设计是重要的,一般将地下工程在铅直面上的长轴方向保持与最大天然主应力方向一致,有利于工程结构的稳定,且在工程施工中,应把加固的重点放在最大天然主应力方向的工程结构边缘部位。

(2)岩体工程性质的不均匀性或分区性

具有褶皱构造的岩体,岩体工程性质呈现明显的不均匀性或分区性。在褶曲的核部,往往节理与裂隙发育,岩体破碎;而在褶曲的翼部,岩体的节理与裂隙发育程度与破碎程度远低于核部岩体,且存在明显的地层或岩层层面,而沿这些层面的剪切强度低,较易沿层面产生滑移破坏,岩体破坏具有明显的方向性。这种岩体工程性质的不均匀性或分区性对不同类型工程的影响是不同的。

①工程位于核部。由于褶曲构造的核部一般节理与裂隙发育,岩体破碎而工程性质差,因此,置于核部的任何类型工程的稳定性都较差。例如,置于核部的边坡工程不仅需要加固,还可能导致边坡的冲刷破坏和泥石流地质灾害;置于核部的地下工程不仅需要全方位加固,而且容易产生地下工程的冒顶和涌水问题,时常严重影响施工。

②工程位于翼部。褶皱构造翼部岩体的工程性质优于核部的,所以置于翼部的工程较置

于核部的稳定性可能要好。但是，置于翼部的工程也会产生一些其他特殊问题。

由于褶皱构造的翼部地层或岩层可视为局部具有单斜构造，所以对于置于翼部的边坡和地下工程，几乎全部具有单斜构造地层或岩层中边坡和地下工程的所有破坏和加固特点，如图3-4至图3-8所示。

总结上述各种情况，工程尽快通过核部（如工程轴线沿褶曲轴面法线方向布置等）、沿翼部地层或岩层的倾向方向布置工程轴线、沿翼部地层或岩层走向布置反倾向边坡工程等，都可使加固工程量大幅减少，有利于工程稳定。当然，实际工程不可能完全按上述理想情况对工程进行设计与施工，此时，工程如何加固就显得尤为重要。

3.4 断裂构造

断裂构造是地壳中的岩体或岩石在受到强烈的构造应力作用下发生破裂或破坏而使其连续性和完整性受到不同程度的破坏，从而在岩体或岩石中留下的痕迹。在地壳中，断裂构造几乎无处不在，使地壳岩体或岩石呈现出一种完全破坏了的状态，如图3-29所示。

断裂构造在野外的表现是岩体或岩石中的各种大小规模不同的破裂面或裂缝。它与岩体中存在的其他一些结构面（例如，不同岩石的分界面，沉积岩的层理面，变质岩的片理面、页理面和板理面等）还是存在区别的。它们的本质区别在于是否"破坏"，断裂构造是岩体或岩石受到超过其强度的应力作用而形成的破裂或破坏面，其他的一些结构面并非这样，它们是由于其他原因（如沉积环境不同、不同岩石分界、结晶等）而形成的各种分界面，并非破坏而形成的。

图3-29　断裂构造

断裂构造除了将地壳岩体或岩石破坏而使岩体工程地质性质明显变差外，它还会影响地球的地形地貌（如断层崖与断层谷等）和地壳内部天然地应力或初始地应力的分布，也会严重影响各类工程结构的稳定性（例如，受断裂构造控制的滑坡，破碎带中隧道的冒顶与片帮等）。野外的断裂构造形形色色，其大小规模、成因、性质、产状以及对工程结构稳定性影响的程度与原因等，都有极大的差异性。因此，深入研究断裂构造具有重要的工程现实意义。

虽然断裂构造的本质是各种破裂面，但从这些破裂面两边岩体或岩石是否发生显著相对位移的角度来讲，只有两种情况。据此，断裂构造一般被普遍地划分为断层和节理两种基本形式。下面将从这里开始介绍断裂构造的相关内容。

3.4.1 节理

存在于岩体或岩石中的各种裂缝或破裂面，其两边岩体或岩石之间没有或没有明显发生相对位移，这种断裂构造称为节理，亦称为裂隙。在图3-29中，规模小、断续分布的裂缝均称为节理。裂缝或破裂面表现出的平面或曲面，称为节理面或裂隙面，它反映节理的规模和产状。

单一节理的规模小只是相对断层而言的，但不同节理的规模大小的变化幅度并不小，小的延伸仅几十厘米或几米，大的可延伸几百米，甚至超过千米。

节理面可以是平坦的，也可以是不平坦的，甚至是弯曲的；它可以是光滑的，也可以是粗糙的。节理可以是封闭的，也可以是张开的；它可具有充填物，也可没有充填物。不同节理的产状可以千变万化，不同地区的节理发育程度差别也很大。

节理或裂隙在岩体中几乎无处不在，一般成群出现。凡是在同一地质历史时期和同一成因条件下形成的彼此平行或近似平行的节理归为一组，称为节理组。由于成因或形成的地质历史时期不同，在同一地区可形成多组节理，多组节理的产状一般也不同。几个有成因联系的节理组构成一个节理体系，同一个地区可以具有多个节理体系。

上述有关节理的各方面都在很大程度上影响着岩体的工程性质，深入研究节理对工程建设具有重要的意义。

(1)节理的分类

从不同角度出发，节理可被划分为不同的类型。常见的节理分类主要有如下几种方法。

①按成因分类。按照节理形成的原因，可分为原生、构造和次生节理三种类型：

a. 原生节理：岩石在形成过程中产生的节理。最常见的有岩浆岩在冷凝过程中因体积收缩产生的裂隙、沉积岩在成岩过程中由于脱水而体积收缩所产生的节理等。

b. 构造节理：在地质构造形成过程中，岩体受构造应力作用而破坏所形成的节理。它是存在最为广泛的一种节理类型。例如，褶皱构造的形成往往受到强烈的构造应力挤压，因此，在褶曲核部的岩体产生众多的节理；大型断层在形成过程中，往往由于岩体受到强烈的挤压和断层面上的强烈摩擦而形成的节理等。由于它经常是伴随某种大型地质构造的形成而产生，所以也常被视为一种伴生的次级断裂构造。

c. 次生节理：野外的岩体或岩石由于风化、卸载和地震，甚至人为破坏等作用而产生的节理。它经常分布于地壳表面或浅层岩体中。

②按节理形成时的受力性质分类。由于节理都是由于岩体或岩石受到过度应力而破坏所形成的，这些应力或拉或压（包括剪），因此，根据节理形成时的受力性质，可分为剪节理和张节理两种基本类型：

a. 剪节理：岩体或岩石由于受到强烈的挤压应力作用而发生剪切破坏所形成的节理。其形成的机理可采用摩尔—库伦强度理论得到解释，如图 3-30 所示。这种剪切破坏面一般同时出现对称于最大主应力方向的两组破坏面，因而剪节理常成对出现，常被称为共轭剪节理。共轭剪节理之间的夹角一般为 $90° \pm \varphi$（φ 为岩石内摩擦角），且钝角平分线与最小主应力方向一致，锐角平分线与最大主应力方向一致。

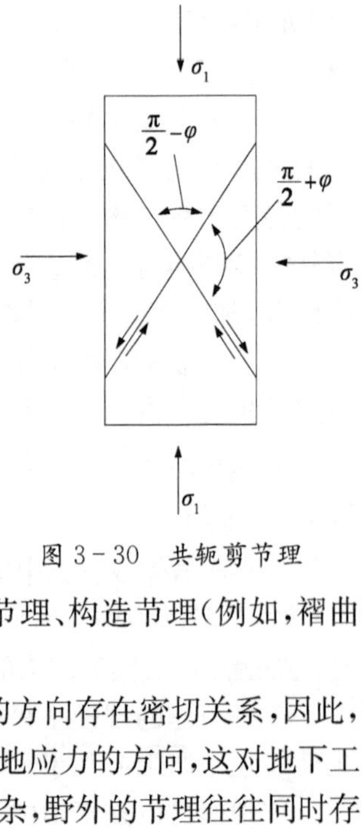

剪节理一般为紧闭的，没有充填物；其节理面平坦而光滑，常有因摩擦而留下的擦痕；其沿走向延伸较远，产状变化较稳定；常为构造节理。

b. 张节理：岩体或岩石因受到过度的拉应力作用而破坏形成的节理，其节理面垂直于拉应力方向。张节理一般是张开的，因此，节理中常有充填物，节理面常常粗糙不平。张节理可能是原生节理、构造节理（例如，褶曲转折端弯曲方向外侧顶部岩层中的节理）或次生节理。

图 3-30 共轭剪节理

由于剪节理与张节理的形成都与岩体或岩石破坏时所受应力的方向存在密切关系，因此，可依据剪节理或张节理在野外的分布情况，推测天然地应力或初始地应力的方向，这对地下工程建设具有重要意义。此外，由于节理形成时的受力情况一般很复杂，野外的节理往往同时存在这两种基本节理的组合形式。

③按与地层或岩层产状的关系分类。野外节理的产状是千变万化的,但它与地层或岩层产状的关系只有三种,据此,可将节理划分为走向节理、倾向节理和斜交节理三种类型:

a. 走向节理:节理走向与地层或岩层走向一致,或与地层或岩层倾向垂直。

b. 倾向节理:节理倾向与地层或岩层走向垂直,或与地层或岩层倾向一致。

c. 斜交节理:节理走向与地层或岩层走向斜交,或节理倾向与地层或岩层倾向斜交。

④按节理张开程度分类。对于自然界中的节理,有的是闭合的,有的是张开的,甚至张开的宽度还存在差异。因此,在工程实践中,常据此将节理划分为宽张节理、张开节理、微张节理和闭合节理四类:

a. 宽张节理:节理裂隙宽度大于 5.0 mm。

b. 张开节理:节理裂隙宽度为 3.0~5.0 mm。

c. 微张节理:节理裂隙宽度为 1.0~3.0 mm。

d. 闭合节理:节理裂隙宽度小于 1.0 mm。

⑤按与褶曲轴的关系分类。由于节理的形成很可能与褶皱构造存在紧密关系,它的产状与褶皱构造的关系非常复杂,常根据节理走向与褶曲轴面走向的关系将节理分为纵节理、横节理和斜节理三类:

a. 纵节理:节理走向与褶曲轴面走向一致。

b. 横节理:节理走向与褶曲轴面走向垂直。

c. 斜节理:节理走向与褶曲轴面走向斜交。

(2)节理的发育程度

不同地区的节理发育程度存在很大差异。节理的发育程度是节理的组数、密度、张开度及充填情况等的综合反映,它是影响岩体工程性质的重要因素之一。在工程实践中,一般据此将岩体节理裂隙的发育程度划分为节理不发育、节理较发育、节理发育和节理很发育四个等级,如表 3-1 所示。

表 3-1 节理发育程度分级

节理发育程度等级	基 本 特 征	备 注
节理不发育	1~2 组节理;规则;构造节理;节理间距在 1.0 m 以上;多为封闭节理;岩体切割成大块状	对基础工程影响甚微;在不含地下水且无其他不良影响时,对岩体稳定性影响不大
节理较发育	2~3 组节理;呈现 X 形分布;较规则;以构造节理为主,多数节理间距大于 0.4 m;多为闭合节理,部分为微张节理,少有充填物;岩体切割成大块状	对一般工程影响不大;对某些工程可能产生相当影响
节理发育	3 组以上节理;呈现 X 形或米字形;不规则;以构造或次生节理为主;多数节理间距小于 0.4 m;大部分为张开节理,部分有充填物;岩体切割成块石状。	对工程建筑物可能产生很大影响
节理很发育	3 组以上节理;杂乱;以次生和构造节理为主;多数节理间距小于 0.2 m;以张开节理为主,有个别宽张节理,一般均有充填物;岩体切割成碎裂状	对工程建筑物产生严重影响

(3)节理的现场调查与统计分析

节理对工程的影响是毋庸置疑的,如何分析节理对工程的影响是值得研究的。对此,人们自然会想到从逐个研究单一节理对工程的影响入手,这种思路和方法不能说不可行,但实际工程中的节理众多,甚至难以计数,且不同节理的性质、形态、产状以及它们对工程的影响方式和程度等都存在很大的差异,因此,如果按照这种思路和方法进行研究,将会陷入永无休止的境地。于是,人们已经想到从"平均"或"统计"意义的角度去处理众多节理对工程的综合影响。

为了采用这种方法研究节理对工程的影响,必须解决两个方面的问题。其一,节理的现场调查,目的是为找到具有"平均"或"统计"意义的节理即所谓优势节理提供原始和可靠的分析参数;其二,节理的统计分析,目的是确定上述优势节理的分析参数(如产状等)。对于一个地区或一个工程建筑场地,一般只有少数几组这样的具有"平均"或"统计"意义的节理,从而容易做到逐一去研究它们对工程的影响,使问题大大简化,也使研究结论的可信度大幅提高。

①节理的现场调查方法。节理现场调查的核心是要保证由调查获得的关于节理的信息具有代表性。为此,必须考虑三个方面的问题:其一,调查区域的确定,它涉及调查的位置和范围及节理的数量;其二,调查内容,它涉及节理性质、成因、形成秩序、产状、形态、规模等;其三,调查方法。具体内容概述如下。

a. 调查区域的确定:由于现场调查必须具备岩体或岩石裸露的条件,但在一个地区或一个建筑场地中,一般裸露岩体或岩石的点数和裸露区域的大小都非常有限,调查点与工程的距离会影响调查数据对工程的有效性,所以调查区域确定的基本原则是:调查点与工程结构尽可能近、调查点数量尽可能多以及单个调查点的调查范围尽可能大。当然,对于裸露岩体或岩石的面积特别大的单个调查点,可以适当缩小其调查范围,其目的主要是减小调查工作量。调查点可以选择在地表岩体或岩石的露头,亦可选择在距离工程结构较近的已有地下隧洞中。

b. 调查内容:针对已经确定的调查区域,调查其中所有的节理,并就每一条节理尽可能调查涉及节理的全部信息,例如,节理性质、成因、形成秩序、产状、形态、规模等。并采用专用表格进行记录。

c. 调查方法:目前较多采用的是利用地质罗盘和传统测量仪器等手段的现场调查方法,但是,随着摄像技术和计算机技术的发展,已涌现出基于摄影测量的现场调查方法,这种方法可大幅减少节理调查的工作量,大大提高节理现场调查及其后处理工作的效率,这是现场节理调查方法发展的方向。

②节理的统计分析。节理的统计分析是通过由现场调查获得的大量节理单一信息进行统计分析,获得关于某一地区或建筑场地的具有"平均"或"统计"意义的节理的关键信息(如节理产状等)。

由于节理问题属于空间问题,采用纯统计数学理论进行分析,不仅复杂,有时也未必能获得预期的效果,因此,必须另辟蹊径寻找更为有效且可行的统计分析方法。目前较为可行的节理信息统计分析方法是基于几何作图的分析方法。节理信息中,对工程结构影响最大且又难以采用纯统计数学理论进行统计分析的是节理产状,因此,目前已有的几何作图分析方法主要是针对节理产状的统计分析而言的。常见的有节理玫瑰花图和节理等密图。

a. 节理玫瑰花图。节理玫瑰花图是节理某方面的信息在一定变化范围内出现的节理频数与节理产状之间分布关系的几何图件,它反映的是节理某单一方面信息在特定产状下出现的可能性大小。节理玫瑰花图有许多种类,但最为常见的是节理走向玫瑰花图和节理倾向玫瑰花图。

(a)节理走向玫瑰花图:如图3-31所示,在任意半径的半圆上标出均匀刻度,该刻度表示节理走向的方位角;把在调查区域测得的所有节理按走向方位角5°或10°的变化区间进行分组,即划分成节理走向方位角变化区间分别为(0°,5°)(5°,10°)…(85°,90°)和(270°,275°)(275°,280°)…(355°,360°)或(0°,10°)(10°,20°)…(80°,90°)和(270°,280°)(280°,290°)…(350°,360°)的若干节理组,计算每组节理走向的平均方位角,并统计每节理组的条数或每节理组条数与整个调查区域总节理条数之比;以半径的方位角代表各组节理的平均走向方位角,并以沿半径到圆心的距离代表相应节理组的节理条数(此时,半径的总长度

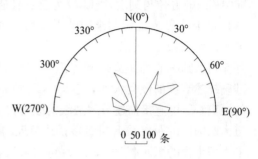

图3-31 节理走向玫瑰花图

代表被调查区域所有节理的总条数)或该节理组条数与整个调查区域总节理条数之比(此时,半径的总长度代表1.0),在半圆中描出各节理组代表的几何点;用折线把各几何点连接起来即可得到该调查区域的节理走向玫瑰花图。因上述所得图形一般形似玫瑰花图案,故称为节理走向玫瑰花图,下面将要介绍的节理倾向玫瑰花图也是因此得名。

(b)节理倾向玫瑰花图:如图3-32所示,按节理走向玫瑰花图的类似作图方法可作出节理倾向玫瑰花图。与节理走向玫瑰花图不同的是把所有图中参数换成与节理倾向方位角相关的参数。

玫瑰花图的读图方法很简单,如图3-31所示,它代表的是某地被调查区域的节理走向玫瑰图,共测得节理373条,每一个"玫瑰花瓣"代表一组节理的走向,"玫瑰花瓣"的长度代表在这个走向上的节理数量的度量值。由此可以看出,该调查区域发育较好的节理可大致分为走向方位角分别为30°、60°、300°、330°和走向东西的共五组。

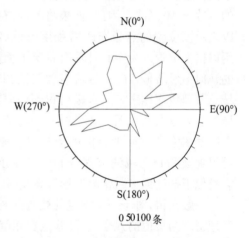

图3-32 节理倾向玫瑰花图

从节理玫瑰花图所反映的内涵来看,采用统计数学中的直方图来表示也是一个不错的选择,但是,依据这些几何作图对节理进行分组存在的最大缺陷是无法同时反映节理产状三个要素的影响。因此,人们又提出了节理等密图的表示方法。

b. 节理分布等密图。如图3-33所示,取特定半径的球体,称为投影球,它具有上球极 R(位于球最上方的球面点)和下球极 P(位于球最下方的球面点)。该球与过球心 O 的水平面相截得到一个水平的圆 NWSE,称为赤道大圆(亦可称为基圆)。如果将任意节理面平移至通过球心 O,那么它与投影球相交所得截面圆 NASB 的产状就是该节理的产状。以截面圆 NASB 圆心 O 为起点且垂直于截面圆平面的射线必与上半球球面存在唯一的交点 C,该交点称为该节理面的极点。如果按照某投影方式(例如,连接 C 和下球极 P 的直线与赤道大圆 NWSE 的交点 C_1 作为节理面极点 C 的投影,这种投影方式实际为后续将要介绍的赤平极射投影)可得到节理极点 C 的赤平投影 C_1,称为该节理极点的赤平投影(将在本章下一节讨论其基本理论)。显然,对于不同产状的节理,C_1 在赤道大圆 NWSE 中的位置也不同,且极点 C 的赤平投影 C_1 的位置与节理产状存在一一对应关系,因此,可以用 C_1 的位置来描述节理 NASB 的产状。

在图3-33中取出赤道大圆(基圆)NWSE,如图3-34所示,将赤道大圆圆周赋以0°～

360°范围的方位角刻度,则以 O 为起点且通过节理面极点 C 的射线即赤道大圆半径的方位角 β 可以准确描述节理的倾向或走向;沿半径方向,节理极点赤平投影 C_1 到赤道大圆圆心的距离或到赤道大圆圆周的距离则可准确描述节理的倾角大小,实际上, C_1 到赤道大圆圆心的距离 OC_1 可直接描述节理法线的倾角大小,而 C_1 到赤道大圆圆周的距离 C_1E 可直接描述节理的倾角大小;赤平大圆半径的大小代表 90°。换句话来讲,如果知道了某节理极点的赤平投影,就可按照赤平投影原理唯一确定出该节理的三个产状要素。

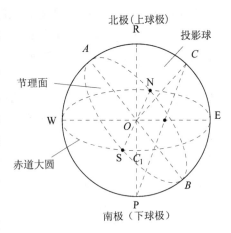

图 3-33　节理赤平投影原理

如果将某一调查区域的所有节理在同一个赤平投影圆中作出它们的极点赤平投影,则称为该调查区域节理的极点赤平投影分布图。一般来讲,对于一个特定地区的被调查区域,极点赤平投影分布图中点数(一个点代表一条节理)及其中不同位置的点分布的疏密程度(即单位面积的点数)是不同的。因此,如果将不同位置赋以表示该位置的点分布疏密程度的量(它可用以这个位置点为中心且具有特定平面形状的几何图形所覆盖的点数或点数与被调查区域总节理数之比来表示),则可得到该调查区域的节理分布密度图。如果进一步将节理分布密度图中节理密度相同的点连接起来,又可得到该调查区域的节理分布的等密度图,它类似于描述地形起伏的地形等高线图。

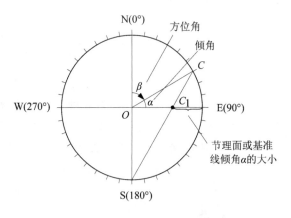

图 3-34　节理极点赤平投影

一般来讲,对于一个特定的被调查区域,在节理分布等密度图中,总可以找到一个或几个节理密度为极值的几个点,这些点实际就是该调查区域具有"统计"意义的一组或几组节理(常称为该调查区域的优势节理)的极点赤平投影,据此可确定被调查区域优势节理的产状,这显然对工程稳定性的分析具有重要的实际意义。因此,节理分布等密度图具有重要的工程实用价值。其具体作图步骤如下:

(a)极点赤平投影分布图制作:根据被调查区域所有节理的产状,绘制各节理极点赤平投影分布图(具体作图方法将在本章下一节内容中介绍)。值得注意的是,在作不同节理的极点赤平投影时,须采用同一投影方法(如赤平极射投影或赤平等面积投影等)。

(b)节理分布密度图制作:关键在于前述极点赤平投影分布图中各位置点描述极点疏密情况的密度的确定,这需借助中心密度计和边缘密度计。它们是具有特定形状和尺寸大小的几何图形,一般采用半径为赤道大圆半径的十分之一的两个圆连在一起(两个圆圆心之间的距离须等于赤道大圆的直径)的几何图形作为边缘密度计,其中的任何一个圆都可作为中心密度计,如图 3-35 所示。用中心密度计统计赤道大圆内部位置点的节理赤平投影点密度,用边缘密度计统计赤道大圆边缘及圆周上各位置点的节理赤平投影点密度。

在统计内部位置点节理分布密度时,将中心密度计随机移动到赤道大圆内任意位置(其判

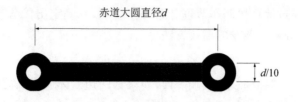

图 3-35　中心密度计和边缘密度计

断原则是中心密度计圆孔完全包含于赤道大圆内），此时，中心密度计圆孔中极点投影点数或圆孔中点数与被调查区域所有节理数之比（注意，在同一节理分布密度图中只采用其中一种计数方式）就是中心密度计圆孔中心对应位置点的节理分布密度，并标注在中心密度计圆孔中心的位置，如图 3-36 所示。

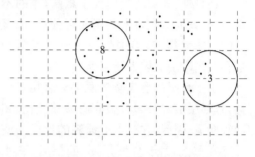

图 3-36　中心密度计统计节理密度

　　在统计边缘位置点节理分布密度时，在保持边缘密度计中心（即两个小圆圆心连线的中点）固定在赤道大圆圆心不动的前提下，随机旋转边缘密度计到任意位置，此时，边缘密度计的两个圆孔分别包含的极点投影点数之和或两个圆孔包含点数之和与被调查区域所有节理数之比就是边缘密度计的两个圆孔中心对应位置点的节理分布密度，并标注在两个圆孔中心所在赤道大圆圆周上的位置，如图 3-37 所示。

　　通过中心密度计和边缘密度计统计节理极点赤平投影分布图中各位置点的节理分布密度，如果被统计点足够多而且分布相对均匀（注意，极点赤平投影点密时，被统计点也要密一些），就制作成一幅节理密度分布图。

　　(c)节理分布等密度图制作：将节理分布密度图中节理密度相同的点用光滑曲线连接起来，就形成一系列闭合或不闭合的曲线，这就是节理分布等密度图，如图 3-38 所示。

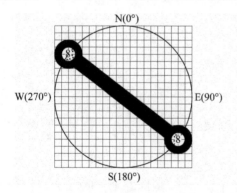

图 3-37　边缘密度计统计节理密度

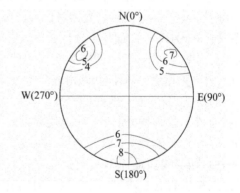

图 3-38　节理等密度图

　　节理等密度图一般呈现一个或几个"岛状"曲线组合，其中每个"岛"的中心代表一组优势节理，被调查区域的节理等密度图中有几个"岛"就表示该调查区域存在几组优势节理。根据相应赤平投影原理，由"岛"中心位置可容易反推相应优势节理的产状。

　　上述即为节理统计分析的节理等密度图的制作过程与方法。如果采用手工制作，不但极其繁琐，而且工作量大，由于计算机软硬件的发展，目前这项工作已可完全由计算机来完成，甚至被调查区域每条节理产状的测定也可由摄影测量来实现，并通过计算机后处理得到大量节理产状的原始数据,再通过计算机制作节理分布等密度图,并确定出优势节理的产状,从而实现节理现场调查与统计分析一条龙的高效方法。

3.4.2 断层

存在于岩体或岩石中的各种裂缝或破裂面,如果其两边岩体或岩石之间发生了明显的相对位移,则这种断裂构造称为断层,如图3-39所示。

在野外,断层的规模大小悬殊,小的不足一米,大的达数百米甚至数百公里,如著名的东非大裂谷、美国的圣安德里亚斯断层和我国华山北坡大断层等。

由于断层的形成必然发生显著相对位移,且断层破碎带岩石破碎而易被风化、剥蚀和搬运,因此,它对地形地貌的形成与演化存在重大影响,如断层崖、断层谷、跌水瀑布等。

又由于断层连续性和延伸性好,岩石破碎而透水性强,所以,它对工程建设的安

图3-39 野外的断层

全性和经济性有时起着决定性的作用。例如,具有断层的边坡稳定性受断层产状控制;存在多条断层的地下隧洞的冒顶和垮塌也可能由断层产状及其对岩体的切割情况决定;断层破碎带中的隧道不仅稳定性差,还可能因破碎带极强的导水性而发生涌水事故等。

鉴于上述各方面原因,深入了解断层及其对工程建设的影响具有重要的意义。下面将介绍有关断层的基本内容。

(1)断层的组成要素

如图3-40所示,断层由断层面、断层线、断盘和断距等四个要素组成。

①断层面:岩体中具有显著相对位移的破裂面。它一般把岩体分为以破裂面为界的上下两部分,可以是平面或曲面。断层面的产状(常称为断层产状)和地层或岩层的一样,可用走向、倾向和倾角三个要素表示。

②断层线:断层面与地面的交线。实际上,它是断层面在地表的出露线,属于一种地质界线。它受断层面的情况与地形影响,可以是直线、曲线甚至一个条带。当然,断层线在地面不一定都能看到,例如,在具有松散沉积层的地方,即使下面存在断层,在地面也见不到断层线。

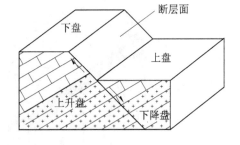

图3-40 断层组成要素

③断盘:被断层面分开的两侧岩体。一般情况下,断层面都是倾斜的,因此,断层面两侧岩体一般位于断层面之上或下,把位于断层面之上的岩体称为上盘,而把位于断层面之下的岩体称为下盘。由于断层的形成产生了相对位移,因此,相对于一个断盘产生相对下降运动的另一个断盘称为下降盘,而相对于一个断盘产生相对上升运动的另一个断盘称为上升盘。

④断距:在岩体中原本重合的两个点由于断层的形成而分开一定的距离。断层的相对位移可能是发生在任意方向,因此,断距存在总断距、水平断距、走向断距、倾向断距和铅直断距等之分:

a. 总断距:岩体中的一点在断层形成后分开为两点,这两个点连线的长度。

b. 水平断距:总断距在水平面的投影长度。

c. 走向断距:总断距在断层走向方向的投影长度。

d. 倾向断距:总断距在断层倾向方向的投影长度。

e. 铅直断距:总断距在铅直方向的投影长度。

值得注意,断层面上任何点的断距并不一定相同,这表明断层的形成是在复杂扭转应力作用下形成的。断层有时是闭合的,有时是张开的。如果断距仅沿断层面方向产生,断层是闭合的,否则,断层是张开的。绝大多数张开的断层都有充填物,如岩脉等。

(2)断层分类

从不同角度出发,断层可被分为不同类型。常见断层分类主要有如下几种方法。

①按上下盘相对移动方向分类。按上下盘相对移动方向对断层分类是最为常见的断层分类方法,可分为正断层、逆断层、平移断层和旋转断层等四类:

a. 正断层:如图 3-41 所示,上盘相对下降而下盘相对上升的断层。一般是在沿断层倾向方向的张拉力和岩体自重力共同作用下,使上盘沿断层面向下错动而形成的。一般倾角较大,常大于45°。如果断层倾角为90°或断层面直立时,断盘没有上下盘之分,两个断盘发生铅直方向的相对位移,这样的断层习惯上也称为正断层。

b. 逆断层:如图 3-42 所示,上盘相对上升而下盘相对下降的断层。一般是在沿断层倾向方向的挤压应力作用下形成的。倾角变化范围较大,其中,断层面倾角大于45°的称为逆冲断层;介于25°～45°之间的称为逆掩断层;小于25°的称为碾掩断层(亦称碾掩构造或推复构造)。逆掩断层和碾掩断层常常是规模很大的区域性断层。

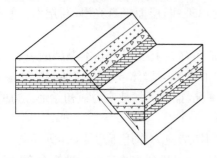

图 3-41　正断层

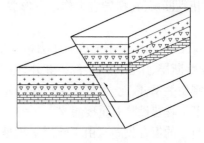

图 3-42　逆断层

c. 平移断层:亦称平推断层,如图 3-43 所示,上下盘沿断层走向方向发生相对位移。一般倾角非常大,有时几乎直立。它是在地壳水平运动产生的剪应力作用下形成的。

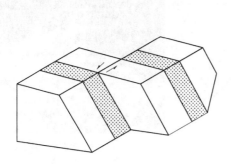

图 3-43　平移(平推)断层

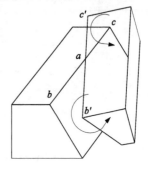

图 3-44　旋转断层

d. 旋转断层:如图3-44所示,两个断盘做相对旋转运动而形成的。断层两盘相对旋转位移后,两盘岩层产状各不相同,断层面上各点断距也不相等。它是在复杂构造应力作用下形成的。

　　②按断层面与地层的产状关系分类。野外断层的产状千变万化,但是,它与地层或岩层产状的关系只有三种,据此,可将断层划分为走向断层、倾向断层和斜交断层三种类型:

　　a. 走向断层:断层走向与地层或岩层走向一致。

　　b. 倾向断层:断层走向与地层或岩层倾向一致。

　　c. 斜交断层:断层走向与地层或岩层走向斜交。

　　③按断层走向与褶曲轴面走向的关系分类。断层的形成很可能与褶皱构造存在紧密关系,它的产状与褶皱构造的关系非常复杂,常根据断层走向与褶曲轴面走向的关系将断层分为纵断层、横断层和斜断层三类:

　　a. 纵断层:断层走向与褶曲轴面走向一致。

　　b. 横断层:断层走向与褶曲轴面走向垂直。

　　c. 斜断层:断层走向与褶曲轴面走向斜交。

　　④按断层形成时的受力性质分类。按断层形成时的受力性质,可分为压性断层、张性断层和扭性断层三种基本类型:

　　a. 压性断层:由压应力作用形成。断层走向垂直于最大主应力方向;多为逆断层,断层面常呈现舒缓波状;断裂带宽大,常有角砾岩和糜棱岩存在,断层面上有大量擦痕。

　　b. 张性断层:在拉压力作用下形成。断层走向垂直于拉压力方向;常为正断层,断层面粗糙,多呈现锯齿状;断层是张开的,并具有充填物。

　　c. 扭性断层:在扭转应力作用下形成。常成对出现;断层面平直光滑,断层面上常见大量擦痕。

　　值得注意,由于断层形成时受力情况复杂,常常还存在上述三种基本类型的组合形式,例如,张扭性断层、压扭性断层等。此外,由于断层的形成都与岩体或岩石破坏时所受应力的方向存在密切关系,因此,可依据它们在野外的分布情况,推测天然地应力或初始地应力的方向,这对地下工程建设具有重要意义。

　　⑤断层的组合类型。由于断层一般是在大范围构造应力作用下形成的,所以在一个较大区域形成的断层往往并非孤立单一,而是多条断层以一定排列方式有规律地组合在一起,形成由多条断层组成的复杂组合类型。在野外,断层的组合类型各式各样,较常见的断层组合类型主要有如下几种:

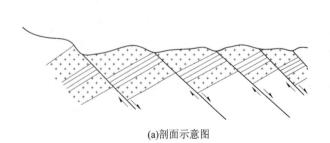

(a)剖面示意图　　　　　　　　　　(b) 贵州小七孔跌水瀑布

图3-45　阶梯状断层

  a. 阶梯状断层：如图 3-45 所示，由多条倾向大致相同而又大致平行的正断层组合形成，上盘依次相对下降呈现阶梯状。例如,贵州小七孔跌水瀑布就是由阶梯状断层形成的。

  b. 地堑：如图 3-46 所示，由至少一对走向大致平行和性质相同的断层组合成一个中间断块相对下降而两侧断块相对上升的构造。断层可同为正断层或同为逆断层。在地形上，常表现为狭长的凹陷地带,例如,东非大裂谷、我国的汾河河谷与渭河河谷都是著名的地堑构造。

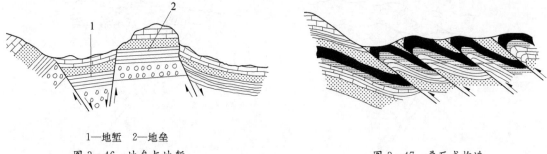

1—地堑　2—地垒
图 3-46　地垒与地堑　　　　　　　　　　　图 3-47　叠瓦式构造

  c. 地垒：如图 3-46 所示，由至少一对走向大致平行和性质相同的断层组合成一个中间断块相对上升而两侧断块相对下降的构造。断层可同为正断层或同为逆断层。在地形上，地垒常形成断块山，例如,天山、阿尔泰山等都广泛发育有地垒构造。

  d. 叠瓦式构造：如图 3-47 所示，由多条走向大致平行和倾向大致一致的逆断层组合形成。这种断层的组合类型往往是受到巨大的区域性挤压构造应力作用而形成的,断层上盘向上逆冲,同时，还由于上下盘在逆冲过程中受到断层面上巨大的摩擦力,上下盘地层或岩层发生了方向相反的弯曲现象。因此,这类构造常又称为叠冲式逆掩断裂构造。

3.4.3　断裂构造的野外识别方法

  在大多数情况下,野外断裂构造的存在对土木工程的勘察、设计、施工甚至工程建设的安全性和经济性都会产生很大的影响,断层构造往往对工程建设起着决定性影响。

  由于地表松散沉积物的覆盖致使断裂构造在地表的露头很少，它遮挡了人们对断裂构造认识的视线，且同一断裂构造在地表的表现可能不同(例如,断层可能形成断块山,也可能形成断层谷),所以断裂构造的野外识别是复杂而困难的。

  断裂构造野外识别的依据是其性质在野外的各种表现,如地形地貌特征、地层分布特征和断裂构造的伴生构造现象等。目前,断裂构造的野外识别方法缺乏系统性和可靠性,几乎只是地质和工程地质工作者部分实践经验的积累,但是,对于野外识别断裂构造来说,它们无论如何是宝贵的,有必要了解或掌握这方面的知识。

  由于节理较断层对工程的影响要小得多,断层对工程建设往往起决定作用,所以,这里仅主要介绍断层的野外识别方法。但需要明白,节理几乎无处不在,节理的产状和分布具有较强的随机性,在工程建设中应适当考虑。

  断层的性质往往在地表或已有地下洞室表面具有一定的表现形式,它是断层野外识别的标志。据此不仅可识别断层是否存在,有时还可大致确定断盘相对位移的方向甚至断层形成的相对地质年代。断层野外识别主要可依据如下几个方面的考虑进行。

(1)地质体或地质构造的不连续

  由于断层两盘发生过相对位移,所以一个正常延续的地质体(如地层或岩层、岩脉等)和地质构造(如先前形成的断层等)突然中断了,则可能是被该断层断开了,如图 3-48 所示,这是判别断层是否存在的最直接标志。实际上,据此亦可确定断盘相对位移的方向,有时甚至还可确定地质构造形成的相对地质年代,如图 3-48(d)所示,F₁断层被 F₂ 和 F₃ 断层错开,而 F₂ 断层又被 F₃ 断层错开,由此可知,F₁ 先于 F₂ 形成,而 F₂ 先于 F₃ 形成,因此,这些断层形成的地质年代顺序(由老到新)为:F₁→F₂→F₃。

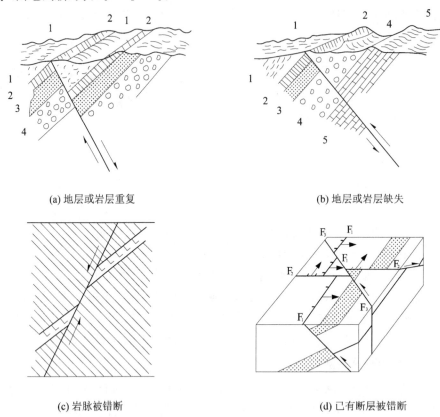

(a) 地层或岩层重复   (b) 地层或岩层缺失

(c) 岩脉被错断   (d) 已有断层被错断

图 3-48　地质不连续现象

(2)地形地貌

　　由于断层形成时发生过断盘之间明显的相对位移,故常形成断块山(图 3-49)、断层崖(图 3-50)、地垒山(图 3-51)、断层跌水瀑布(图 3-45)、地堑(图 3-46)、坡面特别平整的断面山(图 3-52,断层的三角平面)、河流突然改道、山脊或山谷错开等;由于断层使岩石破碎,其在风化、剥蚀和搬运等地质作用下常形成洼地或谷地,如东非大裂谷、我国汾河河谷与渭河河谷等,因此,所谓"逢沟必断"是有一定道理的。根据这些地形地貌特点,有时也可确定断盘的相对位移方向。

图 3-49　断块山

图 3-50　断层崖

图 3-51 地垒山

图 3-52 断面山

(3)水文地质现象

断层破碎带如果尚未被胶结,则是地下水流动的良好通道,因此,在地表有串珠状泉水出露,或在地下工程中突然存在涌水量很大的地方,这都有可能表明断层的存在。

(4)伴生地质现象

断层的形成常会产生一些伴生地质现象,这些现象也有助于断层的野外识别。

①断层泥和断层角砾。在断层形成时,岩石往往受到强烈的挤压构造应力作用而破碎。如果破碎成颗粒极小的细泥,称为断层泥;如果被破碎成带棱角的碎块,称为断层角砾;有的断层角砾还可被重新胶结成岩石,称为断层角砾岩(图 3-53),此外,在大的断层破碎带中有时还出现糜棱岩。这些断层伴生物质都是断层存在的标志。如果断层形成后,某岩层角砾只分布于下盘该岩层以上的断层破碎带中,则该断层的上盘显然是向上移动了(图 3-54),因此,角砾岩中某种特殊岩石碎块的分布可指示出断层相对位移方向。

图 3-53 断层角砾岩

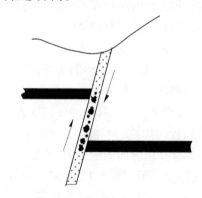
图 3-54 根据断层角砾岩分布判断断盘移动方向

②断层擦痕和断层面磨光现象。断层形成时,断盘之间因相对位移而互相摩擦,在断层面上势必留下擦痕和磨光面(图 3-55),这也是野外识别断层的直接标志。触摸断层擦痕,不同方向的光滑程度是不同的。在下盘的断层面上,顺擦痕光滑的方向是上盘移动的方向,与之相反,粗糙的方向是下盘的移动方向。因此,断层擦痕可用于断层位移方向的确定。

③地层或岩层的牵引现象。断层两盘发生相

图 3-55 断层擦痕

对位移时,由于存在强烈的挤压摩擦,致使靠近断层面两边的地层或岩层发生局部弯曲。如图

3-56所示,如果靠近断层的上盘地层或岩层发生局部向上弯曲而下盘地层向下弯曲,表明上盘相对上升,而下盘相对下降,反之,上盘下降,下盘上升。

值得注意,在野外识别断裂构造时,特别忌讳结论武断,必须综合考虑各方面因素做出可能性的结论,肯定的结论还需结合更进一步的工程地质勘察工作才能做出。

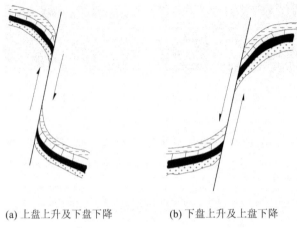

(a) 上盘上升及下盘下降   (b) 下盘上升及上盘下降

图 3-56　断层牵引现象

3.4.4　断裂构造的工程地质特征

断裂构造对土木工程建设存在重要影响,但断层和节理对工程的影响是不同的,其对工程的影响不仅取决于断裂构造和工程结构的本身情况,还取决于断层与节理之间的关系。因此,断裂构造对工程的影响极其复杂,这里只能对一些普遍性问题做概要介绍,以供工程技术人员参考,其他问题只能留待具体工程设计与施工时做专门深入的分析。一些较普遍性的工程地质特征主要表现在如下几方面。

(1)断裂构造对工程影响的差异性

①影响程度的差异性。一般来讲,断层与节理对工程影响的程度是不同的,断层对工程有控制影响,而节理对工程一般仅有次要影响,在考虑断裂构造对工程的影响时,应该首先考虑断层对工程的影响。当然,在特定条件下,这两种断裂构造对工程影响的重要性也会发生变化,例如,存在顺坡向的断层时,要优先考虑断层对边坡稳定性的控制作用;不存在顺坡向的断层,但是存在一组顺坡向的优势节理时,则要优先考虑优势节理对边坡稳定性的控制作用。

②侧重点的差异性。在考虑断层和节理对工程的影响时,侧重点也是不同的。存在大量随机分布的节理时,一般要重点考虑节理对岩体工程性质的逆化效应,如岩体强度和刚度(或模量)等的降低效应;存在少数优势节理时,一般要重点考虑优势节理的产状对工程的影响;如果断层为破碎带,且工程结构置于破碎带中,一般要重点考虑破碎带对岩体工程性质的逆化效应;如果断层位于工程结构周围或穿过工程结构,一般要重点考虑断层产状对工程的影响等。

总之,在考虑断裂构造对工程的影响时,要针对具体工程的实际情况,进行综合分析与考虑,分清楚影响因素的主次和侧重点。

(2)显著的构造应力

由于断裂构造形成的根本原因在于强烈的构造应力作用,这就使得天然或初始应力场与一般的自重应力场存在很大不同,最大主应力已不再是铅直方向,最小主应力也不再是水平方向,而且构造应力占有很大的比例。

对于断裂构造,尤其是断层构造,由于大多数是受沿断裂构造倾向方向的区域构造应力作用形成的,因此,天然最大主应力基本就在这个方向,这时,地下工程的布置对其稳定性影响很大。一般将地下工程在铅直面上的长轴方向保持与最大天然主应力方向一致,这样有利于工程结构的稳定,换句话来讲,在工程施工中,应把加固的重点放在最大天然主应力方向的工程结构边缘部位。

(3)工程结构的位置

在具有断裂构造的岩体表面或其中进行工程建设时,工程结构的位置对其稳定性、施工甚至工程建设的经济性都存在重要影响。

①基础工程:基础工程置于断裂带,要特别注意不均匀沉降对工程稳定性的影响,一般尽量避开,否则,要采取特别的处理措施;基础工程要尽量避免置于断层面上,因为它很可能沿断层面产生滑移破坏;尽量不将基础工程置于活动断层或断裂带,如果不得已而为之,必须采取特别的处理措施。

②地下工程:隧道等地下工程如果置于断层破碎带,这不仅会使地下工程发生冒顶、片帮等破坏,还可能造成涌水事故,甚至影响地下工程的稳定性与施工,所以隧道等地下工程应尽量避免置于断层破碎带。一般来说,尽量将地下工程置于断层或断层破碎带的上下盘岩体中;尽量将隧道轴向沿断层或断层破碎带倾向方向布置,尽快通过断层或断层破碎带,以减少建设的加固成本和降低施工的难度。

地下工程置于节理随机分布的裂隙化岩体中,要特别注意地下工程的加固措施。置于具有单组优势节理的岩体中的地下工程,要注意地下工程破坏的非对称性,重点加固部位应具有选择性,最好将隧道轴向沿优势节理倾向布置,这样会大大降低加固的成本。

③边坡与道路工程:边坡稳定性往往取决于边坡与断裂构造产状之间的关系,主要从如下几个方面考虑:

a. 由于大量裂隙的随机分布和断层破碎带会使边坡岩体破碎严重,这不仅会严重影响边坡的稳定性,还可能导致边坡被强烈冲刷,甚至产生泥石流,所以需要特别注意边坡工程的加固和防护。

b. 尽量避免边坡与断裂构造的倾向一致。当边坡与断裂构造的倾向一致,且坡角大于断裂构造倾角时,很有可能产生滑坡,对边坡稳定性不利;当边坡与断裂构造的倾向一致且坡角小于断裂构造的倾角时,边坡一般是基本稳定的;当边坡与断裂构造的倾向相反,边坡一般是稳定的,但是,如果断裂构造倾角很大,也有可能因岩层倾倒破坏而产生滑坡。因此,边坡与断裂构造的倾向保持相反总是边坡工程布置的最佳选择,否则,要特别关注边坡的加固问题。

c. 在大多数情况下,山区道路工程总是存在路堑或路堤边坡问题,因此,从路基稳定性角度来讲,道路工程沿断裂构造倾向布置总是最佳选择。这样会最大限度地减小加固工程量,否则,要特别注意路堑或路堤边坡的加固处理。

上述三种情况,除了要注意边坡岩体的力学性质以外,无论怎样考虑边坡和道路工程的布置与断裂构造的产状关系,边坡设计参数(如坡角和坡高等)的合理选择总是关键,要特别引起重视。

3.5 岩体结构与岩体的工程性质

第二章已较深入介绍了岩石的工程地质性质,但在讨论岩石的工程地质性质时撇开了地质环境,从严格意义上讲,第二章讨论的岩石并非野外特定地质环境下的岩石。换句话说,处于不同地质环境的岩石所表现出的工程地质性质存在很大的差异,它们的工程地质性质才真正影响工程的设计和施工,甚至影响工程建设的安全性和经济性。一般把处于特定地质环境中的岩石称为岩体。

岩体的概念存在两层含义:其一就是岩石,它是野外岩体的主体部分,一般情况下,任何岩石的工程地质性质(如强度、刚度等)都能满足工程的要求;其二就是岩石存在的工程地质环境,它是野外岩体的辅助部分,虽然它并非岩体的主体,但有时对野外岩体的工程地质性质影响巨大,往往决定工程建设的成败。因此,在讨论岩体的工程地质性质时,绝不能脱离工程地质环境。

所谓工程地质环境,它几乎是所有自然条件的总和,有时甚至还包括因人为因素(如开挖、破岩等)引起的自然条件的改变。它不仅会改变或影响岩石工程地质性质,而且,还会影响工程建设的安全性和经济性,因此,研究工程地质环境具有特别重要的工程实际意义。

工程地质环境涉及的内容非常广泛。它主要包括内外力地质作用、地质结构与构造、水文地质情况、地质年代和地形地貌等。这些对工程建设均存在不同程度的影响,但是,影响最大的是地质结构与构造。野外工程岩体正因为具有不同的地质结构与构造才使不同地区或不同建筑场地的岩体工程地质性质存在巨大的差异。

地质结构与构造在野外表现为各种地质界面对岩体的切割及其空间组合情况。地质界面除了包括前面介绍的节理和断层等以外,还包括其他所有引起岩体介质不连续的分界面,例如,不同岩石的分界面、层理面、地层的整合与不整合面、片理面、板理面和沉积间断面等。为了统一起见,一般统称为地质结构面(亦称为地质不连续面),在工程实践中,一般简称为结构面。不管何种结构面,一个共同的特点就是沿结构面的工程地质性质较差,例如,沿结构面方向,岩体较容易产生滑移或破坏。

正因为不同地区或工程建筑场地的岩体具有不同性质、数量、产状和分布的结构面,从而形成不同的岩体结构类型,而岩体的结构主要控制着野外岩体的工程地质性质,因此,本节将从介绍岩体的结构开始,进而探讨岩体的结构类型,达到掌握岩体工程地质性质的目的,为工程的设计和施工提供强有力的依据。

3.5.1 岩体结构

岩体中各种不连续面和基本岩石单元在野外表现出不同的组合形式,这种不同的组合形式称为岩体的结构,它在很大程度上决定了岩体的工程地质性质。

岩体结构包含三层含义。其一是各种不连续面,一般称为结构面。结构面可以是平面或曲面,也可以是光滑面或粗糙面。其二是基本岩石单元,它是由结构面切割岩体而形成的岩石块体,一般称为结构体。每一个结构体由多个结构面围成。其三是结构面与结构体的组合方式,主要指结构体之间联接的方式和能力。

虽然岩体结构在很大程度上决定岩体的工程性质,但上述三个方面对岩体工程性质的影响程度是不同的,其中结构体影响甚微。这并非是结构体物理力学性质对岩体的工程地质性质的影响不重要,而是针对目前地壳中已有岩石来讲,一般都能满足工程要求。因此,绝大多数情况下,一般只讨论关于岩体结构的另外两层含义即结构面及其与结构体的组合方式,这就是接下来要重点介绍的内容。

3.5.2 岩体结构面

岩体结构面的概念源于我国已故著名地质学家李四光创立的"地质力学"理论。结构面的成因、力学性质和类型等对岩体工程地质性质都将产生深远的影响,因此,必须对此进行深入研究。

(1)结构面分类

目前,岩体结构面主要依据结构面成因和形成时的受力性质进行分类。

①按结构面成因分类。按照地质结构面形成的原因,采用类似于节理的成因分类方法进行分类,主要可分为原生、构造和次生结构面三种类型:

a. 原生结构面:岩石在形成过程中产生的各种结构面。

b. 构造结构面:在地质构造形成过程中,岩石受构造应力作用而破坏所形成的各种结构面。由于它经常是伴随某种大型地质构造的形成而产生,所以,也常被视为一种伴生的次级结构面。

c. 次生结构面:野外的岩石由于受到风化、卸载、地震甚至人为破坏等作用而产生的各种结构面。

②按结构面形成时的受力性质分类。地质结构面是由地质作用形成的。其形成时,岩石都受到了一定大小甚至超过岩石强度的地质应力作用。这种地质应力无外乎是压应力、张(拉)应力和扭(剪)应力及其组合形式,因此,一般按结构面形成时的受力性质,将结构面分为压性、张性、扭(剪)性、压扭性和张扭性结构面等五种类型。

a. 压性结构面:岩体或岩石在压应力作用下形成。有时表现为破坏面,如构造节理中的剪节理、逆断层等;有时并非岩体或岩石发生破坏而形成,如层理面、片理面、板理面、页理面、解理面和各种结晶面等。由破坏形成的结构面,有时表现为破碎带,结构面粗糙;有时表现为光滑平整的面,且其很可能存在擦痕。没有发生破坏而形成的结构面一般平整,但不一定光滑。压性结构面常常是闭合的,还很可能表明岩体中的天然最大主应力方向沿结构面的倾向方向。

b. 张性结构面:岩体或岩石在拉应力作用下发生破坏而形成。一般表现为岩体中的破裂面,常为张节理和正断层,如褶皱构造中褶曲背面岩层中的张节理和岩浆岩中的张节理等。一般是张开的,还可能有充填物,其性质对结构面的性质存在重要影响。一般凹凸不平、粗糙,这对改善结构面力学特性是有利的。

c. 扭(剪)性结构面:岩体或岩石在压应力和剪应力共同作用下发生破坏而形成。常为剪节理、平移断层、一部分正断层和一部分劈理等。如果它为剪节理,常呈现 X 型共轭节理,成对出现。结构面一般平整光滑,并有擦痕,这对改善结构面力学性质是不利的。

d. 压扭性结构面:兼具压性和扭性结构面的特征。

e. 张扭性结构面:兼具张性和扭性结构面的特征。

(2)结构面的特征

结构面特征对岩体工程地质性质的影响是很大的。国际岩石力学学会实验室和野外试验标准化委员会推荐了关于结构面特征研究的内容,它包括许多方面,下面将作概要介绍。

①产状。结构面产状一般沿用地层或岩层产状的表示方法,一般包括走向、倾向和倾角三个要素。研究结构面产状时,尤其要注意结构面产状与工程结构的临空面及接触面的关系,例如,边坡中顺坡向结构面对边坡稳定性往往起决定作用。

②间距。结构面间距一般是指所选择的某测线上相邻结构面的距离,它是反映岩体完整程度和结构体大小的重要指标。根据结构面的平均间距,可将岩体结构面间距作定性描述,如表 3-2 所示。

表 3-2 结构面间距的描述

描述	极窄的	很窄的	窄的	中等的	宽的	很宽的	极宽的
间距/cm	<2	2～6	6～20	20～60	60～200	200～600	>600

③延续性。结构面的延续性是结构面展布的范围和大小的度量。结构面的绝对延续性固然有意义,但结构面与整个工程岩体构筑物的相对大小则更重要。一般根据在地质露头调查面上结构面表现的长度对结构面延续性作定性描述,如表 3-3 所示。

表 3-3 结构面延续性的描述

描述	很差的	差的	中等延续的	好的	很好的
延续长度/m	<1	1～3	3～10	10～30	>30

④粗糙程度。结构面粗糙程度是影响结构面极其重要的因素,但它与充填物性质及厚度存在密切关系。在研究结构面粗糙程度时,须考虑结构面的起伏程度与形态,一般可归纳为三种典型形态即锯齿状的、波状的和平直状的。在每种形态中,将对应的粗糙程度分为三个等级即粗糙的、平滑的和光滑的。这样,可将结构面粗糙程度划分为九种类型。

⑤结构面侧壁抗压强度。结构面侧壁岩石遭受风化,且其风化程度在垂直于结构面方向变化很大。它决定结构面侧壁岩石的抗压强度,对结构面力学性质存在较大影响。

⑥张开程度。结构面张开程度是指结构面的宽度,一般简称为张开度。结构面张开度一般都不大,大多数小于 1 mm。根据张开度可对结构面张开程度进行定性描述,如表 3-4 所示。

表 3-4 结构面的张开度

描述			张开度/mm
闭合的		很紧密的	<0.1
		紧密的	0.1～0.25
		不紧密的	0.25～0.5
裂开的		窄的	0.5～2.5
		中等宽度的	2.5～10.0
张开的	宽的	很宽的	10.0～100.0
		极宽的	100.0～1 000.0
		洞穴式的	>1 000.0

⑦被充填情况。结构面时常被外来物质所充填而形成次生充填软弱夹层。结构面被充填程度与方式、充填物力学性质和厚度等都对结构面力学性质产生重要影响。

⑧渗流。结构面是岩体渗流的主要通道。研究结构面中是否存在渗流及其渗流大小,对于评价结构面的力学性质和预测岩体稳定性与施工的难易程度等方面都具有重要意义。

⑨结构面组数。在研究结构面时,往往把产状相近的众多结构面归为同一组结构面,因此,结构面组数是决定岩体被结构面切割形成结构体的大小和形状的主要因素,它与结构面间距一起决定岩体破碎的程度甚至宏观上的均匀程度,对岩体工程地质性质将产生不可忽视的影响。

⑩结构体大小。严格意义上说,它不属于结构面的特征,而是由结构面特征决定的岩体结构特征之一,它直接反映岩体破碎的程度。一般建议采用单位体积岩体内具有的裂隙数(常称为体积裂隙数)来间接度量结构体的大小,如表 3-5 所示。

表 3-5　结构体大小

描述	很大的块体	大块体	中等块体	小块体	很小的块体
体积裂隙数	<1	1~3	3~10	10~30	>30

3.5.3　岩体的结构类型

不同结构面的特征是不同的,由此切割岩体形成的结构体的大小和形状也不同,并且,不同结构体之间的联接方式和能力也存在差异,因此,岩体表现出不同的结构特征和类型,它对岩体工程地质性质必将产生很大的影响。具有相同或相似结构的岩体当然具有相似或相近的工程地质性质。因此,如何对岩体的结构进行分类,并在此基础上,掌握具有特定结构类型的岩体工程地质性质,这对工程的设计和施工都具有重要的实际意义。

目前,工程上普遍根据结构面和结构体特征对岩体结构进行分类,并将岩体结构划分为整体块状、层状、碎裂和散体结构四大类,如表 3-6 所示。

表 3-6　岩体结构的基本类型

结构类型 大类	结构类型 亚类	地质背景	结构面特征	结构体特征
整体块状结构	整体结构	岩性单一;构造作用轻微的巨厚层沉积岩、变质岩和熔岩;巨大的岩浆侵入体	结构面少,一般不超过 3 组;延续性差;多呈闭合状态,一般无充填物或充填少量碎屑	巨型块状
整体块状结构	块状结构	岩性单一,构造作用轻微的厚层沉积岩、变质岩和岩浆侵入体	2~3 组结构面;延续性差;多呈闭合状态;层间有一定结合力	块状、菱形块状
层状结构	层状结构	构造破坏轻或较轻的中厚层状岩体;单层厚度大于 30 cm	2~3 组结构面,以层面为主,有时有层间错动面和软弱夹层;延续性较好;层面结合力较差	块状、柱状、厚板状
层状结构	薄层状结构	单层厚度小于 30 cm;在构造作用下发生强烈褶皱和层间错动	层面和层理发达,原生软弱夹层、层间错动和小断层不时出现;多被泥、碎屑和泥质物充填	板状、薄板状
碎裂结构	镶嵌结构	一般发育于脆硬岩体中	以规模不大的结构面为主;结构面组数多且密度大;延续性差;多呈闭合状态,无充填物或充填少量碎屑	形态不规则,但棱角分明
碎裂结构	层状碎裂结构	受构造裂隙切割的层状岩体	以层面、软弱夹层、层间错动带等为主;构造裂隙较发达	以碎块状、板状、短柱状为主
碎裂结构	碎裂结构	岩性复杂;构造破碎较强烈;弱风化带	延续性差;结构面密度大;相互交切	碎屑和大小不等的岩块;形态多样,不规则
散体结构		构造破碎带;强风化带	裂隙和劈理很发达;无规则	岩屑、碎片、岩块、岩粉

3.5.4　岩体的工程地质性质

岩体与岩石是不同的。岩石是岩体的主要组成部分,不仅如此,岩体的概念还包含岩石赋存的地质条件或地质环境,因此,岩体不但具有岩石的工程地质性质,还具有因赋存地质环境引起的与岩石不同的工程地质性质。

对于前一个方面,第二章已经做概要介绍,这里不再赘述,下面仅概要介绍上述第二个方面的岩体工程地质性质,主要包括如下几个方面。

(1)结构性

岩体的结构性与土的结构性是截然不同的。土的结构性强调的是组成土的颗粒之间的联接能力,而岩体的结构性强调的是岩体的结构对岩体工程地质性质的影响,较少关注组成岩体

99

的结构体或岩石块体之间的联接能力。不同结构类型岩体的工程地质性质存在很大差异。下面简要介绍不同结构类型岩体的工程地质性质：

①整体块状结构岩体的工程地质性质。整体块状结构岩体因结构面稀疏、延续性差、结构体大且常为硬质岩石，故整体强度高，变形特征接近于各向同性的均质弹性体，变形模量和承载能力均较高，结构面抗滑能力较高，抗风化能力一般较强，所以，这类岩体具有良好的工程地质性质，往往是较理想的工程建筑地基、边坡岩体及洞室围岩。

②层状结构岩体的工程地质性质。层状岩体中结构面以层面与不密集的节理为主，结构面多为闭合到微张开状态，一般风化微弱，结合力不强；结构体较大且保持着母岩岩块的性质，故这类岩体变形模量和承载能力均较高。作为工程建筑地基时，其变形模量和承载能力一般均能满足工程要求。但当结构面结合力不强，又有层间错动面或软弱夹层存在时，则其强度和变形特性均具各向异性特点，一般沿层面方向的抗剪强度明显低于垂直层面方向的抗剪强度。一般来说，在边坡工程中，这类岩体当结构面倾向坡外时要比倾向坡内时的工程地质性质差得多。

③碎裂结构岩体的工程地质性质。碎裂结构岩体中节理与裂隙发育，常有泥质充填物，结合力不强。具有碎裂结构的镶嵌结构岩体因其结构体为硬质岩石，尚具较高的变形模量和承载能力，工程地质性质尚好。具有碎裂结构的层状岩体常有平行层面的软弱结构面发育，结构体不大，岩体完整性破坏较大。层状碎裂结构和碎裂结构岩体的变形模量和承载能力均不高，工程地质性质差。

④散体结构岩体的工程地质性质。散体结构岩体中节理与裂隙很发育，岩体十分破碎，岩石手捏即碎，属于碎石土类，可按碎石土类进行研究。

(2)天然应力性质

野外任何岩体都承受一定的天然应力或初始地应力，而且，岩体的天然应力与土的不同。土的天然应力一般只有自重应力，而岩体的天然应力则由自重应力和构造应力组成，有时构造应力甚至是主要部分。因此，岩体的天然应力分布比土的要复杂得多，不同地区或不同建筑场地的岩体应力分布差别很大，一般必须通过现场地应力测量方能确定。

由于岩体必然具有天然应力或初始地应力，这说明岩体已经产生了变形，而这部分变形并非工程所关心的，所以在分析岩体中工程结构的变形或沉降时须注意扣除天然应力引起的这部分变形。

一般来讲，岩土工程建设都是在岩体中开挖完成的，岩体开挖必然引起岩体天然应力的重新分布（常称为二次应力），而这可能引起岩土工程结构发生变形或破坏。因此可以说，除了基础工程以外，岩体的天然应力是岩土工程结构荷载的最根本来源，也是引起岩土工程结构破坏的最根本原因。

对于深部岩体工程，常常会出现一种称为岩爆的现象，其发生于深部脆性岩体工程中。它主要由开挖引起局部岩石的高应力，使脆性岩石发生突然爆裂，释放强力冲击波而形成的。这种岩爆现象不仅威胁工程建设的安全性，还会给工程施工带来很大的麻烦。

(3)抗风化性质

野外岩体一般都已受到不同程度的风化，岩体风化必然逆化岩体的工程地质性质。虽然岩体风化的速度较缓慢，但由于土木工程使用年限均较长，所以一般都需要进行不同程度的防护，如边坡和地下工程等的防护。

(4)渗流性质

野外岩体中都存在流动的地下水，因而岩体必然具有渗流性质。岩体渗流与土的渗流存在很大不同,土的渗流是地下水在土中孔隙中的流动,而岩体渗流主要是地下水在由结构面形成的通道内流动,因此,岩体渗流分析的原理和方法与土的存在很大不同,一般岩体渗流分析较适宜于采用岩体网络渗流模型。

(5)与地下水相关的性质

野外岩体中,地下水几乎无处不在,它对岩体的工程地质性质存在较大影响。它一般对岩体都表现出不利的性质,如前面所讲的岩石水理性质等。

地下水对岩体工程地质性质的影响主要表现为两个方面:其一是物理效应,如岩体的软化、冻胀、崩解和风化等;其二是力学效应,如有效应力的形成、岩体中应力的改变、强度的降低等。

地下水是几乎所有岩土工程结构破坏的重要原因,如暴雨时的边坡滑坡、地下工程中涌水等,因此,在工程实践中必须引起高度的重视。

值得注意,一方面,由于岩体工程地质性质极其复杂,且其与地质环境紧密相关,所以反映岩体工程地质性质的参数最好采用现场试验获得。另一方面,由于不同地区或不同建筑场地的岩体工程地质性质存在很大差异,即使完全相同的工程结构,如果建设在不同地区或不同建筑场地,其工程设计和施工都将不同。也就是说,任何岩土工程建设都是没有重复性的,这是岩土工程建设的重要特点之一。因此,工程技术人员必须依据岩体工程地质性质,针对具体工程的特点,进行有针对性的全面考虑,方能使工程建设既安全又经济。

3.6　岩体结构稳定性分析

岩体结构稳定性是岩体工程关注的最为重要的问题之一,也是岩体工程设计与施工不可或缺的依据,因此,探讨岩体结构稳定性分析方法具有重要的实际意义。

岩体结构稳定性分析方法有很多,如解析方法(例如,弹性分析方法,弹塑性分析方法和时效分析方法等)和数值分析方法(例如,有限单元方法、边界单元方法、数值流形方法、不连续变形分析方法和块体分析方法等)。尽管这些分析方法精度较高,但其过程复杂,不易为一般工程技术人员所掌握,而且,其分析结果相对不直观,不利于工程判断。因此,有必要寻找简单直观且可被一般工程技术人员操作的岩体稳定性分析方法,这就是本节需要解决的问题。

满足上述特点的岩体结构稳定性分析方法就是简单而直观的图解方法。目前,图解方法也有许多种类,按照研究问题和应用的领域不同,其分析原理和作图的方法与过程也存在差别。

因为岩体结构稳定性主要由岩体的结构面和工程结构临空面或接触面及其它们之间的空间相对关系决定,所以只要能直观图解出这些面产状的空间相对关系就可以使岩体结构稳定性分析问题得到解决。鉴于这些面都存在于地球中,如果采用一个类似于地球的圆球体,并将这些面平移至通过圆球的中心,这样就可以直观地展示这些面的产状,并能比较出它们的空间相对关系。如果进一步将这些面与球的交线(它与这些面存在一一对应的关系)按照特定方式和规则投影到赤道平面(通过球心的水平面)上,就会得到在赤道平面上的且与这些面一一对应的几何图形。不同的面在赤道平面上的投影图形是不同的,投影图形在赤道平面的位置可反映这些面的产状,因此,通过分析这些投影图形在赤道平面上的位置关系就可以比较出这些面的空间相对关系,以达到分析岩体结构稳定性的目的。由于这些面的投影图形全部在赤道平面上,这样就把一个复杂的空间问题转化为平面问题,使问题简单直观化。像这样把空间的面或线一一对应地投影到赤道平面的方法,通常被称为赤平投影,显然,其应用于岩体结构稳定性分析是非常直观而方便的。

当然,按照不同的方式和规则将面或线投影到赤道平面,所得赤平投影是不同的。目前,在岩体结构分析中,应用最广泛的赤平投影是赤平极射投影和赤平等积投影。本节将主要介绍这两种赤平投影方法的原理与应用。

3.6.1 赤平极射投影

(1)投影原理

①投影工具。如图 3-57 所示,以一个圆球作为投影工具,称为投影球。投影球存在两个球极,一个在上,另一个在下,它们均是球与水平面相切的切点,通常分别称为上球极或北极(R)和下球极或南极(P)。

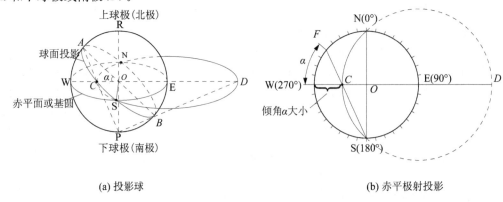

(a) 投影球　　　　　　　　　　　　　(b) 赤平极射投影

图 3-57　赤平极射投影原理

②球面投影。以投影球心 O 作为比较物体几何要素(包括点、线和面)的方向和倾角的参考点,称为原点。如果从原点 O 沿几何要素(包括线和面)向球面发出射线,必与球面存在交点,由这些交点在球面上组成的图形称为球面投影。很显然,一条直线的球面投影为两个点(如 OA 直线的球面投影为 A 和 B 两个点),而一个平面的球面投影为一个圆(如通过 O、N、A、S 和 B 点的平面的球面投影为圆 NASB)。

③投影方法。以通过球心 O 的水平面 NWSE(称为赤道平面,亦可简称为赤平面)作为投影面,此时,赤平面上的圆周 NWSE(赤平面与球面的交线)称为基圆,并从两个球极之一(上球极或下球极)向球面投影中的一个点发出射线,则该射线必与赤平面存在唯一的交点,这个交点就称为球面投影上点的赤平极射投影(例如,A 点的赤平投影是 C 点,B 点的赤平投影是 D 点)。很显然,一条射线的赤平极射投影是一个点(例如,OA 射线的赤平极射投影是 C 点,OB 射线的赤平极射投影是 D 点),而一个平面的赤平极射投影是一条闭合的曲线(如通过 O、N、A、S 和 B 点的平面的赤平极射投影是闭合曲线 NCSD)。

④赤平极射投影。赤平极射投影一般可通过下球极制作,亦可通过上球极制作。从下球极发出射线所获得的赤平投影称为上半球赤平极射投影,而从上球极发出射线所获得的赤平投影称为下半球赤平极射投影。习惯上,一般采用上半球赤平极射投影。

特别值得注意的是,无论采用上半球还是下半球赤平极射投影方法,所得到的一条直线或一个平面的赤平极射投影都分为两部分,其中一部分在基圆内部,而另一部分在基圆以外,例如,表示直线 OA 的赤平极射投影的两个点 C 和 D 点分别位于基圆 NWSE 内外,而通过 O、N、A、S 和 B 点的平面的赤平极射投影——闭合曲线 NCSD 也是由基圆 NWSE 内外的两部分即图 3-57(b)中虚线和实线组成。在实际分析中,一般采用位于基圆内的部分,这样完全可以满足分析的目的与要求。此外,一个平面的赤平极射投影一定是一个闭合的圆(这在后面介绍赤平极射投影网时已经得到证明),这为赤平极射投影的制作提供了极大的方便。

⑤产状表示方法。赤平极射投影的一个重要问题是需准确表示出空间线或面的产状,它包括走向、倾向和倾角,可通过赤平极射投影在基圆内的位置来表示线和平面的产状。

a. 走向和倾向的表示方法:由于赤平投影面在水平面上,所以可采用正常的地理坐标来表示走向和倾向。在基圆圆周上先确定东(E)、南(S)、西(W)和北(N)四个点,然后,以 N 为起点并按顺时针旋转方向将基圆圆周在 0°~360°范围内划分成若干等分段,并标示出相应方位角刻度,如图 3 - 57(b)中 N、E、S 和 W 对应的方位角刻度分别为 0°或 360°、90°、180°和 270°,这样就可以表示线或面的走向和倾向了。例如,NASB 平面的走向为 0°或 180°,倾向为 90°;直线 OA 的倾向为 90°。

b. 倾角的表示方法:采用基圆半径方向的线段长度来表示。首先规定基圆半径的总长度代表 90°,这样就可以采用投影点沿半径方向到基圆圆心 O 或到基圆圆周的距离来唯一表示倾角的大小。例如,如图 3 - 57(b)所示,NASB 面或 OA 直线的倾角可采用 CW 线段长度代表的角度即 α 直接表示,亦可采用 90°与 OC 线段长度代表的角度之差来表示。值得注意,单位半径长度代表的角度大小是不一样的,它与投影点在半径方向上的位置直接相关,越靠近圆周,其值越小;越靠近圆心,其值越大。

一个平面可以采用其赤平极射投影表示,它的赤平极射投影为基圆内的一段圆弧,称为大圆法;也可以采用该平面法线的赤平极射投影表示,它的赤平极射投影为基圆内一个点,称为极点法。实际上,在本章第 4 节已经用到极点法表示节理的赤平极射投影。

(2)赤平极射投影网

赤平极射投影网是线或平面的赤平极射投影制作的工具。它是由吴尔福(Wolf)于 1902年首先制作出来的,因此,称为吴氏网。如图 3 - 58 所示,吴氏网由一系列对称于基圆纵向直径的经线和对称于基圆横向直径的纬线网格组成。为了制作出吴氏网,必须掌握这些经线和纬线的性质,下面将利用解析几何理论建立出它们的数学方程,进而探讨它们的性质,为线或面的赤平极射投影制作奠定基础。

①经线及制作方法。经线为通过投影球心、走向南北、倾向东或倾向西、倾角由 0°到 90°的一组平面的赤平极射投影。如图 3 - 59(a)所示,以投影球心 O 为原点建立空间直角坐标系 O-xyz,并设投影球半径为 R,则投影球球面方程为:

$$x^2 + y^2 + z^2 = R^2 \tag{3-1}$$

平面 NASB 通过球心、走向南北、倾向东且倾角为 α,该平面的赤平极射投影实际就是赤平极射投影网左半部的 α 度经线。该平面的方程为:

$$z = -x \cdot \tan \alpha \tag{3-2}$$

由于该平面的球面投影是投影球面与该平面的交线,将式(3-1)与(3-2)联立即可得到该平面的球面投影方程:

$$\begin{cases} x^2 + y^2 + z^2 = R^2 \\ z = -x \cdot \tan \alpha \end{cases} \tag{3-3}$$

设该平面的球面投影上任一点为 (x_1, y_1, z_1),则根据式(3-3)可得其球面投影的参数方程为:

$$\begin{cases} x_1 = t \\ y_1 = \sqrt{R^2 - t^2(1 + \tan^2 \alpha)} \\ z_1 = -t \cdot \tan \alpha \end{cases} \tag{3-4}$$

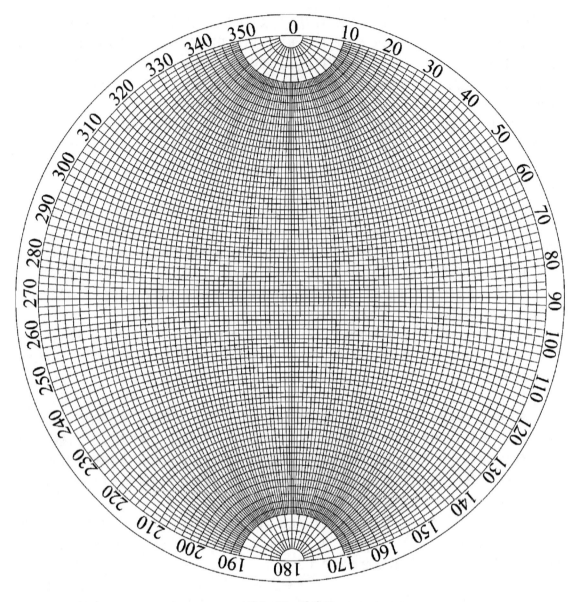

图 3-58 吴氏网

其中，t 为参变量。如果由下球极 $(0,0,-R)$ 向该平面的球面投影发射线，则可得到以下球极为顶点的锥面。如果设该锥面上任一点坐标为 (x,y,z)，则由锥面的几何特性可得：

$$\frac{x-x_1}{x_1-0} = \frac{y-y_1}{y_1-0} = \frac{z-z_1}{z_1-(-R)} \qquad (3-5)$$

将式(3-4)代入式(3-5)，可得：

$$\frac{x-t}{t} = \frac{y-\sqrt{R^2-t^2(1+\tan^2\alpha)}}{\sqrt{R^2-t^2(1+\tan^2\alpha)}} = \frac{z+t\cdot\tan\alpha}{R-t\cdot\tan\alpha} \qquad (3-6)$$

将式(3-6)中 t 消去，则可得到锥面方程为：

$$x^2+y^2-z^2-2xz\tan\alpha-2Rz-2Rx\tan\alpha-R^2=0 \qquad (3-7)$$

令 $z=0$，可得到平面 $NASB$ 的赤平极射投影的方程为：

$$(x - R\tan\alpha)^2 + y^2 = \frac{R^2}{1 + \tan^2\alpha} = R^2\sec^2\alpha \tag{3-8}$$

由此可以看出,如图 3-59(b)所示,经线实际上是赤平面基圆内一段圆弧$\overset{\frown}{NCS}$,它的圆心 O_1 为 $(R\tan\alpha,0)$,同时,该圆心一定是线段 SC 的垂直平分线 FG 与东西直线 WE 的交点,这为赤平极射投影的几何作图奠定了基础。

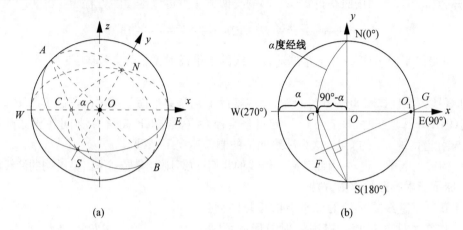

图 3-59　赤平极射投影网经线的形成

有了经线的数学方程,并由此掌握了经线的几何性质,可容易制作出吴氏网的经线网格。

②纬线及制作方法。纬线为不通过投影球心、走向东西、纬度(距投影球中心直立轴的角距度数,如图 3-60(a)所示的 φ)分别为南纬 0° 到 90° 和北纬 0° 到 90° 的一组垂直平面与上半球球面交线的赤平极射投影。

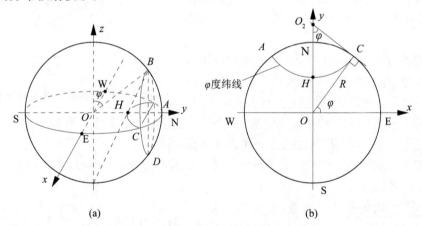

图 3-60　赤平极射投影网纬线的形成

如图 3-60(a)所示,走向东西、与南北方向垂直的平面 $ABCD$ 的方程为:

$$y = R\sin\varphi \tag{3-9}$$

则该直立平面与上半投影球球面的交线的方程为:

$$\begin{cases} x^2 + y^2 + z^2 = R^2 \\ y = R\sin\varphi \end{cases} \tag{3-10}$$

设该交线上任一点为 (x_1, y_1, z_1),则根据式(3-10)可得该交线的参数方程为:

$$\begin{cases} x_1 = t \\ y_1 = R\sin\varphi \\ z_1 = \sqrt{R^2\cos^2\varphi - t^2} \end{cases} \qquad (3-11)$$

由下球极$(0,0,-R)$向该交线发射线,则可得到以下球极为顶点的锥面。设该锥面上任一点坐标为(x,y,z),则按照获得式$(3-7)$的类似方法可得该锥面的方程为:

$$x^2 + y^2 + z^2 + R^2 + 2Rz - \frac{2R(z+y)}{\sin\varphi} = 0 \qquad (3-12)$$

令$z=0$,可得到平面$ABCD$与上半球球面交线的赤平极射投影的方程为:

$$x^2 + (y - R\csc\varphi)^2 = R^2\operatorname{ctg}^2\varphi \qquad (3-13)$$

由此可以看出,如图$3-60(b)$所示,纬线实际上也是赤平面基圆内一段圆弧$\overset{\frown}{AHC}$,它的圆心为$O_2(0,R\csc\varphi)$,同时,该圆心O_2一定就是半径OC(其与OE夹角为φ)同基圆交点C的基圆切线与南北直线SN的交点,这为纬线网格的制作奠定了基础。

有了纬线的数学方程,并由此掌握了纬线的几何性质,则可容易制作出吴氏网的纬线网格。

(3)赤平极射投影的作图方法

为了获得某直线或平面的赤平极射投影图,必须掌握其作图方法与过程。赤平极射投影图可通过手工、吴氏网或经线数学方程来制作。

①手工制作方法。利用直尺、圆规和量角器制作赤平极射投影图的方法即为赤平极射投影图的手工制作方法。如图$3-61$所示,以平面的赤平极射投影作图为例(实际上,直线的赤平极射投影作图也与之基本相同),介绍赤平极射投影的作图步骤和过程。

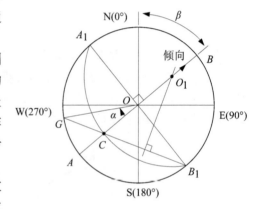

图$3-61$ 平面的赤平极射投影制作

a. 采用圆规以一定大小半径(根据图的可视效果和方便确定)作一个圆,并在圆周上表示出方位角刻度。习惯上,一般以圆周正上方点为北(N)。

b. 依据平面的倾向方位角β找到基圆圆周上相应点B,并作过B点的基圆直径AB和与之垂直的直径A_1B_1,则OB射线的方向代表该平面的倾向。

c. 根据平面的倾角α作与OA顺时针旋转方向的夹角为α的半径OG,连接G和B_1则必与AB相交,得到交点C。

d. 作线段CB_1的垂直平分线,必与AB或其延长线相交,得到交点O_1,该交点实际为该平面赤平极射投影闭合曲线(实际为圆)的圆心。

e. 以O_1为圆心、O_1C或$O_1B_1(O_1A_1)$为半径作圆弧$\overset{\frown}{A_1CB_1}$,该段圆弧实际就是该平面的赤平极射投影。

②利用赤平极射投影网的制作方法。有了前述吴氏网(图$3-58$)后,就可以进行线和平面的赤平极射投影制作了。同样,这里以平面的赤平极射投影作图为例,介绍利用吴氏网的赤平极射投

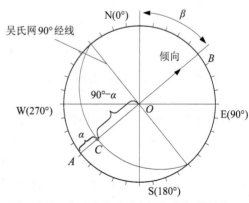

图$3-62$ 基于吴氏网的赤平极射投影制作

影的作图步骤和过程。

a. 首先以吴氏网基圆同样大小的半径在透明纸上作一个基圆,并标示方位及基圆上的方位角刻度,如图 3-62 所示。

b. 将吴氏网作为底图,使上述绘制的基圆圆心与吴氏网基圆圆心重合,并使透明纸能够自由旋转。

c. 根据给定平面的倾向方位角 β 找到透明纸上基圆圆周对应的方位角点 B,过该点在透明纸上作基圆直径 AB,然后,旋转透明纸使 AB 与吴氏网 90°纬线重合或使 AB 与吴氏网 90°经线垂直,并保持不动。

d. 根据给定平面的倾角 α 大小,在该平面倾向的反方向找到对应的吴氏网经线,并在透明纸上基圆内把该经线描绘下来,即可得到该平面的赤平极射投影。

③利用经线数学方程的制作方法。有了经线的数学方程,赤平极射投影是很容易制作出来的。值得注意的是,其一,必须依据经线数学方程的物理意义选取正确的直角坐标系;其二,正确确定经线数学方程中参数 R 和 α,前者为所画基圆的半径大小,而后者为所作赤平极射投影对应平面的倾角。

3.6.2 赤平等积投影

(1)投影原理

赤平等积投影与赤平极射投影一样,仍然是表示直线和平面的空间方位和相互之间角度关系的投影,不涉及面积大小、线段长短和点与点之间的距离。它仍然利用投影球作为投影工具,但其投影面不是通过投影球心的赤平面,而是以通过上球极与投影球相切的水平面作为赤平投影面。下面以通过投影球心且倾角为 α 的赤平等积投影与赤平极射投影相比较说明赤平等积投影的基本原理。为了叙述简单,将该直线置于过东西线 EW 的铅直平面上。

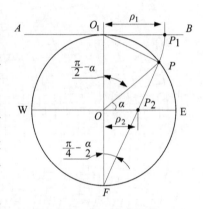

图 3-63 直线的赤平等积和极射投影

如图 3-63 所示,它是通过投影球铅直方向直径和上述所讨论直线的投影球截面,其中,R 为投影球半径,AB 为赤平等积投影面,OP 为所讨论的直线,P 为该直线的球面投影,O_1 为投影球上球极,O 为投影球心。以 O_1 为圆心、O_1P 为半径作圆弧必与 AB 交于 P_1 点,则 O_1P_1 为直线 OP 的赤平等积投影,并设其为 ρ_1;连接点 P 和下球极 F 与东西直线 WE 交于 P_2 点,则 P_2 为直线 OP 的赤平极射投影,并设 OP_2 为 ρ_2。则 ρ_1 和 ρ_2 分别为:

$$\rho_2 = R\tan\left(\frac{\pi}{4} - \frac{\alpha}{2}\right) \tag{3-14}$$

$$\rho_1 = 2R\sin\left(\frac{\pi}{4} - \frac{\alpha}{2}\right) \tag{3-15}$$

于是,可得:

$$\rho_2 = \sqrt{\frac{R^2\rho_1}{4R^2 - \rho_1^2}} \tag{3-16}$$

(2)赤平等积投影网

赤平等积投影网又称为施密特(Schmidt)网,如图 3-64 所示。它同样为一系列经线和纬线组成的网格,它的基圆直径为$\sqrt{2}R$(R为投影球半径)。为了制作出赤平等积投影网,必须掌握经线和纬线的特性,下面分别探讨它们的性质。

①经线及其数学方程。由于赤平等积投影和赤平极射投影的经线都是由同样的平面通过不同的投影方法而得到的,而两者存在紧密的关系,所以可由赤平极射投影网(吴氏网)的经线数学方程导得赤平等积投影网(施密特网)的经线数学方程。

考虑赤道平面上的直角坐标和极坐标的关系,则赤平极射投影上点(x,y)可表示为:

$$\begin{cases} x = \rho_2 \sin\theta \\ y = \rho_2 \cos\theta \end{cases} \tag{3-17}$$

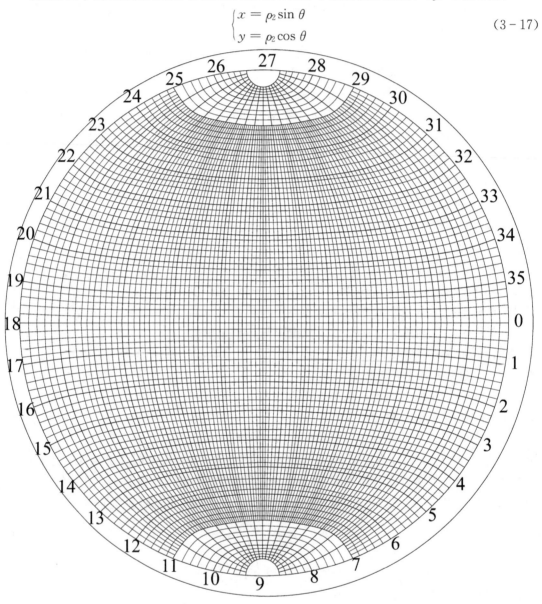

图3-64 赤平等积投影网

式中,θ为极坐标的极角,ρ_2为极径。这里使极径正方向与x坐标正方向一致,极坐标与直角坐标的原点重合。于是,将式(3-17)代入式(3-8)即可得到吴氏网经线的极坐标数学方程:

$$\rho_2^2 - 2\rho_2 R\tan\alpha\cos\theta - R^2 = 0 \tag{3-18}$$

将式(3-16)代入式(3-18)即可得到该经线的赤平等积投影的极坐标数学方程:

$$(1 + \tan^2 \alpha \cos^2 \theta)\rho_1^4 - 4R^2(1 + \tan^2\alpha)\rho_1^2 + 4R^4 = 0 \qquad (3-19)$$

由于赤平等积投影经线的极坐标与其直角坐标存在如下关系：

$$\begin{cases} \rho_1^2 = x^2 + y^2 \\ \cos\theta = \dfrac{x}{\sqrt{x^2 + y^2}} \end{cases} \qquad (3-20)$$

则将式(3-20)代入式(3-19)即可得经线的赤平等积投影的直角坐标数学方程：

$$x^2(x^2 + y^2 - 4R^2)\tan^2\alpha + (x^2 + y^2 - 2R)^2 = 0 \qquad (3-21)$$

由此可以看出，经线的赤平等积投影的数学方程是一个复杂的数学方程，其投影不再为圆弧。

②纬线及其数学方程。赤平等积投影网的纬线同样可以通过考虑赤平极射投影与赤平等积投影的关系由吴氏网纬线数学方程得到。首先，将式(3-17)代入式(3-13)得到吴氏网纬线的极坐标数学方程：

$$\rho_2^2 - 2\rho_2 R \frac{\sin\theta}{\sin\varphi} + R^2 = 0 \qquad (3-22)$$

再将式(3-16)代入式(3-22)可得施密特网纬线的极坐标方程：

$$\rho_1^2(\rho_1^2 - 4R^2)\frac{\sin^2\theta}{\sin^2\varphi} + 4R^4 = 0 \qquad (3-23)$$

由于赤平等积投影经线的极坐标及其直角坐标存在如下关系：

$$\begin{cases} \rho_1^2 = x^2 + y^2 \\ \sin\theta = \dfrac{y}{\sqrt{x^2 + y^2}} \end{cases} \qquad (3-24)$$

则将式(3-24)代入式(3-23)即可得到施密特网纬线的直角坐标方程：

$$y^2(x^2 + y^2 - 4R^2) + 4R^4\sin^2\varphi = 0 \qquad (3-25)$$

由此可以看出，纬线的赤平等积投影的数学方程是一个复杂的数学方程，其投影不再为圆弧。

综合上述施密特网的经线和纬线的性质可以看出，赤平等积投影网(施密特网)只能依据它们的数学方程进行制作，而不能采用简单几何作图方法制作。正因为如此，直线或平面的赤平等积投影就只能利用施密特网或数学方程来制作，不过，它与相应赤平极射投影的作图方法和过程完全一样。

值得注意的是，在制作施密特网时，由于经线和纬线的数学方程中参数 R 为投影球的半径，因此，施密特网基圆半径应该为 $\sqrt{2}R$。换句话说，在制作施密特网时，如果先任意确定基圆半径为 R，则经线和纬线方程中的半径必须用 $R/\sqrt{2}$ 来代替。

3.6.3 赤平投影的应用

前述已介绍了两种赤平投影的原理及其制作方法，它们均可较好地直观描述线或面的倾角状态以及线与线、面与面和线与面之间的产状的相对关系。赤平投影在岩体结构分析中已获较广泛的应用，但目前较为成熟的应用主要还是工程地质调查中优势结构面的统计分析和岩体结构稳定性分析(即结构面或结构体的滑移破坏分析)。对于前者，已在本章第三节中作过较详细的介绍，这里不再赘述；对于后者，涉及赤平投影和岩体结构滑移原理两方面内容，它不仅可应用于地下工程，还可应用于边坡工程。下面将以边坡稳定性分析为例探讨其分析的原理与方法。

由岩体结构控制的边坡滑移或破坏主要存在两类问题。第一类问题就是沿结构面产生滑移;第二类问题就是由多组结构面和边坡面切割而成的结构体的滑移,它可能沿组成结构体的某结构面产生滑移,也可能沿结构体的某条棱边(亦为某两结构面的交线)产生滑移,前者可归结为第一类问题。因此,岩体滑移或破坏问题实际可归结为沿结构面和沿结构面交线滑移的两类问题。下面将就这两类问题的滑移原理及其赤平投影表现形式进行介绍,从而了解利用赤平投影分析边坡稳定性的方法。

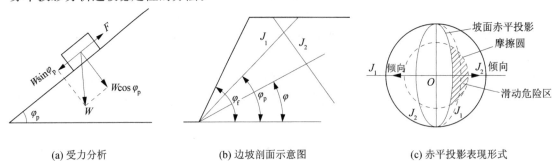

(a) 受力分析   (b) 边坡剖面示意图   (c) 赤平投影表现形式

图 3-65　沿结构面滑移的边坡稳定性分析

(1)沿结构面滑移的边坡稳定性分析

如图 3-65(a)所示,如果设在倾角为 φ_p 的结构面上放重力为 W 的块体,则当结构面倾角从 0°逐渐增大时,该块体就会由稳定状态向不稳定状态不断发生变化。当 φ_p 增大到一定大小时,岩块将向下滑动。

为了分析结构面上块体的稳定性,先研究块体的受力情况。如果块体稳定即不滑动,则在极限情况下可得到:

$$W\sin \varphi_p = F = W\cos \varphi_p \cdot \tan \varphi \tag{3-26}$$

其中,φ 为反映结构面摩擦特性的摩擦角。于是,式(3-26)亦可表示为

$$\tan \varphi_p = \tan \varphi \tag{3-27}$$

可得:

$$\varphi_p = \varphi \tag{3-28}$$

上述表明,当 $\varphi_p < \varphi$ 时,块体不会沿结构面向下滑动;当 $\varphi_p = \varphi$ 时,块体处于极限平衡状态;当 $\varphi_p > \varphi$,块体就会沿结构面向下滑动。如果该结构面存在于边坡体内,且 $\varphi_p \geqslant \varphi_f$($\varphi_f$ 为边坡面倾角),则边坡显然是稳定的。因此,假设结构面只有摩擦力时,如图 3-65(b)所示,边坡沿结构面产生滑移的条件是 $\varphi < \varphi_p < \varphi_f$。

它在赤平投影图上表示的方法是,如图 3-65(c)所示,先画出边坡面的赤平投影,再在边坡面赤平投影外侧,以赤平投影基圆圆心至摩擦角投影点为半径画圆弧与边坡面的赤平投影相交,所得圆弧与边坡面的赤平投影所围成的面积属于滑动危险区(阴影部分)。如果结构面的赤平投影通过滑动危险区,则边坡有可能沿该结构面产生滑坡(即边坡不稳定),否则,边坡不会沿该结构面产生滑动(即边坡稳定)。例如,在图 3-65(b)和(c)中,边坡很可能沿结构面 J_1 滑坡,而不可能沿结构面 J_2 滑坡,因为结构面 J_1 的赤平投影通过阴影区,而结构面 J_2 的赤平投影没有通过阴影区。

(2)沿结构面交线滑移的边坡稳定性分析

结构体是由结构面和边坡面切割而成的,因此,结构体只有在沿结构体的某条棱边方向的摩擦力不足时才有可能产生滑动,这种结构体的滑动一般称为楔体滑动。

楔体是否滑动应由结构面交线的倾角、摩擦角和边坡角之间的关系决定。如果结构面交线的倾角 φ_p 大于摩擦角 φ 而小于边坡坡角 φ_f，则边坡可能沿该交线产生滑动；否则，边坡不可能沿该交线产生滑动。

它在赤平投影图上表示的方法是，如图 3-65 所示，先画出边坡面的赤平投影，再在边坡面赤平投影外侧，以赤平投影基圆圆心至摩擦角投影点为半径画圆弧与边坡面的赤平投影相交，所得圆弧与边坡面赤平投影所围成的面积属于滑动危险区（阴影部分）。如果任意两结构面赤平投影的交点（即结构面交线的赤平投影）在滑动危险区内部，则边坡有可能沿该结构面交线滑坡；否则，边坡不会沿该结构面交线滑坡。例如，在图 3-66 中，边坡可能沿结构面 J_2 和 J_1 的交线滑坡，因为结构面 J_2 和 J_1 的交线的赤平投影（即结构面 J_2 和 J_1 的赤平投影的交点）在阴影区内。

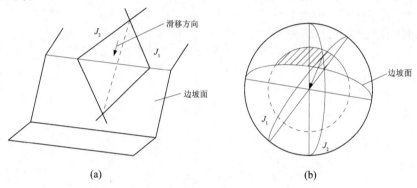

图 3-66　沿结构面交线滑移的边坡稳定性分析

由此可以看出，对于一个边坡工程来讲，如果边坡中所有结构面或结构面交线都不会产生滑移，则边坡稳定，否则边坡不稳定。结构面或结构面交线是否产生滑移可通过上述赤平投影方法直观地表示出来，因此，赤平投影应用于边坡稳定性分析将非常方便。

但是，应用赤平投影方法对边坡稳定性进行分析仅能做出初步判断，一则因为它不能定量评价边坡的稳定性程度；二则还因为即便由赤平投影方法评价为可能稳定或不稳定的边坡，由于其他因素（如岩体力学指标的差异）的影响实际上也可能表现为不稳定或稳定的相反状态。同时，赤平投影方法仅适用于稳定性由岩体结构控制的边坡稳定性分析，所以采用赤平投影方法分析边坡稳定性是存在局限性的，应该引起特别注意。为了解决上述问题，须借助更深入的数学力学分析方法（如极限平衡分析、有限元分析等）方能对边坡稳定性做出准确而定量的判断，这将会在后续课程中介绍，这里不再赘述。

思考题

1. 什么是地质构造？存在哪些主要地质构造？
2. 水平构造的主要工程地质特征是什么？
3. 什么是单斜构造？其主要工程地质特征是什么？
4. 什么是褶皱构造？如何区分背斜和向斜？
5. 褶曲的组成要素是什么？如何分类？
6. 如何识别野外褶皱构造？
7. 褶皱构造的工程地质特征是什么？

8. 什么是断裂构造？它包括哪两种类型？它们的本质区别是什么？

9. 如何进行野外节理的现场调查与统计分析？

10. 什么是优势节理？如何获得优势节理产状？

11. 断层组成要素是什么？如何对其进行分类？

12. 正断层与逆断层的本质区别是什么？

13. 如何识别野外断裂构造？

14. 断裂构造对工程建设存在哪些主要影响？

15. 什么是地质结构面？如何分类？

16. 从哪些方面来描述地质结构面的特征？

17. 岩体存在哪些主要结构类型？其相应的工程地质特征是什么？

18. 什么是赤平投影？赤平极射投影与赤平等积投影的区别是什么？

19. 吴氏网和施密特网如何制作？

20. 如何利用赤平投影评价边坡稳定性？

第4章　地下水

内容提要：
1. 水文循环和岩土的水理特性；
2. 地下水的物理化学性质；
3. 地下水的运动规律；
4. 地下水的分类及其性质；
5. 地下水对土木工程的影响及其防治。

地下水是埋藏在地表以下岩土孔隙、裂隙和溶隙中的水，它是地球水资源的重要组成部分，也是工农业与生活的重要水源。但是，在工程建设中，许多大小工程问题几乎都与地下水的活动紧密相关。地下水与岩土相互作用，会使岩土的物理力学性质逆化，降低岩土的强度和承载能力，产生各种不良的自然与物理地质现象，如滑坡、崩塌、泥石流、岩溶、潜蚀和地基沉陷等，给工程建筑的正常使用和工程建设的施工带来危害。因此，研究地下水及其相关问题具有重要的工程意义。

本章将重点介绍地下水的形成、类型、运动规律以及地下水对工程的影响等知识，进而掌握地下水对工程建设的影响机制。

4.1　水文循环

自然界中的水文循环包括地表水分循环和地下水循环，两者相互联系和影响，对地下水的形成和运动产生重要的影响，下面将简要介绍相关内容。

4.1.1　地表水分循环

水以固、液、气三种形态存在于自然环境中，在一定自然环境中它们可以相互转化。在太阳辐射能量及地球引力的作用下，自然界的水沿着复杂的路径不断运动、变化和循环。水分循环是自然界最重要的物质循环之一，它起着使地球各圈层相互联系的作用，并对各圈层间的能量进行调节。

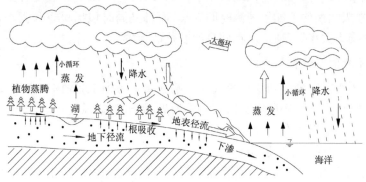

图 4-1　水循环示意图

自然界的水分循环一般包括三个阶段:降水、径流和蒸发。根据水分循环的过程,又可将自然界中的水分循环分为大循环和小循环两种类型。

(1)大循环

如图4-1所示,从海洋上蒸发的水气被气流带到大陆上空,在适当的条件下又降落到地表。对于降落到地表的水分,部分重新蒸发进入大气中,部分渗入地下变为地下水,部分以地表水的形式在重力作用下汇入江河,最后流入海洋。这种海陆间的水分交换过程称为大循环。大循环是全球性水分循环过程,其特点是海洋向大陆输送水气,而大陆向海洋注入径流。

(2)小循环

从海洋上蒸发的水气,在海洋上空聚集成云,后又凝结成雨或雪落在海上,或者,从大陆蒸发的水气和从海洋输入内陆的少量水气在陆地上空凝结降落在大陆表面,这种局部的水分循环称为小循环。在海洋上进行的小循环称为海洋小循环,而在陆地进行的局部循环称为陆地小循环。

实际上,大循环是由许多小循环组成的复杂过程,在陆地小循环较活跃的地区,蒸发的水气量与降水量都较多,该地区地表水和地下水也较丰富。

4.1.2 地下水文循环

在自然界水循环中,地表水和地下水可相互转换形成地下水文循环,因此大多数情况下地下水是变化的。在地下水文循环过程中,把地下岩土层自外界获得水量的过程称为补给,把地下岩土层失去水量的过程称为排泄。

地下水的天然补给包括大气降水及其向地下的渗漏、河水与湖水及海水的渗入以及来自其他区域地下水的径流补给。地下水的天然排泄包括以渗流形式流向江河湖海、以泉水形式排泄到地表、以蒸发和蒸腾作用排泄到大气和以径流方式流向其他区域等。

地下的水文循环还受人类活动的影响。人工补给地下水的方式有农田灌溉、水库与运河的向下渗透以及通过注水井渗入地下水体。人工排泄主要是抽取地下水。随着人类经济的发展,抽取地下水和对地下水进行回灌等人工排泄和补给方式已经成为影响地下水文循环的重要因素。

影响地下水文循环的诸因素可以定量归纳为如下水均衡的基本方程:

$$\Delta Q = Q_{补} - Q_{排} \tag{4-1}$$

式中,ΔQ 为观测地区的地下水储存量的变化(m^3);$Q_{补}$ 为观测地区地下水的补给量(m^3);$Q_{排}$ 为观测地区地下水的排泄量(m^3)。ΔQ 可用来判断补给和排泄的变化。若一个时期内某地区地下水的储量在减少,则表明该地区排泄量超过补给量,反之则表明补给量大于排泄量。从理论上来说,在天然条件下如果观测时间够长,而且又同时包括旱季和雨季,则该地区的补给和排泄量一般会大致相等,地下水存储量的变化值为零。

4.1.3 我国地下水时空分布特点

自然界的地下水时空分布和变化受气候影响显著。习惯上,我国以大兴安岭—阴山山脉—贺兰山—巴颜喀拉山—冈底斯山脉以东一线为界,划分为季风区和非季风区。季风区与非季风区地下水的变化特点存在差异。

(1)季风区地下水受夏季风影响巨大

在季风区内,地下水分布的时空特性受季风带来的降水影响,来自海洋的偏南夏季风是导致我国季风区降水时空不均匀的主要原因。我国大陆的降雨受夏季风影响,每年4月开始,雨

114

带由南向北推移,9月由北向南撤退,因此,我国南方雨季比北方长,大部分地区的降水集中在夏季,其中,5~9月的降水量一般占全年的80%左右。如果夏季风与雨带进退失常,就会出现旱涝灾害。如果雨带推进迟缓,徘徊在南方就会形成"南涝北旱";如果推进迅速,在北方滞留,就会形成"北涝南旱"。季风风向更替,使我国水分循环在时间上的分配相当不均衡,这种不均匀性会导致地下水分布随地区和季节变化显著。我国南方地区降雨量大,东南沿海年降雨量可高达2 000~3 000 mm,降雨下渗使地下水资源较为丰富,我国长江以南地区地下水资源约占全国总量的71%。向北内陆地区,降雨逐渐减少,北方地区面积占国土总面积约60%,但地下水资源总量仅占到29%。

(2)非季风区主要受高山冰雪融化影响

我国非季风区内降水稀少,全年都比较干旱,地下水主要是因为西部高山冰雪融化水渗入地下形成的径流所致。约占全国1/3面积的西北地区深居内陆,距离海洋遥远,海洋水气难以到达,再加上地形的阻挡,水气少,气候干旱,地下水天然资源约只占全国地下水天然资源总量的13%。

4.2 地下水赋存空间与岩土水理性质

4.2.1 岩土中的空隙

地下水形成与存储的基本条件是地下岩土层中具有相互联系的空隙,且地下水可以在这些空隙形成的空间中运动。地壳表层往下十余公里范围内或多或少都存在着空隙,特别是浅部范围内空隙分布较为普遍。这些空隙为地下水赋存提供了必需的空间条件,既是地下水的储存场所又是地下水的运移通道。岩土空隙的多少、大小、形状、连通情况及其分布规律,决定着地下水的分布与运动规律。根据岩土中空隙的特征可将岩土空隙分为孔隙、裂隙和溶隙三种类型(图4-2)。

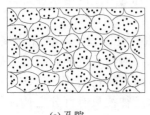 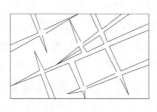 

(a) 孔隙   (b) 裂隙   (c) 溶隙

图4-2 岩土中的空隙

(1)孔隙

孔隙是指组成岩土的颗粒或颗粒集合体之间的空隙。孔隙累计体积的大小决定了岩土储存地下水的能力,而孔隙形状、大小和连通情况等直接影响地下水的运动规律。岩土的孔隙性采用孔隙度(或孔隙率)或孔隙比来度量。岩土中孔隙分布一般较均匀。

(2)裂隙

岩石颗粒间的孔隙一般较少,但是,在漫长的构造地质作用过程中,岩石会发生破坏,从而形成裂隙。裂隙累计体积的大小决定岩石储存地下水的能力,而裂隙的多少、方向、宽度、延伸长度、被充填情况以及连通程度直接影响岩石中地下水的运动规律。岩石的裂隙性采用裂隙率度量。岩石中裂隙受地质构造控制,分布一般不均匀。

(3)溶隙

溶隙是指可溶性岩石如岩盐、石膏、石灰岩、白云岩和大理岩等,在水的溶解和溶蚀等岩溶作用下产生的空洞。溶隙的发育程度采用岩溶率来度量。溶隙的大小规模相差悬殊,它在岩石中分布极不均匀,主要受岩石成分、地质构造和水交换的能力影响。

4.2.2　岩土的水理性质

岩土的水理性质是指岩土与水相互作用所表现出来的性质。岩土的水理性质很多,如岩土的软化性、渗透性、容水性、持水性和给水性等,这里仅介绍与岩土储存水性质有关的三种岩土水理性质。

(1)容水性

岩土能容纳一定水量的性质称为岩土的容水性,采用容水度来度量。容水度是指岩土空隙容纳水的体积与岩土总体积之比,以小数或百分数表示。

一般来说,当岩土空隙被水完全充满即岩土饱和时,岩土的容水度在数值上与岩土空隙率(包括孔隙率、裂隙率和岩溶率)基本相等。但实际工程中,常常会遇到岩土的容水度小于或大于空隙率的情况。例如,当岩土空隙不连通,或因空隙太小而在充滞液态水时无法排气,容水度就小于空隙率;对于具有膨胀性的黏土来说,由于充水后土体会发生膨胀,容水度就会大于孔隙率。

(2)持水性

在重力作用下,岩土依靠分子引力和毛细力在其空隙中能保持一定水量的性质,称为岩土的持水性,其采用持水度来度量。持水度是指在重力作用下,岩土空隙中所能保持水的体积与总体积之比。依据保持水的原因,可将持水度分为毛细持水度和分子持水度。

①毛细持水度。毛细管空隙被水充满时,毛细水体积与岩土总体积之比。

②分子持水度。岩土所能保持的最大结合水体积与总体积之比。

(3)给水性

在重力作用下,含水的岩土能自由排出一定水量,这种现象称为岩土的给水性,其采用给水度来度量。给水度是指岩土在重力作用下能自由排出水的体积与总体积之比。

值得注意,一般情况下,岩土给水度的最大值等于容水度与持水度之差。岩土给水度的大小与岩土性质、空隙大小及空隙多少等密切相关,其中,空隙大小对给水度的影响最为显著。例如,粗粒松散且具有较宽大裂隙与溶隙的坚硬岩石,重力释水时,滞留在岩石空隙中的结合水和毛细水很少,给水度接近于容水度;颗粒细小的粉土的给水度往往只有百分之几,而孔隙度相同的黏性土的给水度比粉土的更小。

4.3　地下水的物理性质与化学成分

纯净的水是无色无味且不导电的液体,但在地下水的形成过程中,由于大气降水会溶解空气中的成分,且在其降落到地表和渗入地下的过程中会溶解环境中的某些矿物、气体和有机物质,因而,地下水实际上是一种溶质复杂的溶液,具有不同的物理和化学性质。研究地下水的物理性质和化学成分,对了解地下水的形成条件与动态变化、进行水质评价、分析地下水对建筑材料的腐蚀性和防治地下水污染等都具有重要的实际意义。

4.3.1　地下水的化学成分

天然条件下,赋存于岩石圈中的地下水会不断与岩土发生物理化学反应,并与大气圈、地表水圈和生物圈的水进行持续物质交换,因此,地下水是含有多种成分的复杂溶液,其成分随空间及时间演变,其中溶解了各种离子和多种气体,还含有多种胶体和有机质,这些已成为影响地下水物理化学性质的主要因素。

(1)地下水中主要离子成分

地下水中的主要阳离子包括 H^+、Na^+、K^+、NH_4^+、Mg^{2+}、Ca^{2+} 和 Fe^{3+} 等;主要阴离子包括 OH^-、Cl^-、SO_4^{2-}、NO_2^-、NO_3^-、HCO_3^-、CO_3^{2-}、SiO_3^{2-} 和 PO_4^{3-} 等。地下水中含量较多的离子主要有 7 种,即 Cl^-、SO_4^{2-}、HCO_3^-、Na^+、K^+、Ca^{2+} 及 Mg^{2+}。对于构成这些离子的化学元素,有的是地壳中含量较高且较易溶于水的,如 O、Ca、Mg、Na 和 K 等;有的是地壳中含量并不很大但溶解度相当大的,如 Cl、Na 和 K 等。某些元素虽然在地壳中含量很大,但由于其溶解于水的能力很弱,所以在地下水中的含量一般并不高,如 Si 和 Fe 等。

(2)地下水中主要气体成分

地下水中常见的气体成分主要有 O_2、N_2、CO_2 和 H_2S 等。一般情况下,地下水中气体含量不高,每升水中只有几毫克到几十毫克。气体成分能较好地反映地球化学环境,同时,地下水中某些气体含量能影响盐类在水中的溶解度以及其他化学反应。

①O_2 和 N_2。地下水中的 O_2 和 N_2 主要来自大气层,它们随同大气降水及地表水补给地下水。地下水中溶解氧含量愈高,愈利于氧化作用。在较封闭的地球化学环境中,O_2 将被耗尽,而只残留 N_2。因此,N_2 的单独存在,通常可说明地下水起源于大气并处于氧化环境。

②H_2S。地下水中出现 H_2S 的意义恰好与 O_2 相反,说明处于缺氧的还原环境。地下水处在与大气较为隔绝的环境中,当有有机质存在时,由于微生物的作用,SO_4^- 将还原生成 H_2S,因此,H_2S 一般出现于封闭地质构造中的地下水。

③CO_2。地下水中的 CO_2 主要有两个来源。一种是由植物根系的呼吸作用及有机质残骸的发酵作用形成,这种作用发生在大气、土壤及地表水中,生成的 CO_2 随地表水一起入渗而补给地下水,浅部地下水中主要含有这种成因的 CO_2;另一种是由深部岩石的变质而形成,在深部高温影响下,含碳酸盐类的岩石会分解生成 CO_2。由于工业发展,大气中人为产生的 CO_2 会显著增加,尤其在工业区补给地下水的降水中,CO_2 含量往往很高,这对混凝土结构具有侵蚀破坏作用,其原因是混凝土中 $CaCO_3$ 在含有 CO_2 的水作用下会形成可溶的 $Ca(HCO_3)_2$。

(3)地下水中的胶体成分与有机质

以 C、H 和 O 为主的有机质常以胶体方式存在于地下水中。大量有机质的存在有利于进行还原作用,从而使地下水化学成分发生变化。地下水中还有未离解化合物构成的胶体,其中分布最广的包括 $Fe(OH)_2$、$Al(OH)_3$ 和 SiO_2,这些都是很难以离子状态溶于水的化合物,但以胶体方式出现时,在地下水中的含量可以大大提高。例如,SiO_2 虽然极难溶解,但可以胶体方式出现,它在矿化度很低的水中常占有不可忽视的比重。

(4)描述地下水化学性质的主要指标

地下水的化学性质指标包括:矿化度、硬度和氢离子浓度。

①矿化度。地下水中所含各种离子、分子和化合物的总量称为地下水的矿化度,以每升水中所含克数(g/L)表示。习惯上,在 105 ℃～110 ℃温度下将单位体积水样蒸干后所得的干涸残余物总量来表示矿化度,也可将由化学分析所得阴阳离子含量相加,求得理论干涸残余物总量。但由于在蒸干时有一部分 HCO_3^- 分解生成 CO_2 及 H_2O 而逸失,因此,蒸干所得 HCO_3^- 的含量只相当于实际含量的一半。

总矿化度是反映地下水化学成分的主要指标。一般情况下,地下水矿化度变化,其主要离子的种类也相应地改变。低矿化度的淡水常以 HCO_3^- 为其主要成分,中矿化度的盐质水常以 SO_4^{2-} 为主要成分,而高矿化度的盐水和卤水则常以 Cl^- 为主要成分。

②硬度。地下水中含有大量的 Ca^{2+} 及 Mg^{2+} 时,会对生活和工业用水产生较大影响,因此,人们对地下水中的 Ca^{2+} 及 Mg^{2+} 给予了很大重视。为此,常以硬度描述地下水中 Ca^{2+} 及 Mg^{2+} 的含量。地下水的硬度包括总硬度、暂时硬度和永久硬度。总硬度是指地下水中所有 Ca^{2+} 及 Mg^{2+} 的总含量;暂时硬度是指将地下水加热至沸腾后,由于形成碳酸盐沉淀而失去的 Ca^{2+} 及 Mg^{2+} 的含量;永久硬度是指将地下水加热至沸腾后仍残留在水中的 Ca^{2+} 及 Mg^{2+} 的含量。

地下水硬度大小常用度数来表示,我国广泛采用德国制硬度,以符号 $H°$ 表示。一个德国度相当于每 1 L 水中含有 10 mg 的 CaO 或 7.2 mg 的 MgO,也相当于 1 L 水中含7.1 mg的 Ca^{2+} 或 4.3 mg 的 Mg^{2+}。

地下水按硬度可分为极软水、软水、中硬水、硬水、高硬水、超高硬水和特硬水。

③氢离子浓度。地下水的酸碱性取决于其中 H^+ 的浓度,一般以 pH 来表示。大多数地下水的 pH 在 6.5~8.5 之间,我国北方地区多在 7~8 之间。

按照 pH 的大小,可将地下水分为强酸性水(pH<5)、弱酸性水(pH 在 5~7 之间)、中性水(pH=7)、弱碱性水(pH 在 7~9 之间)和强碱性水(pH>9)。

4.3.2 地下水的物理性质

地下水的物理性质包括比重、温度、颜色、透明度、气味、味道、导电性及放射性等。研究这些性质不仅可以了解地下水的特征,还可以用来推断地下水的化学成分,也可用来辅助判断地质条件和预测工程地质问题。

①温度。地下水温度受气候和地质条件控制。由于地下水赋存和运移的环境不同,其温度变化也很大。近地表地下水受气温影响较大,具有周期性的昼夜和季节变化特点。埋深 3~5 m 的地下水温度呈现周期性的昼夜变化,埋深为 50 m 以内的地下水温度随季节周期变化,而埋深为 50 m 以上的地下水温度随深度增加而逐渐提高。

根据地下水温度可将地层从地壳表面至下分别划分为变温带、常温带和增温带。变温带的地下水温度受当地气温的控制呈现周期性的昼夜和季节变化特点;气温对地下水温度的影响趋于 0 的深度范围称为常温带,常温带的地下水温度一般略高于所在地区的年平均气温 1 ℃~2 ℃;在常温带以下的深度范围,地下水温度随深度的增加而有规律地升高,称为增温带,一般采用地热增温级或地热增温率来描述。

根据地下水温度可将地下水分为过冷水(<0 ℃)、冷水(0 ℃~20 ℃)、温水(20 ℃~42 ℃)、热水(42 ℃~100 ℃)、过热水(>100 ℃)等五类。

②颜色。地下水的颜色取决于化学成分及悬浮物。例如,含 H_2S 的水为翠绿色;含 Ca^{2+} 与 Mg^{2+} 的水为微蓝色;含 Fe^{2+} 的水为灰蓝色;含 Fe^{3+} 的水为褐黄色;含有机腐殖质时为灰暗色。含悬浮物的水,其颜色取决于悬浮物的颜色。

③透明度。地下水大多是透明的。当水中含有矿物质、机械混合物、有机质及胶体时,地下水的透明度就会变化。根据透明度可将地下水分为透明的、微浑的、浑浊的和极浑浊的四类。

④气味。地下水含有一些特定成分时,具有一定的气味。例如,含腐殖质时具有"沼泽"味;含硫化氢时具有臭鸡蛋味。

118

⑤味道。地下水的味道主要取决于地下水的化学成分。例如,含 $NaCl$ 的水有咸味;含 $CaCO_3$ 的水清凉爽口;含 $Ca(OH)_2$ 和 $Mg(HCO_3)_2$ 的水有甜味,俗称甜水;当 $MgCl_2$ 和 $MgSO_4$ 存在时,地下水有苦味。

⑥导电性。当含有一些电解质时,水具有不同程度的导电性。地下水的导电性随其电解质浓度增加而增强,同时也受温度的影响。因此,含有地下水的建筑场地的导电性比干燥的高。

⑦放射性。地下水的放射性强弱取决于其中所含放射性元素的数量。一般地下水的放射性极其微弱,而对于放射性矿床附近的地下水,放射性会大幅增强。

4.4 地下水运动与规律

地下水运动是指在水压差或水头差作用下,地下水在地下岩土空隙通道中发生的流动或运动,亦称为渗流或渗透。它会使岩土发生潜蚀,并使岩土体受到动水压力或渗流力的作用,也正因为如此,地下水运动会引起工程建设中必须关注的工程地质问题。例如,因潜蚀引起的地面沉陷或塌陷;因地下水位下降引起的地基沉降;因潜蚀引起的防洪大堤或土石坝管涌甚至溃决;因渗流引起的滑坡或崩塌,地下工程涌水或突水,基坑工程涌水等。因此,地下水运动及其规律的研究具有非常重要的实际意义。

4.4.1 地下水运动的特点

地下水运动是极其复杂的,它不同于水在管道内或地表水在沟谷内的运动。在研究地下水运动及其规律时,不可能研究水质点的运动,因此,必须从地下水运动的特点研究入手,方能取得较好的效果。地下水运动的特点主要表现在如下几个方面。

(1)曲折复杂的水流通道

地下水储存并运动于岩土颗粒孔隙或岩土内纵横交错的裂隙之中,这些空隙的形状、大小和连通程度等差异很大,因此,地下水的运动通道曲折复杂。人们研究地下水运动规律时,并不是也不可能研究每个通道的水流运动特征,而是研究岩土介质内平均或统计意义上的直线水流通道中的水流运动特征。这种研究方法的实质是用充满含水层(包括全部空隙和岩土颗粒本身所占有的空间)的假想水流来代替仅在岩土空隙中运动的真正水流,为此,假想水流必须满足如下三个基本条件:

第一,假想水流通过任意断面的流量必须等于真正水流通过同一断面的流量;

第二,假想水流在任意断面的水头必须等于真正水流在同一断面的水头;

第三,假想水流通过岩土介质所受的阻力必须等于真正水流所受到的阻力。

这样,通过对假想水流的研究可达到掌握岩土介质中真正水流运动规律的目的。

(2)迟缓的流速

河道、沟谷或管网中水的流速一般都在每秒一米左右,甚至每秒几米或更高。而地下水由于在曲折复杂的岩土空隙通道中流动,其受到很大的摩擦阻力,流速一般很缓慢。自然界中一般地下水在岩土中的流速是每日几米,甚至小于每日一米,因此,地下水常给人们以静止的感觉。地下水在曲折复杂通道中缓慢流动,就是所谓的渗流或渗透。渗透水流通过的含水层横断面称为过水断面。

(3)层流和紊流

地下水在岩土空隙中渗流时,水质点运动有秩序,并呈现相互平行而不混杂的运动轨迹,称为层流;水质点运动无秩序,相互混杂,并呈现相互交错的运动轨迹,称为紊流。

由于地下水是在曲折复杂的岩土空隙通道中作缓慢渗流，故地下水渗流大多呈现层流运动，只有当地下水流通过漂石和卵石等的特大空隙或岩石中的大裂隙与大溶洞时，才会呈现紊流运动。

(4)非稳定流和缓变流运动

在渗流场内各渗流运动要素（包括流速、流量和水位等）不随时间而变化的地下水运动，称为地下水的稳定流运动；而运动要素随时间而变化的地下水运动，则称为地下水的非稳定流运动。在自然界中大多数地下水运动都属非稳定流运动，但当地下水的运动要素在某一时刻内变化不大或地下水的补给与排泄条件随时间变化不大时，人们常把这一时间段的地下水运动近似当作稳定流来处理，这样会给地下水运动规律的研究带来方便。但是，如果由于人工开采地下水或排水，使区域地下水位持续下降，那么地下水的非稳定流运动就不可忽视。

在天然条件下的地下水流一般都呈现缓变流运动，其特点是流线弯曲度较小，近似于直线，相邻流线之间夹角小，近似于平行。因此，地下水的各过水断面可近似当作一个平面，同一过水断面上各点水头相等。这样假设可把本来属于空间流动或称三维流运动的地下水流简化成为平面流或称二维流运动，使分析计算简单化。但是，在若干取水或排水工程附近，由于集中开采地下水或排水，使地下水在取水或排水工程附近常形成非缓变流的紊流或三维流区，值得引起特别注意。

4.4.2 地下水运动的基本规律

1856年，法国水力学家达西（H. Darcy）以砂为透水介质进行了地下水的渗透实验，并总结出达西定律，即

$$Q = kA \frac{H_1 - H_2}{L} \qquad (4-2)$$

式中，Q 为过水断面的流量；A 为过水断面面积；H_1 和 H_2 分别为上和下游过水断面的水头；L 为地下水流经过的路径长度；k 为砂土的渗透系数，是反映砂土渗流性质强弱的参数，一般情况下，对于特定的岩土介质，它为常数。由于砂土中过水断面的流量可采用假想水流的流速 v（称为地下水的渗流速度）与过水断面面积 A 的乘积得到，即

$$Q = Av \qquad (4-3)$$

而且，地下水通过渗流路径的水头变化率可采用水力坡降或水力梯度 i 表示，即

$$i = \frac{H_1 - H_2}{L} \qquad (4-4)$$

因此，达西定律亦可表述成如下另一形式：

$$v = ki \qquad (4-5)$$

当 $i=1$ 时，$k=v$，因此，岩土介质的渗透系数亦可定义为当地下水渗流的水力坡降为 1 时的地下水渗流速度，它可以采用室内渗透试验或野外抽水试验确定，具体请参阅相关水文地质教材或文献。

值得特别注意，地下水渗流并非与管道中水的流动一样。地下水的过水断面上并非整个断面都能过水，只有在其断面上的空隙面积上才能过水，而过水断面上的空隙面积远远小于整个过水断面的面积，实际水流速度应该是过水断面流量与过水断面上空隙面积之比。因此，地下水流实际流速应该远远大于地下水的渗流速度，地下水渗流速度只是为研究方便而被提出来的一个虚拟参数。

达西定律表明地下水渗流速度与水力坡度成线性正比关系，属于线性渗透定律，一般情况

下,它仅适用于对砂土中渗流的稳定层流运动规律的描述。其他岩土介质中的地下水渗流,地下水渗流运动规律很复杂,其规律是非线性的。虽然这方面的研究已经获得了一定程度的进展,如描述地下水非稳定紊流运动规律的哲才公式和反映起始水力梯度影响的非线性渗透定律等,但地下水渗流运动规律仍有待进一步深入研究。

4.4.3 地下水的补给、径流与排泄

地下水由补给区流向排泄区的过程称为地下水的径流,它作为地球水圈的重要组成部分,参与了全球的水循环过程。与宏观的全球水循环相比,一定区域范围内的地下水获得补给、产生径流和排泄是相对微观的环节,但这些周而复始的微观水循环环节对建筑场地的工程地质条件有更直接的影响。因此,研究建筑场地内地下水受周边环境的补给、径流、排泄过程对土木工程具有重要作用。

地下水运动的时空分布、强度和规模主要取决于补给与排泄过程。如果补给充足,排泄畅通,地下水径流就强烈;如果补给充足,但排泄不畅,必然引起地下水位上升,甚至溢出地表,并在一定的环境条件下使地表沼泽化;如果排泄通畅但补给不足,将使含水层中的地下水逐渐减少,甚至枯竭。因此,地下水的补给和排泄是决定地下水循环的两个基本环节,也是地下水径流形成的基本因素。补给来源和排泄方式的不同以及补给量和排泄量的时空变化将直接影响地下水径流过程以及水量与水质的动态变化。

(1)补给

自然界的地下水补给方式主要有大气降水和地表水的渗入、岩土空隙中的凝结等,此外,人工补给也成为一种重要补给方式。各种地下水补给方式的具体特点如下。

①大气降水渗入补给。大气降水是地下水最主要的补给来源之一,它到达地面后进入包气带,被土壤颗粒表面吸附形成薄膜水。当薄膜水达到最大水量之后,继续下渗的水被吸入细小的毛管孔隙而形成悬挂毛细水。当包气带中的结合水及悬挂毛细水达到极限后,雨水在重力作用下开始补给地下潜水。因此,地下水的渗入补给过程是水在分子引力、毛细力和重力的综合作用下进行的,补给强度随土壤湿度而变化,表现出明显的季节性和地区性。

②地表水渗入补给。地表水与地下水之间的补给取决于地表水水位与地下水水位之间的关系。如图 4-3 所示,地表河流与地下水相互补给包括潜水补给河水、河水补给潜水以及两种补给方式并存。地下水与河流的补给还与地形地貌有关,山区河流水位常低于地下水位,河流不能补给地下水,而只能起排泄地下水的作用;山前地段的河流,河床抬高,河水补给地下水。对于冲积平原,贫水和枯水期的地下水向河流排泄;汛期河水上涨快,地下水上涨慢,河水补给地下水。地表水补给地下水量的大小取决于地表水体底部岩石的透水性、地表水位与地下水位的相对高差以及地表水与地下水有联系地段的长度等。

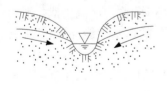
(a) 潜水补给河水

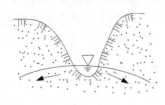
(b) 河水补给潜水

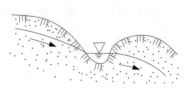
(c) 潜水与河水相互补给

图 4-3　地表水和潜水之间的相互关系

③凝结。在夏季白天,大气和包气带虽然都吸热,但地表气温高于包气带岩土层中温度,使大气中的水气向包气带内移动,从而增大了包气带空气湿度;在夜晚,土壤散热比大气快,当地温降到一定程度时,土壤孔隙中水气达到饱和凝结成水滴,形成重力水而下渗补给地下水。

④人工补给。主要包括人类某些生产与工程活动引起的补给,如水库、灌溉农田、工业和城市排放的废水的渗漏以及人类有目的地将地表水直接回灌给地下水。

(2)径流

地下水径流使地下水不断交替和更新。地下水径流方向的总趋势是由高水位流向低水位以及由补给区流向排泄区。地下水径流要素包括径流方向、径流强度和径流量。它与地表上河川径流总是沿着固定的河床汇流不同,地下水径流方向呈现复杂多变的特点,具体形式视地形与含水层的条件而定。当含水层分布面积广,大致水平,地下径流可呈平面式的运动;在山前洪积扇中的地下水则呈现放射式的流动,具有分散多方向的特点;在带状分布的向斜与单斜含水层中的地下水,如遇断层或横沟切割,则可形成纵向或横向的径流,但总是沿着渗流路径中阻力最小方向前进,即自势能高处向势能较低处运动(反映在平面上,地下水流方向总是垂直于等水位线的方向)。地下水径流强度是指地下水的流动速度,它与含水层的透水性和补给区与排泄区之间的水力坡度成正比,对于承压水来说,还与蓄水构造的开启与封闭程度有关,它不仅沿渗流路径有差别,在垂直方向上也不同,从地表向下随着深度增加,地下水径流强度逐渐减弱,至侵蚀基准面,地下水基本处于停滞状态。

(3)排泄

地下水排泄方式包括泉水溢出、直接向地表水泄流、蒸发及人工排泄等。蒸发排泄只排出水分,而将其中的盐分留在余下的水或土壤中,常由此引起土壤次生盐渍化。其他几种排泄都是盐分随同水分一起排泄,属于径流排泄。在某些条件下,水还可由一个含水层向另一个含水层排泄,称为越流。各种地下水排泄方式的特点如下。

①泉排泄。泉是地下水的天然露头,泉排泄是含水层或含水通道出露地表发生地下水溢出地表的现象。通常山区及山前地带泉水出露较多,这与这些地区流水切割作用比较强烈、蓄水构造类型多样化及断层切割比较普遍等因素有关。

②蒸发排泄。地下水的蒸发排泄往往通过土壤蒸发和植物蒸腾进行。蒸发是包气带水和潜水等浅层地下水排泄的重要途径。地下水蒸发的强度和蒸发量与气象条件、埋藏深度以及包气带的岩性有关。气候愈干燥,相对湿度愈小,岩土中水分蒸发愈强烈。如果地下水埋藏浅,包气带薄,水分交换运移路程短,水分扩散迅速,蒸发排泄的水量就占很大比例。若潜水位埋深近于地表,潜水面上毛细水上升可直达地面,水气输送通畅,供水条件好,地下水蒸发强度可达到甚至超过水面蒸发强度。当潜水埋深超出土壤毛细水上升高度及植物根系吸水深度时,则潜水蒸发量趋于零,此时的潜水埋深称为潜水蒸发的极限埋深。

③泄流排泄。地下水通过地下途径直接排入河道或其他地表水体,称为泄流排泄。泄流只在地下水位高于地表水位的情况下才发生。泄流量取决于含水层的透水性能、河床切穿含水层的面积以及地下水位与地表水位之间的高差。

④人工排泄。地下水的人工排泄是指人类生产或工程活动引起的排泄,例如,生活与工农业取水、基坑开挖与地铁施工等工程活动引起的涌水、有目的的地下降水等。近30年来,我国经济发展迅速,取水和工程降水等活动加剧,人工排泄已成为我国城市地下水排泄的主要方式之一。抽取地下水作为城市供水的行为可导致地下水位长期持续下降,引发城市地面整体下沉或塌陷。工程建设中的人工排泄往往速度快,流量大,而且不均匀,可造成地下水储量急剧

降低,使地表产生不均匀沉降,导致工程建设周边建筑产生倾斜和开裂等严重问题,应该引起特别关注。

4.5 地下水的分类

地下水分类与地下水赋存条件、埋藏条件和岩土层透水能力都有紧密关系,它是工程活动中的重要问题,不同类型的地下水对工程活动的影响是不同的,因此,有必要探讨地下水的分类方法。本节将重点介绍与地下水分类相关的概念和地下水的常见分类方法。

4.5.1 含水层与隔水层

地下岩土介质的含水和透水能力是不同的,据此可将地下岩土层划分为含水层和隔水层,如图4-4所示。含水层是指能够透过并能给出相当数量水的岩土层,而隔水层则是指不能透过和给出相当数量水,或者相对含水层来讲,透过和给出水量微不足道的岩土层。

含水层是储存和运移地下水的主体,隔水层则保证地下水储存在距离地表一定深度范围内,并使地下水分层赋存,各层之间不能进行水交换或水交换微弱。含水层和隔水层的划分具有以下特点。

①含水层和隔水层的划分是相对的,不存在定量标准。从某种意义上讲,含水层和隔水层是相比较而存在的。例如,粗砂岩中的泥质粉砂夹层,由于粗砂的透水和给水能力较泥质粉砂岩强得多,相对来说,后者可视为隔水层,前者可视为含水层;同样的泥质粉砂岩夹在黏土层中,由于其透水和给水能力比黏土层强,此时,它就应视为含水层。

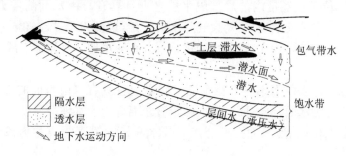

图4-4 地下水埋藏示意图

②含水层和隔水层在一定条件下可以相互转化。例如,致密黏土主要含有结合水,透水和给水能力很弱,通常可视为隔水层,但在较大水头差作用下,部分结合水也能发生运动,也能透过和给出一定数量的水,此时将其视为隔水层就不合适了。实际上,黏土层常在水力条件发生不大变化时可由隔水层转化为含水层。

值得特别注意,含水层与隔水层的划分具有重要的意义,例如,工程建设中的防排水处理措施,划分水文地质单元以简化水文地质分析等。

4.5.2 地下水分类

地下水具有广义和狭义两种概念。广义地下水是指赋存于地面以下岩土空隙中的水,包气带和饱水带所有赋存于岩土空隙中的水都属于广义地下水;狭义地下水仅指赋存于饱水带岩土空隙中的水。通常情况下,在工程地质勘察报告的水文地质章节中所提到的地下水都是指狭义地下水。

除了因岩土固体颗粒表面带电而吸引的一部分强结合水外,岩土空隙中赋存的地下水以固态、液态和气态三种形式存在。因此,按地下水存在的相态可分为固态水、液态水和气态水,其中,对工程建设有重大影响的液态水又可分为毛细水和重力水。毛细水是指在岩土中小空隙中受毛细作用控制的水,它是组成岩土三相物质界面上毛细力作用的结果,不能自由运动;在重力作用下,岩土空隙中可自由运动的水,称为重力水。

长期以来,工程技术人员着重于研究饱水带岩土空隙中的重力水,但是,愈来愈多的研究表明,包气带和饱水带是不可分割的统一整体,它们之间存在千丝万缕的联系。不研究包气带水,许多工程地质与水文地质问题就无法解决,而且,地下水的赋存特征对其水量和水质的时空分布等具有决定意义,其中最重要的是埋藏条件和含水层性质。这里主要介绍依据地下水埋藏条件和含水层性质的地下水分类方法。

(1)按埋藏条件的分类

地下水的埋藏条件是指含水层的位置及其受隔水层限制的情况。按照地下水的埋藏条件,可将地下水分为包气带水、潜水和承压水三种类型。

①包气带水。埋藏在地面以下包气带内的水,称为包气带水,它包括因重力作用从地表下渗的水、因毛细作用从地下水面上升的毛细水以及留存在包气带内局部隔水层上面的重力水等。包气带水受地表气候影响大,水量和水质呈现季节性变化,它亦可进一步划分为土壤水和上层滞水。

a. 土壤水。包气带表层土壤中的毛细水和结合水,称为土壤水。其主要特征是受气候条件控制,季节性明显,变化大。雨季水量多,旱季水量少,甚至干枯。它提供植物生长所需水分。

b. 上层滞水。位于包气带内的局部隔水层之上且具有自由水面的重力水,称为上层滞水,如图 4 - 4 所示。它接近地表,接受大气降水的补给,以蒸发形式或向隔水底板边缘排泄,水量和水质受地表环境的影响大,季节性变化显著。在缺水地区可作为水源,但应特别注意水质是否能满足要求。

②潜水。埋藏在地表以下第一个稳定隔水层之上且具有自由水面的重力水,称为潜水。潜水的自由水面称为潜水面;潜水面到地面的铅直距离称为潜水埋藏深度;潜水面上任意一点高程称为该点的潜水位;从潜水面上任意点到隔水底板的铅直距离称为该点的潜水含水层厚度。

a. 潜水的特征。

(a)潜水具有自由水面即潜水面,在潜水面上的点,水压为零,因此,潜水常称为无压水。潜水面不一定是水平面,常为曲面,受地形、地层分布和地表水体补给等影响。

(b)潜水通过包气带与地表直接相通,它主要接受地表水补给,因此,其水量、水质与地表水具有直接关系。潜水位、潜水埋藏深度与厚度以及水质常呈季节性变化规律。以大气降水作为补给时,潜水的分布区与补给区基本一致;以地表水体作为补给时,潜水的分布区与补给区可能一致,也可能不一致。

(c)潜水的排泄主要有蒸发和径流排泄两种方式。蒸发排泄主要受包气带厚度与温度的影响;径流排泄主要受地形、含水层切割程度、岩土渗透性和潜水与地表水的水位差影响。

(d)潜水的径流总是从高潜水位流向低潜水位,其径流强度主要受水力坡降和岩土渗透性控制。

b. 潜水的等水位线图。潜水的水位是工程建设经常关注的问题,有时它对工程的影响很大。需要描述潜水水位的分布规律时,常采用等水位线图。等水位线图是由潜水面上高程相同的点连接起来所得的图形,如图 4-5 所示,它类似于地形等高线,同一等水位线上点的潜水位是相同的,某区域等水位线的疏密程度可反映该区域水力坡度的大小。利用等水位线图可解决如下工程实际问题。

(a)确定潜水的流向和水力坡度。潜水在重力作用下总是从高处向低处流动,而且,其流向与等水位线垂直。等水位线图上某两点之间的平均水力坡度是这两点的水位差与它们之间的水平距离之比。例如,如图 4-5 所示,从图中可知 A 和 B 两点的水位以及它们之间的距离,由此可计算出 A 和 B 两点之间的平均水力坡度。

(b)确定潜水埋藏深度。任何一点的潜水埋藏深度为该点地面等高线的标高及其潜水等水位线标高的差。

(c)确定潜水与地表水的补给关系。由于地下水的流动总是从高水位流向低水位,所以,如果潜水位高于地表水位,则潜水补给地表水,否则,地表水补给潜水,如图 4-5 所示。

(d)了解地下岩层岩性分布的变化。等水位线的疏密程度反映了水力坡度的大小,也表明该区域岩土层渗透性的强弱。如果某区域的等水位线特别密,表明该区域岩土层渗透性特别差,存在渗透性较差的岩土层;如果等水位线分布较均匀,表明该区域岩土性质较均匀。因此,利用等水位线图在一定程度上可以间接了解岩性的分布。

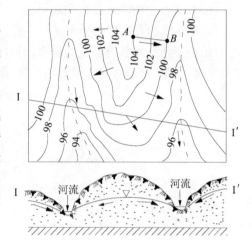

图 4-5 等水位线及潜水与
地表水的补给关系

③承压水。充满于地表下两个稳定隔水层之间含水层中的重力水,称为承压水,有时也称为层间水。由于承压水位高于承压水顶板底面标高,因而,承压水不同于一般意义的层间水。承压水没有自由水面,因此,其亦被称为有压水,如图 4-6 所示。

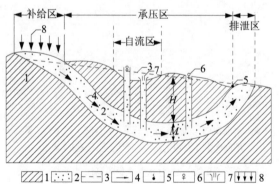

1—隔水层　2—含水层　3—地下水位　4—地下水流向
5—上升泉　6—钻孔　7—自喷钻孔
8—大气降水补给　H 测压水头　M 含水层厚度
图 4-6 承压水

上部隔水层称为隔水顶板,下部隔水层称为隔水底板。当钻孔打穿隔水顶板时可见到地下水,此处高程称为初见水位;当钻孔打穿隔水顶板时,水沿钻孔上升到一定高度后不再上升,此时的高程称承压水位或测压水位。承压含水层顶底板垂直距离称为承压含水层厚度;承压水位高出隔水顶板底面的距离称为承压水头或测压水头。承压水头高出地表时,承压水可喷出地面以上一定高度,此时的承压水头称为正水头。具有正水头的承压水,称为承压自流水。承压水位高于地表标高的地区称承压水自流区,承压水位连成的面称承压面,它不同于潜水面,并非实际水面,是描述承压水位变化的一个虚设面,一般为曲面,其空间形状受地形和岩性等影响,它的高低起伏表明承压水中水压力的大小分布。

a. 承压水的特征。

(a)承压水没有自由水面,它总是承受一定的静水压力。

(b)具有稳定的隔水顶板和底板。

(c)承压水的补给区与分布区不一致。

(d)由于承压水具有稳定的隔水顶板,承压水不能与地表相通,因此,其承压水位、埋藏深度与厚度、水量、水质等受气候影响甚微,季节性变化特征不明显。

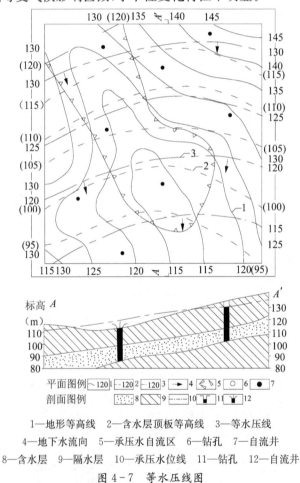

1—地形等高线　2—含水层顶板等高线　3—等水压线
4—地下水流向　5—承压水自流区　6—钻孔　7—自流井
8—含水层　9—隔水层　10—承压水位线　11—钻孔　12—自流井

图 4-7　等水压线图

(e)承压水主要通过含水层出露地表的补给区获得补给,有时也可能通过越流(不同含水层之间的水交换)补给。

(f)承压水一般通过含水层出露地表的区域排泄,部分也可通过越流排泄。

(g)承压水径流受水力坡度和含水层渗透性控制。

b. 等水压线图。承压水的水压也是工程建设经常关注的问题,有时它对工程的影响很大。需要描述承压水水压的分布规律时,可采用等水压线图。等水压线图是由承压面上高程相同的点连接起来所得的图形,如图4-7所示,它也类似于地形等高线,同一等水压线上点的承压水位是相同的,某区域等水压线的疏密程度可反映该区域水力坡度的大小。利用等水压线图可确定潜水的流向和水力坡度以及了解岩性的分布规律。

(2)按含水层性质分类

含水层性质是指赋存地下水的岩土空隙的性质。由于岩土空隙可分为孔隙、裂隙和溶隙,因此,其中赋存的地下水可分为孔隙水、裂隙水和岩溶水三种类型。它们的空间分布和连通情况存在显著差异,由此导致地下水有不同分布与运动规律,进而对工程建设产生不同的影响。因此,研究掌握赋存在于不同空隙中地下水的特性对工程建设具有重要的现实意义。

①孔隙水。孔隙水赋存于土层及岩石的风化壳中,以赋存于第四纪松散沉积物为主,多呈现均匀而连续的分布。它的赋存条件和特征取决于岩土孔隙的情况,由于埋藏条件不同,可形成包气带水、潜水和承压水。由于在特定第四纪沉积环境中形成的不同类型沉积物的空间分布、粒径与分选性均各具特点,所以,赋存于其中的孔隙水分布以及它与外界的联系差异很大,下面将对此作简要介绍。

a. 洪积物中的地下水。洪流在出山口形成的洪积扇地貌反映了洪积物的沉积特征。洪积扇的顶部多为砾石、卵石和漂石等,沉积物不显层理或仅在其间所夹细粒层中显示层理;洪积扇的中部以砾和砂为主,并开始出现黏性土夹层,层理明显;洪积扇没入平原的部分则多为砂和黏性土的互层。洪积物的沉积特征决定了其中的地下水具有明显的分带现象。如图4-8所示,洪积扇中的地下水可分为潜水深埋带、溢出带和潜水下沉带。

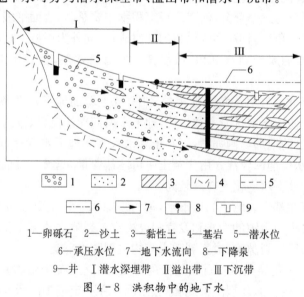

1—卵砾石 2—沙土 3—黏性土 4—基岩 5—潜水位
6—承压水位 7—地下水流向 8—下降泉
9—井 Ⅰ潜水深埋带 Ⅱ溢出带 Ⅲ下沉带
图4-8 洪积物中的地下水

(a)潜水深埋带。位于洪积扇顶部,又称盐分溶滤带。它有利于吸收降水及山区汇流的地表水,是洪积物中地下水的主要补给区。潜水深埋带地势高,潜水埋藏深,透水性好,地形坡度大,地下径流强烈,蒸发微弱而溶滤强烈,故形成低矿化度地下水。

(b)溢出带。位于洪积扇中部,又称盐分过路带。它地形变缓,沉积物颗粒变细,透水性变差,地下水径流受阻,潜水水位接近地表,可能形成泉或沼泽,径流路径加长,蒸发加强,水的矿化度增高。现代洪积扇的前缘即止于此带,再向下会没入平原中。

(c)潜水下沉带。溢出带向下,潜水埋深稍有增大,现代洪积扇的前缘已没入平原之中,蒸发成为地下水的主要排泄方式,水的矿化度显著增大,在干旱地带土壤发生盐渍化,此带称为潜水下沉带或盐分堆积带。黏性土与砂砾相间成层,深部可能出现承压水,它接受洪积扇顶部潜水的补给,并顺含水层流向下游,最终上升泄入河、湖或海中。

b. 冲积物中的地下水。冲积物是经常性流水形成的沉积物。河流的上、中和下游的沉积物特征不同。河流的上游处于山区,卵砾石等粗粒物质及上覆的黏性土构成阶地赋存潜水。雨季河水位常高于潜水位而补给潜水;雨后及枯水期潜水泄入河流,枯水期的河流流量实际上是地下水的排泄量。

河流的下游处于平原地区,地面坡度变缓,河流流速变小,河流以堆积作用为主,致使河床因淤积而变浅。随着河床不断淤积抬高,常造成河流改道,形成许多掩埋及暴露的古河道,其中多沉积粉细砂。暴露于地表的古河道,在改道点与现代河流相联系而接受其补给,其余部位由于砂层透水性好,利于接受降水补给,水量丰富。古河道由于地势较高,潜水埋深大,蒸发较弱,故地下水水质良好。古河道两侧沉积物变细,地势变低,潜水埋深变浅,蒸发变强,矿化度增大,在干旱地区多造成土壤盐渍化。

c. 湖积物中的地下水。湖积物属于静水沉积物。沉积物颗粒分选良好,层理细密,岸边沉积粗粒物质,向湖心逐渐过渡为黏性土。这种沉积特点决定了除古湖泊岸边的潜水含水层外,其湖心地带由于沙砾石层与黏性土层互层而多形成承压含水层。范围广大的湖积承压含水层主要通过注入古湖泊的条带状古河道获得补给。

d. 滨海三角洲沉积物中的地下水。由于河流注入海洋后流速突然大幅减小,且水流脱离河道束缚而流散,随着流速远离河口而降低,此时沉积物的粒径也变细,最终形成三角洲。三角洲的形态结构可划分为三个部分:河口附近沉积物主要是砂,表面平缓,称为三角洲平台;向外渐变为坡度变大的三角洲斜坡,主要由粉细砂组成;再向外为原始三角洲,沉积淤泥质黏土。滨海三角洲沉积一般均属半咸水沉积,虽然其中发育含水层,但其中地下水的矿化度一般很高。

e. 黄土中的地下水。在各类黄土地貌单元中,黄土塬的地下水源条件较好,塬面较为宽阔,利于降水入渗,并使地下水排泄不致过快,地下水向四周散流,以泉的形式向边缘沟谷底部排泄;黄土梁和卯地区的地形切割强烈,不利于降水入渗和地下水赋存,但梁和卯间的宽浅沟谷中常赋存潜水,其水位埋深较浅。由于黄土中可溶盐含量一般较高,且黄土地区降水一般也较少,因此,黄土中的地下水矿化度普遍较高。

②裂隙水。埋藏在基岩裂隙中的地下水,称为裂隙水。它主要分布在山区和第四纪沉积物覆盖层下面的基岩中。裂隙的性质和发育程度决定了裂隙水的存在和富水性。裂隙水按基岩裂隙成因可以分为风化裂隙水、成岩裂隙水和构造裂隙水三类。

a. 风化裂隙水。风化裂隙由岩石风化作用形成,广泛分布于出露基岩的表面,但随深度增加风化减弱,裂隙减少。风化裂隙彼此相连通,因此在一定范围内形成的地下水也是相互连通的,水平方向透水性均匀,垂直方向随深度增加而减弱。裂隙水多属潜水,如果风化壳上部的覆盖层透水性很差时,其下部的裂隙带有一定的承压性。风化裂隙水主要接受大气降水的补给,补给量受气候和地形影响很大,常以泉的形式排泄于河流中。

b. 成岩裂隙水。成岩裂隙为岩石在形成过程中所形成的裂隙。具有成岩裂隙的岩层出露地表时,常赋存成岩裂隙水。岩浆岩中成岩裂隙水较为丰富,例如,玄武岩常发育柱状节理及层面节理,裂隙均匀密集,张开性好,贯穿连通,常形成储水丰富和导水畅通的潜水含水层。

成岩裂隙水多呈层状,在一定范围内相互连通。具有成岩裂隙的岩体为后期地层覆盖时,也可构成承压含水层,在一定条件下可以具有较大的承压性。

c. 构造裂隙水。由于地壳的构造运动,岩石在挤压、剪切甚至拉伸等应力作用下形成的构造裂隙,其发育程度既取决于岩石本身的性质,也取决于边界条件及构造应力分布等因素。构造裂隙发育很不均匀,因而构造裂隙水的分布和运动相当复杂,一般按裂隙分布的产状,将构造裂隙水分为层状构造裂隙水和脉状构造裂隙水。当构造应力分布比较均匀且强度足够时,在岩体中可形成比较密集均匀且相互连通的张开性构造裂隙,赋存层状构造裂隙水;当构造应力分布相当不均匀时,岩体中张开性构造裂隙分布不连续,互不沟通,则赋存脉状构造裂隙水。

层状构造裂隙水多埋藏于沉积岩和变质岩的节理裂隙中。这类裂隙通常发育较均匀,能形成相互贯通的含水层,具有统一的水面,可形成潜水,而当上部被新的沉积物所覆盖时,也可以形成承压水。脉状构造裂隙水往往存在于断层破碎带中,通常具有承压水的性质,在地形低洼处,常沿断层以泉的形式排出。柔性与脆性岩层互层时,前者构成具有闭合裂隙的隔水层,后者成为发育张裂隙的含水层,柔性岩层覆盖下的脆性岩层中便赋存承压水。不论是层状裂隙水还是脉状裂隙水,其渗透性常呈现各向异性,这是因为不同方向的裂隙性质不同,某些方向上裂隙张开性好,另一些方向上的裂隙张开性差,甚至是闭合的。

③岩溶水。赋存和运移于可溶岩的溶隙中的地下水称岩溶水。我国岩溶分布十分广泛,特别是在南方地区,岩溶水分布很普遍。岩溶水的发育主要受岩溶作用的强弱控制。

岩溶水分布具有地区性和随机性,极为不均匀,水量差别很大,水的硬度也很高。在工程建设中应特别注意岩溶水带来的工程问题,例如,在工程施工中,如果贸然揭露大的岩溶水体,会给施工带来麻烦甚至事故,必要时应该事先做好疏排水工作。

4.6 地下水对工程建设的影响与防治

地下水在地壳内部无处不存在,对人类生活与工程建设都会产生深远影响。一方面,地下水作为宝贵的自然资源为人类提供了丰富的物质财富,它是人类最清洁的生活与工农业水源,利用地下水的循环可在酷暑季节降温而在严寒季节采暖。另一方面,地下水的存在及其运动又会影响工程建设,甚至会导致工程事故,须引起特别的关注。本节将重点关注地下水对工程的影响。

地下水对工程建设的影响具有普遍性,而且,它对不同工程建设影响的程度和机理均存在很大的差异性,因而,在具体的工程建设中,为避免地下水对工程建设的不利影响而采取的防治方法与措施也存在很大不同。本节仅介绍地下水对工程建设的一般性影响,关于地下水对具体工程设计与施工的影响与防治将会在后继相关课程中介绍。

地下水对工程建设的一般性影响主要包括地下水对岩土的物理效应、化学效应和力学效应以及地下水引起的灾害等四个方面,下面将针对这几个方面概要介绍地下水对工程建设的影响及其防治方法。

4.6.1 地下水的物理效应

地下水的物理效应是指岩土遇水后所发生的物理力学性质的逆化影响。主要表现在如下几个方面。

①风化作用。水是岩石风化的重要影响因素,地下水会促进岩石的风化作用,使岩石的强

度和刚度明显下降。工程建设中常采用覆盖和堵塞岩石裂隙等措施防止岩石的风化。

②岩土的软化性。由于岩土中经常含有亲水的黏土矿物（包括伊利石、蒙脱石和高岭石），它们遇水后会发生软化，使岩土的强度和地基的承载能力下降，常引起地基失稳、边坡滑坡与崩塌以及地下结构失稳。

③岩土的膨胀性与崩解性。由于岩土中经常包含亲水矿物，它们遇水后会发生膨胀与崩解。具有较强膨胀性和崩解性的岩土不能直接用作路基填筑材料，膨胀性岩土会引起较高的变形地压，使地下结构失稳。

④软土地基的固结效应。软土中包含地下水时，在外力作用下会发生因地下水排出而引起的软土固结，而固结是必须经历一定的时间过程的，因此，固结效应会引起软土地基沉降的时间效应，这在工程建设中是必须引起高度重视的。

⑤地基土的压实性。地下水的存在会影响地基土的压实效果。无论是无黏性土（或砂土）还是黏性土，土的含水量都会影响其压实效果。干燥和饱和的无黏性土和处于最佳含水量的黏性土都能取得较好的压实效果，其他则不然。

⑥溶解性。对于黏土地基，由于黏土可被地下水溶解并在地下水运动作用下形成土洞，易发生土洞塌陷而使地基失稳；对于含有可溶盐的地基土，因地下水的存在和运动可能引起地基湿陷、溶陷和塌陷，如黄土的湿陷性等。

⑦冻土。在高寒地区，地下水会发生冰冻而形成冻土或多年冻土。冻土或多年冻土会因为温度变化而发生冻融，这会引起地基融陷、塌陷和不稳定等问题，在寒区工程建设中须引起高度重视。

上述地下水的物理效应对工程建设影响的本质在于地下水的存在和岩土对地下水的敏感性，因此，一般采用"减水"和降低岩土水敏感性的措施进行防治。例如，采用排水固结法处理软土地基；疏排水防治边坡滑坡与崩塌；添加石灰等改良高塑性黏土等。

4.6.2　地下水的化学效应

地下水的化学效应是指地下水对岩石的溶蚀作用和对地下钢筋混凝土结构的腐蚀作用，主要表现在如下两个方面。

①溶蚀性。可溶性岩石会产生岩溶现象，形成溶隙、溶沟、溶槽和溶洞以及基岩表面起伏等，可能引起岩溶塌陷、地基不均匀沉降和基础不稳定等问题。

②腐蚀性。由于地下水中含有特殊成分（如 O_2 和 CO_2 等），会使钢筋混凝土结构产生锈蚀或被腐蚀，影响寿命。工程建设中经常须对钢筋混凝土结构采取防腐措施，如锚杆的防锈和混凝土的防腐处理等。

4.6.3　地下水的力学效应

地下水及其运动引起的静水压力和动水压力（或称渗流力）致使岩土体原有应力平衡被破坏，从而对工程建设产生影响，称为地下水的力学效应，主要表现在如下几个方面。

①毛细水的影响。由于岩土空隙中的毛细力作用，致使毛细水上升，从而使上部岩土体含水量增大，可促使上部岩土软化、冻胀、沼泽化和盐渍化以及上部岩土体中钢筋混凝土结构的腐蚀。在实际生活中，地下室潮湿也主要是毛细水影响的结果。

②砂土地基的震动液化。饱水砂土地基在地震或振动荷载作用下，由于超孔隙水压力的出现使地基土处于悬浮和流动的液体状态，使地基丧失承载能力，从而导致建筑物出现过度沉降或倾斜现象。

③地下水位或水压变化。地下水位上升可导致类似毛细水的影响；地下水位或水压下降可引起地表塌陷、地基沉降或不均匀沉降、地裂缝的产生与复活、滨海地区海水入侵、水源枯竭和水质恶化、边坡滑坡与崩塌、挡土墙倾倒破坏、地下洞室淹没等；承压水可引起建筑基坑底板破坏而发生涌水。工程中经常采用防渗（如注浆堵水、防渗帷幕等）和疏排水（如挡土墙设置排水孔、墙后填筑透水性好的砂卵石）等措施进行处理。

④地下水的浮托作用。岩土体或基础位于潜水面以下，必要时须考虑地下水的浮托作用。地下水既会改变岩土的重度，也会使基础受到浮力作用。如果建筑物的自重和其他荷载不能平衡浮力，建筑物就有可能被浮起。

⑤地下水运动的破坏作用。地下水的运动可使岩土受到渗流力的作用，从而使岩土发生潜蚀、流沙（或称流土）和管涌等破坏作用，继而引起滑坡、地表塌陷、地基沉降或不均匀沉降和防洪大堤或水坝溃决等。工程中可采用降低水力坡度、防渗、降低岩土渗透性和冻结等方法进行处理。

4.6.4　地下水引起的灾害

在工程施工中，由于揭露富水地层或地下水体（如大溶洞水和地下暗河等）而引发的突然涌水和突水，会淹没工程设施或地下隧洞，轻者导致施工不便，重者引发事故。主要表现在如下两个方面。

①基坑涌水。因基坑开挖而揭露富水地层，地下水大量涌入基坑，使基坑施工无法进行，甚至导致事故。工程建设中常采用排水和截水方法进行处理。

②地下隧洞突水。由于施工中揭露富水地层或地下水体，地下水突然大量涌入地下隧洞，使施工人员和设备的安全受到威胁。有效避免突水事故在于事先对地下突水和涌水量进行预测，必要时要采用预先疏排水措施。

此外，地下水的影响还涉及地下水污染问题，但它对工程建设影响不大，这里不再赘述。

思考题

1. 简述水文循环和地下水文循环的含义。
2. 简述地下水赋存条件及岩土的主要水理性质。
3. 简述地下水化学性质的主要指标。
4. 简述地下水的主要物理性质。
5. 简述地下水运动的特点及其运动规律。
6. 简述地下水循环的规律。
7. 简述地下水的分类方法。
8. 简述含水层与隔水层的区别与关系。
9. 简述包气带水、潜水和承压水的区别以及它们的特点。
10. 简述等水位线与等水压线图的区别及其工程应用。
11. 简述地下水对工程的影响及其防治方法。

第5章　第四纪沉积物及其工程地质特征

内容提要：

1. 风化作用及残积土；
2. 地表流水的地质作用及坡积土、洪积土和冲积土；
3. 湖泊的地质作用及湖积土与沼泽沉积物；
4. 海洋的地质作用及海积土；
5. 冰川的地质作用及冰碛土；
6. 风的地质作用及风积土。

第四纪距今约 200 万～300 万年，是距今最近的地质年代，它包括更新世和全新世。第四纪沉积物是在第四纪地质年代因外力地质作用而在地壳表层形成的各种堆积物，是地壳表层坚硬岩石（包括沉积岩、变质岩和岩浆岩）经风化、地表流水、湖泊、海洋、冰川等外力地质作用的破坏、搬运和沉积而形成的松散沉积物。

根据第四纪沉积物的地质成因，可划分为残积、坡积、洪积、冲积、湖积、海积、冰碛和风积等松散沉积物。由于第四纪沉积物形成的历史较短，一般尚未固结硬化成岩石，因此，它们具有松散、软弱和多孔等特性，与一般意义的岩石存在显著差异。此外，由于第四纪沉积物形成环境复杂，沉积过程中的分选与胶结等作用又使它们的成分、结构、构造和性质等呈现规律性变化。

人类的出现和冰川作用是第四纪地质年代发生的两大变化，并影响第四纪自然地理条件的变化，而且绝大多数土木工程建设活动都在第四纪地层表面或其中进行，第四纪沉积物成因及其工程地质特征直接影响土木工程建设的安全性与经济性。因此，研究第四纪沉积物及其特征对人类合理开发与利用地质环境，使工程活动与地质环境协调发展具有重要的意义。

本章将重点介绍第四纪沉积物的成因及其工程地质特征。

5.1　风化作用及残积土

5.1.1　风化作用

风化作用主要包括物理风化作用、化学风化作用和生物风化作用三种类型，它们互相联系并同时存在。不同地区的风化作用有主次之分，而岩石的矿物成分是影响岩石风化的决定性因素。非常稳定的如石英、白云母；稳定的如正长石、方解石、白云石；稍稳定的如角闪石、辉石；不稳定的如斜长石、黑云母、黄铁矿。一般深色岩石的风化快于浅色岩石；含有较多不稳定矿物的岩石较易风化；多矿物岩石风化一般快于单矿物岩石。

风化作用破坏岩石，并改变岩石原有矿物组成和化学成分，使岩石强度等物理力学性质逆化。此外，许多不良地质现象（如崩塌、滑坡、泥石流等）基本上都是在风化作用的基础上逐渐形成和发展起来的。因此，了解风化作用和岩石风化程度对评价工程建筑条件是非常重要的。

5.1.2 岩石风化程度和风化带

地壳表层岩石由于裸露于空气中而被风化,从而形成地表风化壳。不同埋深岩石的风化程度是不同的,随着岩石埋深的增加,岩石风化程度由强变弱直至消失。因此,野外岩石随埋深变化具有分带性。

在保留完整的风化剖面上,风化程度不同的岩石是逐渐过渡的,不像地层岩性那样存在较为清晰的地质界面,但在整个风化剖面上,从上至下一般为地表残积土、全风化岩石、强风化岩石、弱风化岩石、微风化岩石和未风化新鲜岩石,它们在颜色、结构、破碎程度、坚硬程度和物理力学性质等方面存在明显差异。在野外,可根据岩石的矿物颜色、结构、破碎程度和坚硬程度等定性描述或采用纵波波速 v_p、波速比 K_v、风化系数 K_f 等量化指标确定岩石风化程度和风化分带,如表 5-1 和表 5-2 所示。其中,波速比(K_v)为风化岩石与新鲜岩石纵波波速之比;风化系数(K_f)为风化岩石与新鲜岩石饱和单轴抗压强度之比。

表 5-1 硬质岩石风化程度分级

风化程度或分带	野外鉴定特征				风化程度参考指标		
	矿物颜色	结构	破碎程度	坚硬程度	纵波波速 v_p(m/s)	风化系数 K_f	波速比 K_v
残积土	矿物已完全变色,大部分发生变异,除石英外大部分风化呈土状	结构已全部破坏	风化呈土状,具有可塑性	锹镐易挖掘,干钻易钻进	<500	—	<0.2
全风化	矿物已完全变色,大部分发生变异,除石英外大部分风化呈土状,长石变成高岭土等黏土矿物,角闪石变成泥石,云母变成蛭石	结构已完全破坏,仅外观保持有原岩形态,矿物晶体失去联结,石英松散呈砂粒状	风化破碎,呈碎屑状或土状	用手可捏碎,用锹就可掘进	500~1 000	—	0.2~0.4
强风化	大部分矿物变色形成次生矿物,如斜长石分化成高岭土,黑云母呈棕色	结构已大部分破坏,形成碎块状或碎裂结构	风化裂隙很发育,岩体破碎,裂隙间距为2~20 cm,完整性很差	用手锤即可击碎,用镐即可掘进,用锹则很困难	1 000~2 000	<0.4	0.4~0.6
中等风化	矿物失去光泽,颜色暗淡,部分易风化矿物已经变色(如长石、黄铁矿等),黑云母失去弹性变为黄褐色	结构已部分破坏,裂隙可能出现风化夹层,一般呈块状或碎块状结构	风化裂隙发育,裂隙间距为20~40 cm,整体性很差	用手锤不易击碎,大部分需放炮掘进	2 000~4 000	0.4~0.8	0.6~0.8

续表

风化程度	野外鉴定特征				风化程度参考指标		
或分带	矿物颜色	结构	破碎程度	坚硬程度	纵波波速 v_p(m/s)	风化系数 K_f	波速比 K_v
微风化	矿物颜色较暗淡,节理面附近有部分矿物变色	结构未破坏,仅沿节理面稍有风化现象及水锈	有少量风化裂隙,裂隙间距多大于40 cm,整体性仍较好	要用大锤和楔子才能砸开,泥质岩类用大锤可以击碎,放炮才能掘进	4 000~5 000	0.8~0.9	0.8~0.9
未风化	矿物及胶结物颜色新鲜,保持原有颜色	保持岩体原有结构	除构造裂隙外,肉眼看不到其他裂隙,整体性好	除泥质岩类可用大锤击碎外,其他岩类不易击开,放炮才能掘进	>5 000	0.9~1.0	0.9~1.0

表5-2　软质岩石风化程度分级

风化程度	野外鉴定特征				风化程度参考指标		
	岩石矿物颜色	结构	破碎程度	坚硬程度	纵波波速 v_p(m/s)	风化系数 K_f	波速比 K_v
残积土	矿物成分已全部改变并风化呈土状	组织结构已基本破坏	风化呈土状,具有可塑性	锹镐易挖掘,干钻易钻进	<300	—	<0.1
全风化	矿物成分已显著变化,并含有大量黏土矿物	结构已基本破坏,仅外观保持原岩形态,存在微弱残余结构强度	风化破碎呈碎屑状或土状	用镐可挖,干钻可钻进	300~700	—	0.1~0.3
强风化	矿物成分已显著变化,并含有大量黏土矿物	结构已大部分破坏,形成碎块状结构	风化裂隙很发育,岩体破碎	干时可用手折断或捏碎,浸水或干湿交替时可较迅速软化或崩解,用镐或锹可掘进,干钻可钻进	700~1 500	<0.3	0.3~0.5

风化程度	野外鉴定特征				风化程度参考指标		
	岩石矿物颜色	结构	破碎程度	坚硬程度	纵波波速 v_p(m/s)	风化系数 K_f	波速比 K_v
中等风化	矿物成分发生变化,节理面附近矿物已风化呈土状	结构已部分破坏,形成碎块状结构	风化裂隙发育,岩体被切割成 20 ～ 50 cm的岩块	锤击易碎,用镐难掘进,岩芯钻可钻进	1 500～3 000	0.3～0.8	0.5～0.8
微风化	仅节理面有铁锰质渲染或矿物略有变色	结构基本未变	有少量风化裂隙	泥质岩类用大锤可以击碎,放炮才能掘进	3 000～4 000	0.8～0.9	0.8～0.9
未风化	矿物及胶结物颜色新鲜,保持原有颜色	保持岩体原有结构	除构造裂隙外,肉眼看不到其他裂隙,整体性好	除泥质岩类可用大锤击碎外,其余岩类不易击开,放炮才能掘进	>4 000	0.9～1.0	0.9～1.0

此外,《岩土工程勘察规范》(GB 50021—2009)根据岩石的颜色与光泽、矿物变异、破碎程度、强度变化和可钻性等评价因素将风化程度划分为全风化、强风化、中风化、微风化和未风化,见表5-3。

表5-3 岩石风化程度分级

风化程度	特 征
残积土	组织结构全部破坏,已风化呈土状,锹镐易挖掘,干钻易钻进,具可塑性
全风化	结构基本破坏,但尚可辨认,有残余结构强度,可用镐挖,干钻可钻进
强风化	结构大部分破坏,矿物成分显著变化,风化裂隙很发育,岩体破碎,用镐可挖,干钻不易钻进
中等风化	结构部分破坏,沿节理面有次生矿物,风化裂隙发育,岩体被切割成岩块,用镐难挖,岩芯钻方可钻进
微风化	结构基本未变,仅节理面有渲染或略有变色,有少量风化裂隙
未风化	岩质新鲜,偶见风化痕迹

5.1.3 岩石风化防治措施

为防止岩石风化作用降低岩石强度,影响岩土结构的稳定性,工程上须采取一定的措施进行防治。防治措施应从两个方面进行考虑:一是处治已风化的岩石,二是防止岩石进一步风化。常用的工程防治方法为:

①挖除法。当风化层较薄(如数米之内),施工条件简单时,可将风化岩石全部挖除,采用新鲜岩石作为建筑物地基;当风化层厚度较大时,视岩层地质特性与工程建设要求,可将严重影响建筑物稳定的岩石风化部分挖除。例如一般工业与民用建筑物,上部荷载不大,对地基要求不高,强风化带亦能满足工程建设要求,可不用挖除;但对于重型建筑物,特别是重型水工建筑物,对地基岩体稳定性要求较高,挖除深度应根据建筑物类型、规模及风化岩石物理力学性质综合确定。如三峡大坝基础砌筑于微风化带的顶部,其基岩纵波波速大于4 000 m/s。

②胶结灌浆法。将水泥、水玻璃、沥青或黏土浆等材料通过高压将其灌入岩石的裂隙内或

喷射于表面,不仅能起到隔绝作用,而且能提高岩石的强度和稳定性。该方法主要用于处理已风化的岩层,如水利工程中的防渗帷幕灌浆处理。

③支护法。对于边坡和隧道等工程,可根据风化层厚度及风化程度采用加强支护、支挡、衬砌等措施,如采用锚杆、锚索或挡土墙加固边坡表层风化岩层,采用锚杆、钢拱架、管棚和衬砌加固隧道工程风化岩层。

④覆盖法。为防止水和空气侵入岩石,可用沥青、三合土、黏土以及喷射水泥浆或石砌护墙来覆盖岩石表面,施工时先将岩石表面已风化的部分清除,然后在新鲜岩面上进行覆盖。为防止温度变化对岩石的影响,可在其上铺一层黏土或砂,其厚度应超过年温度影响深度的5～10 cm,此方法主要起隔绝作用。

⑤排水法。水是岩石风化的主要因素之一,通过排水工程减少岩石与水的接触,改善岩石物理力学特性,降低岩石风化速度。

5.1.4 残积土及其工程地质特征

残积土是岩石风化后未被搬运而残留在原地的松散岩屑和土形成的堆积物,该风化层称为残积层。残积层向上逐渐过渡为土壤层,向下逐渐过渡为半风化岩石的弱风化层。土壤层、残积层和风化岩层形成完整的风化壳。

(1)分布特征

残积土的分布主要受地形控制,分布在地表岩石暴露、风化作用强烈和地表径流速度小的分水岭地带、平缓斜坡地带和剥蚀平原等地区。残积土从地表向深处颗粒由细变粗,一般不具层理,碎块呈棱角状,土质不均,孔隙率大、强度低、压缩性高,透水性较强;厚度在山坡顶部较薄,低洼处较厚;此外,由于山区原始地形变化较大和岩石风化程度不一,残积土厚度变化很大,工程建设时要特别注意地基土的不均匀性。

(2)影响因素

气候条件和母岩岩性是影响残积层物质成分的主要因素。不同地区的残积层,往往具有某种特定的粒度成分、矿物成分和化学成分。干旱或寒冷地区以物理风化为主,岩石破碎成粗碎屑物和砂砾,缺乏黏土矿物,具有砾石类土的工程地质特征;半干旱地区,在物理风化的基础上会发生化学风化,使原生的硅酸盐矿物(如长石)变成黏土矿物。可溶盐类对土的工程性质也影响较大,气候潮湿地区易形成含蒙脱石、伊利石、高岭石等黏土矿物的黏性土。此外,铝土矿和铁的氢氧化物含量高,常为红色。

母岩的岩性影响残积土的粒度成分和矿物成分。残积土与母岩之间逐渐过渡而无明显界限,其成分与母岩成分及所受风化作用的类型有密切关系。例如,酸性岩浆岩(如花岗岩等)地区的残积土中,除含有由长石等矿物分解的黏土矿物外,还存在由石英破碎形成的砂土;石灰岩风化形成的残积土则多为含石灰岩碎石的红色或黄褐色黏土(如云贵高原分布的红黏土等)。

(3)工程地质性质

残积土的工程地质性质主要取决于矿物成分、结构和构造等因素。残积土多孔隙和裂缝,易冲刷,强度和稳定性差。由于残积土孔隙多,成分和厚度不均匀,作为建筑物地基时,应考虑其承载能力和可能产生的不均匀沉降;由于残积土结构比较松散,作为路堑边坡时,应考虑可能出现的坍塌和冲刷等问题。

5.2 地表流水的地质作用及坡积土、洪积土与冲积土

地表水是指分布在江河、湖泊、海洋及陆地上冰雪融化的液态水,其主要分为两类:一类称为暂时流水,其具有季节性和间歇性,主要以大气降水和积雪融化水为水源,如降雨后在山坡或山间沟谷形成的流水或山洪急流;另一类称为长期流水,一年中大部分时间流水不断,如江水、河水、湖水和海水,它们的水量虽然也随季节发生变化,但不会长期干枯无水。一条暂时流水的沟谷,若能不间断地获得水源的供给,就会变成一条河流。暂时流水与河流相互连接,脉络相通,组成统一的地表流水系统。地表水冲刷地表,形成各种地貌和不同的松散堆积物,如坡积土、洪积土与冲积土等。我国大部分城镇和各种工程建筑物大多修建在流水堆积物上,因此,研究地表流水地质作用及其相应的堆积物工程地质特性对工程建设具有重要意义。

5.2.1 暂时流水的地质作用及坡积土与洪积土

暂时流水的地质作用是指大气降水或积雪融化水等沿斜坡或溪沟流动而对地表岩土体产生的冲刷破坏作用。可分为坡面细流地质作用和山洪急流地质作用,它们分别形成坡积土和洪积土。

(1)坡面细流的地质作用及坡积土

雨水和积雪融化水,除去蒸发和渗入地下的部分外,剩下的部分形成无数的网状坡面细流,沿着斜坡面流动,并将地表的碎屑物质顺斜坡向下搬运,在坡脚或山坡低凹处沉积下来形成坡积土。雨水和积雪融化水对整个坡面所进行的这种比较均匀和缓慢的地质作用,称为冲刷作用。在一定的气候条件下,冲刷作用的强度和规模与山坡岩性、风化程度和坡面植物覆盖程度有关。在地表无植物覆盖的情况下最强烈,而在有茂密植物覆盖的坡面上则不显著。冲刷作用使地形逐渐变得平缓,并造成水土流失,同时伴随产生松散堆积物,形成坡积土层。

坡积土是高处的风化碎屑物在自身重力作用和雨水、积雪融化水作用下被运移到坡下或山麓堆积而成的堆积物,如图5-1所示。坡积土具有下述工程地质特征:

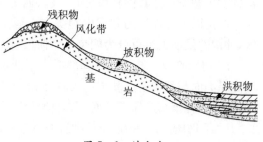

图5-1 坡积土

①坡积土可分为山地坡积土和山麓平原坡积土两类,并随斜坡自上而下逐渐变缓,厚度变化较大,一般是中下部较厚,山坡上部及远离山脚方向均逐渐变薄而尖灭。

②坡积土多由碎石和黏性土组成,矿物成分与下伏基岩无关,没有直接过渡关系,这是与残积土明显区别之处。山地坡积土一般以粉质黏土夹碎石为主,而山麓平原坡积土则以粉质黏土为主,夹有少量的碎石。

③坡积土是搬运距离不远的风化产物,由于雨、雪水搬运能力不大,故大小颗粒混杂,层理不明显,碎石棱角较清楚。

④坡积土松散、富水,作为建筑物地基强度很差,且坡积土很容易产生滑动。

坡积土地区被广泛作为建筑场地,在坡积土地区进行工程建设时,应特别注意以下几个问题:

①下伏基岩表面的坡度及其形态。坡积土底部倾斜度取决于基岩表面倾斜度,而坡积土表面倾斜度则与生成时间有关,时间越长,搬运、沉积在山坡下部的坡积土越厚,表面倾斜度就

越小。坡积土稳定性不仅与地表坡度有关,而且还与基岩表面坡度有关。基岩表面坡度愈大,坡积土稳定性愈差。此外,下伏基岩表面形态对坡积土的稳定性也有影响,若基岩表面凹凸不平或成阶梯状,则对坡积土稳定有利。

②下伏基岩与坡积层接触带的含水情况。坡积土与下伏基岩接触带有水渗入而变得软弱湿润时,坡积土与基岩顶层的摩阻力将显著降低,引起坡积土产生滑动。若下伏基岩是遇水易软化的岩石(如泥岩、页岩等),则更容易引起坡积土的滑动。例如,坡积土挖方边坡在久雨之后产生滑塌,水是一个主要诱因。

③坡积土本身的性质。坡积土颗粒靠近斜坡部分较粗,远离斜坡的地方较细;在垂直剖面上,下部与基岩接触处往往是碎石土、角砾土,其中充填有黏性土或砂土,上部多为黏性土。雨季时黏土颗粒较多的坡积土含水量将大大增加,不仅增大了坡积土重量,而且降低了坡积土抗剪强度,因而其稳定性将大大降低。此外,坡积土组成物质粗细混杂,土质不均匀,厚度变化也大,尤其是新近堆积的坡积土,土质疏松,孔隙度高,压缩性大,且厚度不均匀,修建建筑物时应特别注意不均匀沉降问题。

(2)山洪急流的地质作用及洪积土

山洪急流是由暴雨或骤然大量融化的积雪形成的。山洪急流的侵蚀和搬运能力都很强,它能冲刷岩石或土体,形成冲沟,并能把大量的碎屑物质搬运到沟谷口或山麓平原堆积下来,形成洪积层。山洪急流沿沟谷流动时,水量大,流速快,动能大,破坏力强。水流依靠自身的水力和携带的砂石对沟底和沟壁进行冲击和磨蚀的过程称为冲刷作用。冲刷作用能形成冲沟和洪积土。

①冲沟。由间歇性水流冲刷而形成的沟谷称为冲沟。冲沟形成的主要条件是:较陡的斜坡;斜坡由疏松的物质构成(如黄土、黏土等);降水量大,尤其是多暴雨和骤然大量融雪水的地区容易形成冲沟。此外,无植被覆盖的斜坡、不合理的开挖以及排泄不当的废水等也能促进冲沟的发生和发展。我国甘肃、山西及陕西等黄土地区冲沟极易发育。

冲沟以溯源侵蚀的方式由沟头向上延伸扩展而逐步发展。在厚度较大的均质土分布地区,冲沟的发展大致可分为四个基本阶段(图5-2)。

a. 初始阶段。坡面径流局部汇流于凹坡,并沿凹坡发生集中冲刷,形成不深的冲沟。沟床的纵剖面与斜坡剖面基本一致,如图5-2(a)。此阶段,只要填平沟槽,注意调节坡面流水不再汇注,种植草皮保护坡面,即可使冲沟不再发展。

b. 下切阶段。冲沟不断发展,沟槽汇水增加,沟头下切,沟壁坍塌,使冲沟不断向上延伸和逐渐加宽。冲沟纵剖面为凸型,与斜坡不一致,出现悬沟陡坎,如图5-2(b),在沟口平缓地带开始有洪积物堆积。该阶段冲沟发展最强烈,破坏性很大。公路、铁路路线应避免从处于下切阶段的冲沟顶部或靠近沟壁的地带通过,否则应采取一定的工程防治措施,如加固沟头、铺砌沟底、设置跌水及加固沟壁等。

c. 平衡阶段。悬沟陡坎已经消失,沟床已下切拓宽,形成凹形平缓的纵剖面,沟底冲刷逐渐减弱,沟壁坡度变缓,但沟的宽度仍在增加,沟底开始有洪积物沉积,如图5-2(c),此阶段应注意冲沟发生侧蚀和加固沟壁。

d. 衰老阶段。沟头溯源侵蚀结束,沟床下切基本停止,沟底坡度平缓,沟谷宽阔,沟中堆积物变厚,如图5-2(d),斜坡上有植物生长。此阶段冲沟对工程建设已无特殊影响。

②冲沟对工程建设的影响与处治措施。冲沟的发展可使路基被冲毁或边坡坍塌,给工程建设与维护带来很大困难。

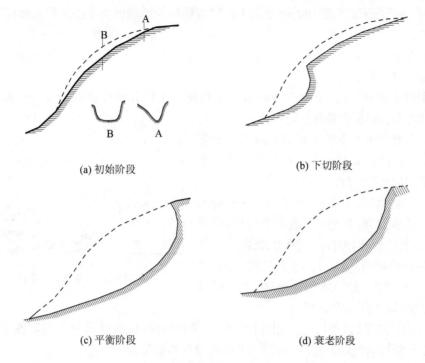

(a) 初始阶段　　　　　　　　　(b) 下切阶段

(c) 平衡阶段　　　　　　　　　(d) 衰老阶段

图 5-2　冲沟的发展阶段

冲沟治理以预防为主,可采用调整地表水流、填平洼地、禁止滥伐树木、人工种植草皮等治理措施。处于发展阶段的冲沟,采用排水沟将上部地表水疏导到固定沟槽中,同时对沟头、沟底和沟壁受冲刷处进行加固,如在大冲沟中修筑石堰、水库和谷坊,铺设固定排水槽,种植多年生草本植物,防止冲沟的发展及水土流失。处于衰老阶段的冲沟,应大量种植草皮和多年生植物加固沟壁,避免冲沟复活。道路通过时应尽量减少挖方,可采用填方或桥梁跨越等方式处治冲沟,新开挖的边坡则应及时采取保护措施。

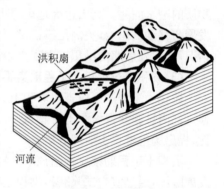

图 5-3　洪积扇

③洪积土。山洪急流携带的大量碎屑物在山沟出口处或山前倾斜平原沉积下来的堆积物,称为洪积土。当山洪携带的大量石块泥砂流出沟谷口时,因地势开阔,水流分散,搬运力骤减,所搬运的块石、碎石及粗砂首先在沟谷口大量堆积起来,而较细的物质继续被流水搬运至离沟谷口较远的地方,离谷口的距离越远,沉积的物质越细。经过多次洪水后,在沟口处堆积形成的扇形洪积物,称为洪积扇,如图 5-3 所示。沟谷口形成的半圆锥形堆积体称为洪积锥。它与洪积扇相比,规模较小,表面坡度较大,分选性较差。

洪积扇逐渐扩大、延伸并与相邻沟谷的洪积扇互相连接起来,形成洪积裙或洪积冲积平原,如成都平原等。由于长年累月的重叠堆积便形成山前洪积平原,并由山口向平地以缓坡延伸。由于地形优势,这种地带常成为城镇、工厂和道路等的建筑场所,例如,北京就位于山前倾斜平原上。

洪积土的形成过程决定了它的工程地质特征,主要表现为如下几个方面:

a. 物质大小混杂,分选性差。洪积扇顶部以粗大块石为多;中部地带颗粒变细,多为砂砾黏土交错;扇的边缘则以粉砂和黏性土为主。碎屑物质的磨圆度由于搬运距离短而不佳,颗粒多带有棱角。

b. 交替的山洪作用使洪积土常呈不规则的交错层状构造,交错层状构造往往形成夹层、尖灭及透镜体等产状。

c. 周期性干燥时,洪积土含有的可溶盐类物质在土粒和细碎屑间形成局部软弱结晶联结,但遇水作用后,联结会破坏。

洪积土主要分布于山麓坡脚的沟谷出口地带及山前平原。规模较大的洪积层可分为三个工程地质条件不同的地带(见图5-4)。

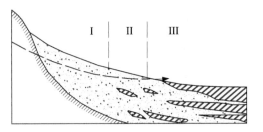

图5-4 洪积土分布特征

a. 靠近山区地带(Ⅰ带)。土层为较粗的碎屑土,孔隙大,透水性强,地势高,地下水位低,压缩性小,地基承载力较高,为良好的天然地基。

b. 中间过渡地带(Ⅱ带)。土颗粒细,渗透性低,常有地下水溢出,易形成沼泽地带,土质稀软且承载力较低,对工程建设不利。

c. 远离山区地带(Ⅲ带)。土层由粉土、黏土颗粒组成,形成过程中由周期性干燥所析出的可溶性盐类胶结,较坚硬,承载力较高,为较好的天然地基。

此外,洪积层中往往存在丰富的地下水,可作为供水水源,但对于水工建筑应注意粗碎屑物质的透水问题。高山边缘地区也可能存在洪积锥,应避免穿过该地区的道路受洪积锥后续发展与移动的影响,关键是辨识洪积锥属于发展期还是稳定期。其识别方法是观察植物生长情况,通常发展期的洪积锥上很少生长植物,固定期的洪积锥上则长有草或其他植物。

(3)坡积土与洪积土工程勘察要点

坡积土工程勘察应查明坡积土分布、厚度、层底埋深和基岩面起伏形态,确定地下水埋深,通过室内试验获得坡积土矿物成分、水力学特性及物理力学参数,评价场地工程建设的适用性,提出场地坡积土治理方案。

洪积土工程勘察应查明该地区冲沟形成的条件和原因,分析冲沟活动程度,确定冲沟所处发展阶段,通过室内试验获得洪积土矿物成分、水力学特性及物理力学参数,评价场地工程建设的适用性,提出场地洪积土治理方案。

5.2.2 河流的地质作用及冲积土

(1)河流的地质作用

河流的地质作用是指河流对地表进行侵蚀和淤积,改造地形及塑造河谷结构的作用。河流流水切入地表的槽形凹地叫作河谷。河谷形态包括谷底和谷坡两大部分,如图5-5所示。谷底包括河床与河漫滩。河床是指平水期河水占据的谷底。河漫滩是指经常被洪水淹没的谷底部分。谷坡是河谷两侧因河流侵蚀

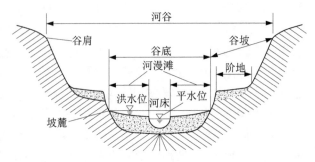

图5-5 河谷要素

而形成的岸坡。古老的谷坡上常发育有洪水不能淹没的阶地,阶地是被抬升的古老河谷谷底。

谷坡与谷底的交界称为坡麓。谷坡与山坡交界的转折处称为谷缘,也称为谷肩。

河流的地质作用是改变陆地地形最主要的地质作用之一,其主要包括侵蚀、搬运和沉积三种性质不同但又相互关联的地质作用。河流的侵蚀、搬运和沉积作用是河水与河床不断平衡发展的结果。河水通过三种地质作用形成河床,并使河床的形态不断发生变化,河床形态的变化反过来又影响河水的流速,从而促使河床发生新的变化,两者互相作用和影响。三种作用在整条河流上同时进行,也相互影响。在河流的不同段落上,三种作用进行的强度并不相同,常以某一种作用为主。

①河流的侵蚀作用。河水冲刷河床与岸坡,使河床降低、河岸坍塌、河谷拓宽的作用称为河流的侵蚀作用。按其破坏方式可分为溶蚀和机械侵蚀两种。

溶蚀是指河水在流动过程中溶解岩石,使之逐渐随水流失。河流的溶蚀作用在石灰岩、白云岩等可溶性岩类分布地区比较显著。此外,溶蚀作用使岩石结构松散破坏,有利于机械侵蚀作用的进行。

机械侵蚀作用可分为冲蚀和磨蚀。冲蚀为流动的河水对河床组成物质的直接冲击,而磨蚀为夹带的砂砾、卵石等固体物质对河床的摩擦破坏。

河流的侵蚀作用按侵蚀方向可分为下蚀作用和侧蚀作用两种类型。

a. 下蚀作用。河水流动过程中使河床逐渐下切加深,称为河流的下蚀作用,也称为垂直侵蚀作用。河水夹带固体物质使河床下切加深的主要原因是下蚀作用,其作用强度取决于河水流速、流量和河床坡度,并与河床岩性和地质构造有关。在河水流速较大、河床坡度较陡、岩性松软或受到地质构造作用破坏的情况下,下蚀作用更易进行。下蚀作用在河流上游地区表现得更显著。

河流的下蚀作用过程总是从河流的下游逐渐向河源方向发展,这种溯源推进的侵蚀过程称为溯源侵蚀。分水岭不断遭到剥蚀切割,河流长度不断增加以及河流的袭夺现象都是河流溯源侵蚀的结果。图5-6为一条河流河床底部的纵断面图,A 为河源,B 为河口,AB 为原始河床底斜坡,a_1、a_2、a_3…为各支流汇入主流入口

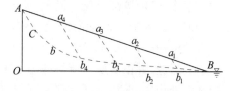

图5-6 河流下蚀过程

处。若河床岩石性质相同,则 $a_1 B$ 段由于流速与流量最大而下蚀作用最强,进而使河床 $a_1 B$ 段逐渐下切到 $a_1 b_1 B$ 段的位置,此时河床底坡变缓,流速降低,虽然流量最大,但不再是下切侵蚀作用最强的段落。同时,$a_1 b_1$ 段河床底坡变陡,下蚀作用加强,河床下切,由 a_1 点向河源方向后退,此时 $a_2 a_1 b_1$ 段变为下蚀作用最强地段,并逐渐下切侵蚀到 $a_2 b_2 b_1 B$ 的位置。依此规律,河流下蚀作用继续发展,并把原始河床底 AB 切割到后来的 $ACbB$ 位置。此时,河床底坡 bB 为河水提供的能量仅能维持搬运物质的能力而无力再向下切割,河床底纵断面 $ACbB$ 称为平衡剖面。

下蚀作用不会无止境地发展下去,存在一定的侵蚀界限。控制河流下蚀作用的极限界面称为侵蚀基准面。流入主流的支流基本上以主流的水面为其侵蚀基准面;流入湖泊或海洋的河流,则以湖面或海平面为其侵蚀基准面。由于海洋平面较稳定,所以又将其称为基本侵蚀基准面。河流仅河口部分能达到侵蚀基准面,其余部分只能侵蚀成高出侵蚀基准面的平滑缓和曲线,因为河床达到一定坡度后,河流已无力进行下蚀作用。此外,侵蚀基准面并不是固定不变的,构造运动的区域性和差异性会导致水系侵蚀基准面发生变化,进而引起相关水系的侵蚀和沉积过程发生重大改变。

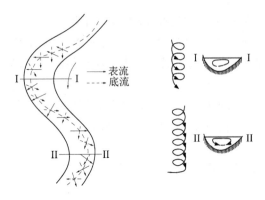

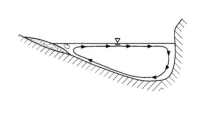

(a) 河流横向环流平面图   (b) 河曲处横向环流断面图

图5-7　横向环流

b. 侧蚀作用。河流依靠携带的泥、砂、砾石以及自身的动能和溶解力对河床两岸进行侵蚀,使河谷加宽,称为侧蚀作用或侧方侵蚀作用。河流的中、下游以及平原地区的河流,河床坡度缓,河道弯曲处的河岸更易发生侧方侵蚀。河水运动过程中的横向环流作用是河流产生侧蚀的主要影响因素。此外,河水受支流、支沟排泄物及其他重力堆积物的阻碍顶托,主流流向发生改变,导致河岸产生局部冲刷,同样也会产生河流侧蚀现象。天然河道上能形成横向环流的地方很多,但河湾部分最为显著,见图5-7(a)。当运动的河水进入河湾后,受离心力的作用,表层水流以很大的流速冲向凹岸,产生强烈冲刷,使凹岸岸壁不

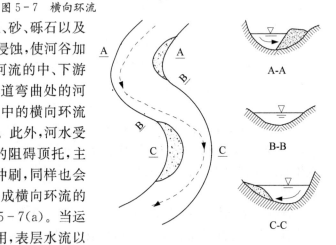

图5-8　凹岸侵蚀凸岸沉积及水流图

断坍塌后退,并由底层水流将冲刷下来的碎屑物质带向凸岸沉积下来,见图5-7(b)。由于横向环流的作用,凹岸不断受到冲刷,凸岸不断发生沉积,结果使河湾曲率增大(图5-8),并受纵流的影响,使河湾逐渐向下游移动,进而导致河床发生平面摆动;此外,随时间推移,整个河床将在河水侧蚀作用下逐渐拓宽。

天然弯曲河道的拐弯处,凹岸被侵蚀而不断后退,凸岸发生沉积而不断向前发展,使河道弯曲程度越来越大,此时,河流弯弯曲曲的平面形态称为河流的蛇曲(图5-9)。彼此十分靠近的河湾,因洪水时河水强烈冲刷使两个河湾连通,使河流截弯取直,改道而行,残留的原河湾两端由于冲积物淤塞而与原河道隔离,形成牛轭状的静水湖泊,称为牛轭湖(图5-9)。牛轭湖干涸后便成为沼泽,最终消失。

河流的发展同时受河流动力特征、地区岩性和地质构造条件以及河流夹砂量等因素的影响,山区石质河床河湾发展过程极为缓慢,而输砂量大的平原河流

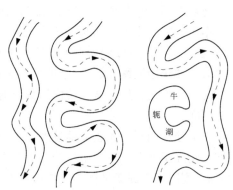

图5-9　河流的蛇曲与改道

则不易形成曲率很大的河湾,即使形成也会很快消失,因此,河湾的发展和消亡过程一般只在平原区的某些河流中出现。

142

通常下蚀与侧蚀作用同时进行,两者共同作用使河床不断加深和拓宽。由于各地河床的纵坡、岩性和构造等不同,两种作用的强度也不同,或以下蚀为主,或以侧蚀为主。随下蚀作用的减弱,扩宽河床的侧蚀作用将明显变强,甚至在下蚀作用完全停止的时候侧蚀作用仍能继续。

河谷形态受侵蚀作用强弱、河岸与河床岩石性质和地质构造的影响,在上、中和下游地区是不同的,具体如下:

a. 上游地区:多位于高山峡谷中,河床坡度陡,河水流速大,下蚀作用强,河谷横断面呈 V 字形;水位易高涨,存在破坏性急流,宜修建水电站。

b. 中游地区:两岸侧蚀作用较强;河谷较宽广,河滩和河流阶地发育,谷底宽平,呈 U 字形河谷。若下蚀与侧蚀作用等量进行,河谷横断面多不对称。卵石、砾石多分布于该地区,宜修建水库。

c. 下游地区:多位于平原地区,流量大而流速较低,河谷宽广,河曲发育,冲刷作用弱而沉积作用强,易形成冲积平原或三角洲。泥砂类沉积物多,洪水容易泛滥,应注意防洪。

此外,河水流动具有紊流性质,纵流与横向环流组合成螺旋状流束流动,流速大时纵流占优势,流速小时横向环流占优势。河流中下游、平原区河流或处于老年期的河流,河湾增多,纵坡变小,流速降低,横向环流作用相对增强,以侧蚀作用为主;河流上游,河床纵坡大,流速大,纵流占主导地位,以下蚀作用为主。

②河流的搬运作用。河流运移松散物(主要为谷坡冲刷、崩落、滑塌下来的产物和冲沟内洪流冲刷出来的产物,其次为河流侵蚀河床的产物)的作用称为河流的搬运作用。河流的侵蚀和沉积作用在一定意义上都是通过搬运过程来进行的。河流搬运力和搬运量取决于河水的流速与流量。河流的搬运作用可分为物理搬运和化学搬运两大类。

a. 物理搬运。被搬运的物质主要是泥、砂和石块。根据流速、流量和泥砂石块的大小不同,物理搬运具有悬浮、跳跃和滚动三种搬运方式。悬浮式搬运的物质主要是颗粒细小的砂和黏性土,悬浮于水中或水面,顺流而下,例如黄河中大量黄土颗粒的搬运。悬浮式搬运的物质数量最大,黄河每年的悬浮搬运量可达 6.72 亿吨,长江每年为 2.58 亿吨。跳跃式搬运的物质一般为块石、卵石和粗砂,它们有时被急流、涡流卷入水中而被搬运,有时则被缓流推着沿河流滚动。滚动式搬运的物质主要是巨大的块石和砾石,它们只能在水流强烈冲击下沿河底缓慢向下游滚动。

b. 化学搬运。被搬运的物质是可溶解的盐类和胶体物质。化学搬运的距离最远,水中各种离子和胶体颗粒多被搬运到湖或海盆地中,当条件适合时,在湖或海盆地中沉积。

河流搬运过程中随流速的逐渐减小,被搬运的物质按其体积和质量大小陆续沉积在河床中,上游颗粒较粗,愈向下游颗粒愈细。从河床断面上看,流速逐渐减小时,粗大颗粒先沉积下来,细小颗粒后沉积,覆盖在粗大颗粒之上,在垂直方向上呈现出成层性。在河流平面上和断面上,沉积颗粒大小有规律的变化称为河流的分选作用。此外,搬运过程中,被搬运的物质与河床或相互之间不断发生碰撞、摩擦,带棱角的岩屑和碎石逐渐变成圆形或亚圆形颗粒,成为河床中常见的有一定磨圆度的卵石、圆砾和砂,这种作用称为河流的磨蚀作用。良好的分选性和磨圆度是河流沉积物区别于其他成因沉积物的重要特征。

③河流的沉积作用。河水携带的松散物质超过河流的搬运能力而在重力作用下发生的沉积作用称为河流的沉积作用。由河流的沉积作用所形成的沉积物称为冲积土。河流沉积物几乎全部是泥砂、砾石和卵石等机械碎屑物,化学溶解的物质多在湖泊或海洋等特定环境中发生沉积。

从河谷单元来看,冲积土可分为河床相与河漫滩相两大部分。河床相沉积物颗粒较粗。河漫滩相下部为河床沉积物,颗粒粗;表层为洪水期沉积物,颗粒细,以黏土和粉土为主。这两种不同特点的沉积层组成二元结构。

河流冲积物在地表分布很广,可分为山区河谷冲积、山前平原冲积洪积物、平原河谷冲积物、三角洲及溺谷沉积物等四大类型。

a. 山区河谷冲积物。山区河床纵坡陡、流速大,侵蚀能力较强,沉积作用较弱。当山区河谷宽广时,也会出现河漫滩洪积物,其主要为含泥的砾石,具有交错层理。此外,山区河谷中还可能有泥石流沉积物。

山区河谷冲积物较薄(一般不超过 15 m),大多由卵石、砾石、粗砂等组成,分选性较差,透水性很大,抗剪强度高,压缩性低,是良好的建筑物地基。

b. 山前冲积洪积物。山前河流流速降低,大量物质沉积下来形成冲洪积扇。例如,北京及其附近广大地区位于永定河冲洪积扇上。冲洪积扇还常分布在山麓地带,例如,祁连山、天山北麓和燕山南麓的大量冲洪积扇。若山麓地带几个大冲洪积扇相互连接起来则形成山前倾斜平原。山前河流沉积常与山洪急流沉积共同进行,此时,山前倾斜平原也称为冲洪积平原。

冲积扇的形状和特征虽与洪积扇相似,但冲积扇规模更大,冲积层的分选性及磨圆度更高。冲积扇常沿山麓分布,厚度有时能达数百米。沉积物具有分带性,近山处由冲积和部分洪积成因的粗碎屑物质组成,向平原低地逐渐变为砾砂、砂以至黏性土。

c. 平原河谷冲积物。河流中下游细小颗粒沉积物组成广大的冲积平原,例如,黄河下游、海河及淮河的冲积层构成华北大平原。平原河谷冲积层包括河床冲积物、河漫滩冲积物、牛轭湖沉积物、湖积物等。河床冲积物包括卵石、砾石、砂、黏性土和淤泥等,是构成河谷谷底最重要的沉积物,其分布在整个谷底,厚度较大。河漫滩冲积物是洪水期河水溢出河床两侧时形成的

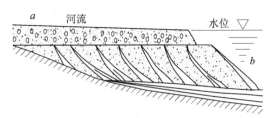

a—顶积层 b 前积层

图 5-10 斜层理和交错层理

泛滥沉积物,厚度较小,具有二元结构特征,并具有斜层理与交错层理(图 5-10)。牛轭湖沉积物主要是有机沉积物,如淤泥和泥炭等,以透镜体的产状分布在河床冲积物和河漫滩冲积物中。

冲积平原分布广,表面坡度比较平缓,多数大中城市都坐落在冲积土上。作为工程建筑物的地基,卵石、砾石和砂等的承载力较高,黏性土较低,牛轭湖与沼泽中的淤泥与泥炭等软土和细砂与粉砂层应采取专门的处治措施。

d. 三角洲及溺谷沉积物。在河流入海口或入湖口处,流速突然大幅降低,河流携带的松散物质在水面以下呈扇形分布沉积,扇顶位于河口,扇缘伸入海或湖中,露出水面的部分形如一个顶角指向河口的倒三角形,形成河口三角洲冲积物。三角洲内部构造与洪积扇或冲积扇相似,下粗上细,河口处较粗,距河口越远越细。三角洲沉积物厚度可能很大,达几百米或几千米,面积也很大,并不断向海洋或湖泊方向扩展。三角洲沉积物可分为水上部分与水下部分。例如,天津市在汉代是海河河口,元朝时为一片湿地,现在已成为距海岸约 90 km 的城市;长江下游自江阴以东地区由大三角洲逐渐发展而成;黄河三角洲已向黄海延伸 480 km,每年延伸约 300 m。

三角洲沉积物颗粒较细,含水量大,呈饱和状态,承载力较低,局部还有淤泥分布,其最上

层因长期干燥而形成硬壳,承载力较下层高,可作为低矮建筑物的天然地基。另外,在三角洲上建筑时还应查明暗浜或暗沟的分布情况。

④河流阶地。河谷内由河流的侵蚀或沉积和新构造地壳上升运动联合作用而形成的不被洪水淹没的阶梯状平台称为阶地。根据阶地延伸方向不同可分为:

a. 横向阶地。阶地延伸方向与河流方向垂直的阶地称为横向阶地。它是由于河流穿过各种悬崖、陡坎、软硬不同的岩石或穿过垂直于河流延伸方向的阶梯状断层时下切而形成的。河流在经过横向阶地时常呈现跌水或瀑布,较难保存冲积物,并随下蚀作用的进行而逐渐向河源方向后退。

b. 纵向阶地。阶地延伸方向与河流方向平行的阶地称为纵向阶地。通常所讲的阶地多指纵向阶地。它是河流地质作用与地壳升降运动联合作用的结果。在河谷地貌的形成和发展过程中,河床受流水的侧蚀和沉积作用形成河漫滩,河漫滩不断加宽加高,同时地壳稳定一段时期后又出现上升运动,于是,老河漫滩被抬高,使河流侵蚀基准面相对下降,加大了下切侵蚀强度,河床被迅速向下切割,河水面随之下降,老河漫滩在洪水期不再被淹没,被抬高的老河漫滩变成最新的 I 级阶地,原来的 I 级阶地变为 II 级阶地,依次类推,在最下面则形成新的河漫滩。如果地壳发生多次升降运动,则在河谷中形成多级阶地,如图 5-11。河流地质作用的复

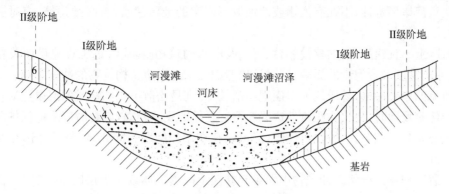

1—砾卵石 2—中粗沙 3—粉细沙 4—粉质黏土 5—粉土 6—黄土

图 5-11 平原河谷横断面图

杂性使河流两岸形成的阶地级数及同级阶地的大小范围并不完全对称相同。生成年代愈老的阶地,则可能被侵蚀破坏得愈严重,愈不易完整保存下来。

根据组成物质不同,河流阶地又可分为三种基本类型:

a. 侵蚀阶地。也称基岩阶地,阶面平缓且基岩出露,阶地上沉积物很薄甚至没有,如图 5-12。侵蚀阶地多位于山区或河流上游地区,它是由地壳上升运动和河流下蚀作用形成的。

b. 基座阶地。阶地表面有较厚的冲积层,由于地壳上升和河流下切侵蚀,切穿了冲积层,并切入下部基岩一定深度,如图 5-13。阶地由上部冲

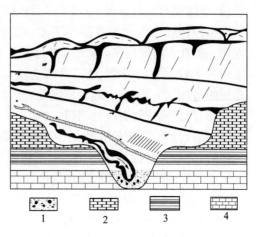

1—冲积层 2—沙岩 3—页岩 4—石灰岩

图 5-12 侵蚀阶地

积层和下部基岩层构成。

c. 沉积阶地。也称冲积阶地或堆积阶地。整个阶地在阶地斜坡上出露的部分均由冲积层构成,沉积物较厚,基岩不出露。

值得注意,阶地在延伸方向起伏度小,相对平坦,并且地下水位较低,具有较高的承载能力。因此,它往往是良好的建筑场所,沿阶地延伸方向敷设公路和铁路可大幅减小工程建设的开挖和填筑工程量,降低工程建设的投资。

(2)河岸地区工程建设问题

河岸地区经常作为工程建设场所,如城市和道路等,为此须掌握在河岸地区进行工程建设遇到的工程地质问题,主要表现为如下几个方面:

①了解河流最高洪水位,避免在洪水淹没区进行建筑。

②注意河岸稳定性,不在有崩塌或滑坡等不稳定的地区建筑,若必须建筑,应对崩塌或滑坡进行处治。

③河床上不宜建厂,如须建设船台、码头及取水构筑物时,应考虑工程建设而改变对最高洪水位、冲刷深度和含泥量的影响,同时还须考虑河水对岸边及构筑物的冲刷影响。

④河流凹岸受冲刷,易形成河岸崩塌与滑坡,特别是松散沉积物构成的河岸更易被侵蚀后退。选择建筑场地时,建筑物距阶地边缘应留有足够的安全距离,必要时应采取保护河岸的措施。河流凸岸是沉积区,一般都可建筑,但可能存在淤积问题。因此,建筑场地选在河岸平直的地段较好。

⑤注意冲积物的产状。冲积物中埋藏有黏性土的透镜体或尖灭层时,易使建筑物产生不均匀沉降。

⑥阶地上有古老河床的沉积物与牛轭湖沉积物时,应注意它们的分布、厚度及工程地质性质。

⑦冲积层中常含丰富的地下水,可作为供水水源。但在古河床地区,地下水多且水位较高,施工时排水较困难。另外,地下水可造成河岸阶地边缘的潜蚀现象,影响阶地的稳定性。

(3)河流侵蚀与淤积的治理

①不同类型河床侵蚀特征。河流主流线靠近河岸时,河岸受侵蚀易发生崩塌。河床类型不同,主流线靠岸的位置也不同,崩岸的位置也不相同。

a. 弯曲河床。河流前半段主流线靠近凸岸上方,然后流向凹岸,冲刷凹岸;弯曲河床的后半段,主流线靠近凹岸。因此,弯曲河床的凸岸上方和凹岸后侧通常是崩岸部位,见图 5 - 14(a)。

b. 顺直河床。深槽与边滩成犬牙交错状分

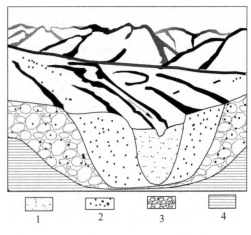

1—河漫滩冲积层　2—第一阶地冲积层
3—第二阶地冲积层　4—基岩

图 5 - 13　基座阶地

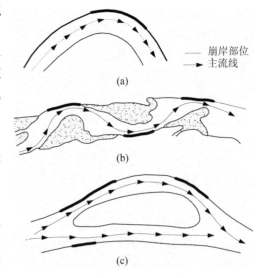

—— 崩岸部位
→ 主流线

(a)

(b)

(c)

图 5 - 14　不同类型河床主流线与崩岸位置

146

布,深槽处主流线靠近河岸,为顺直河床的崩岸部位,见图5-14(b),随深槽的下移,崩岸部位一般不固定。游荡河床,主流线随江心洲的变化在河床中动荡不定,崩塌部位也不固定。

c. 分叉河床。江心洲的洲头为主流顶冲部位,见图5-14(c),通常是护岸工程重点防护地段;凸岸上方和凹岸后侧为崩岸部位。

②河流侵蚀治理措施。对于河流侧向侵蚀与河道局部冲刷而造成的崩岸等灾害,一般可采用护岸工程或约束水流等措施进行治理,具体治理措施如下:

a. 加固岸坡。在岸坡或浅滩地段植树与种草。

b. 抛石和砌石护岸。在岸坡砌筑石块(或抛石),消减水流能量,保护岸坡不受水流直接冲刷。块石大小的确定应以不致被河水冲走为原则。

c. 顺坝和丁坝。顺坝又称导流坝,丁坝又称半堤横坝。将丁坝和顺坝布置在凹岸以约束水流,使主流线偏离受冲刷的凹岸。丁坝常斜向下游,可使水流冲刷强度降低,见图5-15。

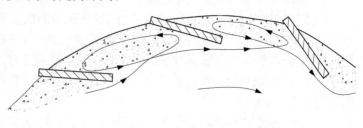

图5-15　顺坝和丁坝

d. 约束水流。束窄河道、封闭支流、截直河道、减少河流输砂率等均可起到防止淤积的作用,也可采用顺坝、丁坝或二者组合使河道增加局部冲刷力,达到防止淤积的目的。

5.3　湖泊的地质作用及湖积土

5.3.1　湖泊的地质作用及湖积土

(1)湖泊的形成与湖积土

湖泊是由储水洼地和水体两部分组成的陆地上的较大集水洼地。根据其成因不同,湖泊可分为风成湖泊、岩溶湖泊、海成湖泊与泻湖湖泊等。

湖泊的地质作用主要有剥蚀、搬运和沉积作用。除湖泊表面和靠近湖岸的部分外,湖泊水体的运动很微弱,因此,湖泊的剥蚀和搬运作用都比较微弱,一般均以沉积作用为主,并以湖心为中心的环形沉积为特征。

由湖泊沉积作用形成的沉积物称为湖积土。湖积土按湖泊的性质分为淡水湖积土和咸水湖积土。淡水湖积土又可分为湖岸土和湖心土两种。湖岸土是由湖浪冲蚀湖岸形成的碎屑物在湖边沉积形成,多为砾石土、砂土或粉砂土,具有明显的斜层理构造;湖心土主要为静水沉积物,其成分复杂,以淤泥和黏性土为主,常见水平层理。

(2)湖积土的工程地质特征

湖积土包括砾石、砂及黏土等,应特别注意层状黏土。层状黏土主要由细砂薄层与黏土薄层交互沉积而成,该黏土压缩性高,容易滑动和产生不均匀沉降。开挖基坑时,层状黏土易于隆起,或在地下水动力作用下发生破坏现象。湖积土中尚存在淤泥和泥炭,其承载力低,压缩性高,是建筑物的不良地基。另外,在盐水湖中还有石膏、岩盐与碳酸盐等盐类沉积物,它们能不同程度地溶解于水,对建筑物地基是非常有害的。

147

5.3.2　沼泽

(1)沼泽的形成

沼泽是上覆泥炭层的过分潮湿地区,它是由湖泊的泥炭化和陆地的沼泽化而形成的。在浅水湖或水流缓慢的河岸地带,生长着喜水植物,这些植物死后沉到水底,由于水下氧气缺乏,它们不能充分分解而完全腐烂,这种残余物一年年地积累起来就形成泥炭层。随着泥炭层的增加,湖水面积就逐渐缩小,水也变浅,最后完全泥炭化,成为杂草丛生的沼泽。另外,在气候潮湿、地势低洼易积水的地区或地下水离地表很近的地区,地表土层长期被水饱和,也能形成沼泽。

(2)沼泽沉积层的特征及处治措施

①沼泽沉积层的特征。沼泽沉积层中,腐朽植物的残余堆积占主要地位,主要是分解程度不同的泥炭(有时可见明显的植物纤维)、淤泥、淤泥质土及部分黏性土与细砂,它们具有不规则的层理,泥炭有机质含量有时可达 60% 以上。其主要工程地质特征如下:

a. 泥炭含水量极高,可达百分之百甚至百分之几百,这是腐植质吸水能力很强以及泥炭固态物质比重小的缘故。

b. 泥炭的透水性与腐植质的分解程度及含量有关,分解程度高的泥炭极不易排水。

c. 泥炭的性质与含水量的关系很大,干燥压实的泥炭很坚实,饱和的泥炭多呈流动状态,承载力极低,泥炭干燥后体积减少 67%～86%,其压缩性高且不均匀。

②沼泽沉积层的处治措施。沼泽地区不宜修建大型建筑物。如果沼泽的泥炭层较厚,最好不要在此进行工程建设。修筑道路时如不能绕过沼泽区,应在沼泽最窄的地方通过,并考虑采取以下措施:

a. 采用明渠或暗沟排水,并截除沼泽水的补给来源,疏干沼泽。

b. 挖除泥炭,或借堆土或石块的自重挤开泥炭,也可用爆炸的方法排除泥炭,基底置于沼泽下的坚硬持力层上。

c. 用打桩等方法将建筑荷载传到坚硬持力层上。

另外,在处理前须查明沼泽区的地形、水的补给来源,泥炭层的性质、厚度及分布等情况。

5.4　海洋的地质作用及海积土

5.4.1　海洋的地质作用

(1)海洋的地质作用及分类

海洋的地质作用是海水运动、海水中溶解物质的化学反应和海洋生物对海岸、海底岩石和地形的破坏作用的总称,主要包括海洋的破坏作用和沉积作用两大类。

①海洋的破坏作用。海洋的破坏作用主要有冲蚀、磨蚀和溶蚀三种形式。海浪、潮汐和岸流等都能起破坏作用,其中海浪是破坏海岸的主要力量。海浪形成的原因有风力、洋流、潮汐、地震、海底火山喷发和海啸等,但最常见的是风成海浪。

②海洋的沉积作用。绝大部分沉积岩是在海洋内沉积形成的,因此,海洋地质作用中最主要的是沉积作用。海洋的沉积作用分为机械沉积作用、化学沉积作用和生物沉积作用三种形式。

(2)海积土及分类

河水带入海洋的散体物质和海岸破坏后的散体物质在搬运过程中随流速的降低而沉积下

来,便形成海积土。靠近海岸一带的碎屑沉积物多且颗粒粗大,离海岸愈远,沉积物愈细小,此外,海积土分布还与海水深度和海底地形有关。海洋沉积作用形成的各类海相沉积物(或海相沉积层)按分布地带的不同可分为海岸带沉积物、浅海带沉积物、次深海带沉积物与深海带沉积物。

5.4.2　海积土工程地质特征与防治

(1)海积土工程地质特征

海岸带沉积物主要由卵石、圆砾和砂等组成,具有基本水平或缓倾斜的层理构造,其承载力较高,透水性较强。浅海带沉积物主要由细粒砂土、黏性土、淤泥和生物化学沉积物组成,有层理构造,较疏松,含水量高,压缩性大,强度低。次深海带与深海带沉积物主要是有机质软泥,成分单一。

海浪冲击海岸能使海岸产生滑坡和崩塌,位于岸边的建筑(如码头、道路及住宅等)也随之破坏,因此,在海岸地区进行建筑时,必须对海岸的稳定性进行评估。海岸的稳定性取决于构成海岸岩石的成分、产状和海浪冲蚀情况等。松软的岩石比坚硬的岩石易受海浪冲刷破坏。由松散沉积物所构成的海岸,也常因稳定性不足而产生滑动。岩层产状对海岸稳定性也很重要,若岩层以较陡的倾角倾向海面,受冲刷后岩层容易顺着层面滑动或崩塌;若岩层倾向海面但倾角很缓,海岸比较稳定,因为海浪是顺着层面向上滚动,其冲击力都消耗在摩擦作用上;若岩层水平,岩石软硬相间,受海浪冲蚀后容易形成浪蚀阶地,削弱了海浪的破坏力;若岩层倾向陆地,海岸较为稳定。此外,在确定岩层产状的同时,还应注意岩石裂隙发育情况。

海浪的破坏力不仅与风力大小密切相关,而且还受海水深度及海底地形的影响。与海浪破坏作用相似的还有潮汐的破坏作用,在评估海岸稳定性时也应加以考虑,例如,我国钱塘江口的潮汐破坏作用对工程建设的影响就很大。

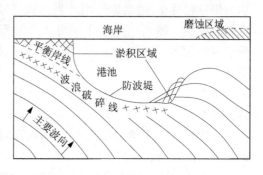

图 5-16　防波堤及其作用

(2)海洋地质作用的防治措施

护岸和护港措施一般有两个目的:第一,保护海岸与海港,使其免遭冲刷,并保护岸边建筑物的安全;第二,防止海岸与港口遭受淤积,保证建筑物及潮汐电站等正常运转。为此常采用下面两种方法。

①整流工程。利用一定的水工建筑物调整水流,形成对防止冲刷或防止淤积有利的水文动态条件,改变局部地区海岸形成作用的方向,如修筑防波堤、破浪堤、丁坝等来防止冲刷。防波堤是一种有效的防淤建筑(图5-16),可将泥砂截留在海港以外。防波堤造价高,因此,部分单位采用漂浮防波堤来形成砂嘴,以截留冲积物(图5-17)。破浪堤(又称水下防波堤)是设置于距海岸40~50 m

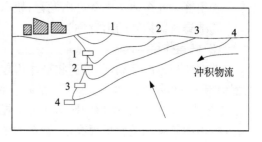

1—4　为漂浮物相继位置以及历次形成的沙嘴位置

图 5-17　漂浮防波堤

左右的水下长堤。当波浪向岸边推进到达破浪堤时,由于水深变浅,波浪受到阻力,而能量减弱,同时,泥砂堆积,形成新的平衡剖面,出现海滩,海岸被保护起来,堤本身也不致受波浪的巨大冲击而破坏。

②直接防蚀工程。修建一定的水工建筑物,直接保护海岸,免遭冲刷,如修筑护岸墙、护岸衬砌等。根据波浪动态和边岸的特点,修筑凹面石墙比直立护墙的防掏蚀效果好。

选择海岸防护措施须在深入研究地区自然条件的基础上进行,此外,还须考虑工程兴建对相邻地区海岸的影响,否则将导致不良的后果。因此,需要对整个海岸或海湾作统筹规划,采取综合性的防治措施。

5.5 冰川的地质作用及冰碛土

5.5.1 冰川地质作用

冰川的地质作用主要包括刨蚀、搬运和沉积三种形式。

(1)刨蚀作用

冰川对岩石的破坏作用称为刨蚀作用。一方面,冰川体的重量很大而且很坚硬,移动时磨碎岩石,并像犁一样刨深地面,将沟谷刨宽刨平;另一方面,冰川移动时因压力和摩擦的作用而使其底部部分冰融化成水而进入岩石裂缝,结冰后体积增大而扩展裂缝,将岩石碎裂成岩块,岩块又被冰川挟带一起移动,使摩擦作用加强,同时岩块本身也布满擦痕。冰川的刨蚀作用可改变地形地貌,形成特殊的冰蚀地形(图5-18),主要包括如下形式。

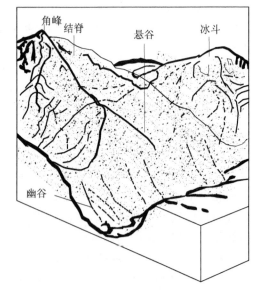

图5-18 冰蚀地形

①幽谷。冰川将沟谷刨成陡壁,断面成U形,称为幽谷。

②悬谷。大小两冰川会合时,形成高低不等的幽谷相接,小幽谷称为悬谷。

③冰斗。冰川源头多呈圆形,三面为陡壁,一面为低狭的洼地,该区域称为冰斗。

④角峰。几个冰斗围绕高山发育,使山峰变成陡峭的尖峰,称为角峰。

⑤结脊。锯齿状的山脊称为结脊。

(2)搬运作用

随着冰川体的运动,剥蚀产物被冰川包裹着或推移着向前移动,这种地质作用称为冰川的搬运作用。其分为两种形式,一种是碎屑物质包裹在冰内随冰川移动;另一种是冰融化成冰水,随冰水一起移动。冰川的搬运能力很强,但其分选能力很差。

冰川中碎屑物的含量很高,一般在60%以上,此外,冰川的搬运能力也很强,可将粒径数十米的巨石搬运至很远的地方。与流水搬运作用不同,冰川因为运动缓慢,通常无法直观看到它的搬运效果。漂砾远扬现象就是冰川搬运作用最直接的证据。

(3)沉积作用

冰川的沉积作用分为两种。一种是冰川体融化,碎屑物直接堆积,称为冰碛土;另一种是冰水将碎屑物质搬运而堆积,称为冰水沉积土。冰碛土由于沉积的位置不同,存在表碛、内碛、底碛、中碛、侧碛(图5-19)和终碛等之分,具体情况如下。

①表碛:冰川表面的冰碛物。

②内碛:冰川内的冰碛物。

③底碛:冰川谷底的冰碛物。

④侧碛:冰川两侧堆积的冰碛物。

⑤中碛:两条冰川汇合后,相邻的侧碛合二为一,位于会合后冰川的中间,称为中碛。

⑥终碛:随冰川前进,在冰川末端围绕的冰碛物,称为终碛。

⑦后退碛:冰川在后退过程中,发生局部的短暂停留,每一次停留就会造成一个后退碛。

⑧漂石:被搬运的巨大岩块即称为漂石,其岩性和附近基岩完全不同。

a—底碛　b—中碛　c—侧碛
图5-19　底碛、中碛、侧碛

5.5.2　冰碛土的特征及其工程地质评价

冰碛土的特征主要表现在如下几个方面:

①冰碛土无层次,无分选,而是块石、砾石、砂与黏性土的杂乱堆积,分布也不均匀。

②冰碛土虽经磨耗但仍然保持有鲜明的棱角外形。

③块石、砾石表面具有不同方向的擦痕。

④岩块的风化程度很轻微,冰碛层中无有机物及可溶盐类等物质。

⑤在冰碛土地层上进行工程建设时,应注意冰川堆积物的不均匀性,因为个别的漂石可能被误认为是基岩。冰川堆积物中有时含有大量的岩末,其黏结力很小,透水性弱,在开挖基坑时,如果遇到较大地下水头,坑壁容易坍塌。

⑥冰碛土多位于低洼地带,一般常蓄有大量的地下水,可作为供水水源。

冰雪融化形成的水流可冲刷和搬运冰碛物进行再沉积,形成冰水沉积土。冰水沉积土有分选现象,在冰川末端附近的冰水沉积土是由漂石和卵石等粗碎屑组成,随着离末端距离的增加,逐次变为砾石和砂,直至变为黏土,它们多具有良好的层理。冰水沉积土的透水性较大,含水较多,基坑开挖时较困难。

5.6　风的地质作用及风积土

5.6.1　风的地质作用及风积土

风的地质作用包括破坏作用、搬运作用与沉积作用三种形式。

(1)破坏作用

风力破坏岩石主要有下面两种方式。

①吹扬作用:风把岩石表面风化所产生的细小尘土、砂粒等碎屑物质吹走,使岩石的新鲜面暴露,从而继续遭受风化。

②磨蚀作用:风所夹带的砂和砾石,在吹扬过程中对阻碍物进行撞击摩擦,使其磨损式破坏。风的磨蚀作用可形成"石烂牙"和"石蘑菇"等奇特的地形。

(2)搬运作用

风能将碎屑物质搬运到他处,搬运的物质有明显的分选性,即粗碎屑搬运的距离较近,碎屑愈细,搬运就愈远。在搬运途中,碎屑颗粒因相互摩擦碰撞,逐渐磨圆变小。

风的搬运与流水的搬运是不同的,风可向更高的地方搬运,而流水只能向低洼的地方搬运。

(3)沉积作用

在干旱地区,地面无植被保护,岩石风化碎屑物因风的吹扬而被搬运,但当风力减弱或途中遇到障碍物时,它们便沉积下来,从而形成风积土。风化碎屑物沉积时,依照被搬运颗粒的大小顺序沉积。同一地点沉积的物质,颗粒大小相近,在水平方向上呈现明显的分选特征。风积土主要包括风成砂和风成黄土两种类型。

①风成砂。在干旱地区,风力将砂粒吹起,吹过一定距离后,风力减弱,砂粒坠落沉积而形成风成砂,一般统称为沙漠。应当指出,沙漠不完全是风的沉积作用而形成的,但大部分沙漠都与风的作用有关。

风成砂主要由细粒或中粒沙及少量黏土组成,矿物成分主要为石英与长石,分选性好,磨圆度高。风成砂比较疏松,受震动时能发生较大沉降,因此,其作为建筑物地基时必须事先进行处理。此外,风成砂具有较大的内摩擦角,但无黏结性或黏结性较低,因此,其承载力较高但抗风蚀能力极差。在风的作用下,砂可以逐渐堆积成大的砂堆,称为砂丘。砂丘的向风面平缓,背风面陡。

图 5-20 新月沙丘的平面与剖面示意图

砂丘有不同的形状,如外形成弯月状的称为新月砂丘(图5-20)。新月砂丘的弯角指向与风向一致。沙丘的高度可达几十米,它的位置是不固定的,在风的作用下经常移动,移动速度因各地的风力不同而不同。

②风成黄土。在干旱气候条件下,随风的停息而沉积成的黄色粉土沉积物称为风成黄土,简称黄土。风力以外形成的黄土,称为次生黄土或黄土状土。风成黄土具有垂直节理,均匀无层理,孔隙大,部分具有湿陷性。

5.6.2 风砂的危害及其防治

风砂可掩埋建筑物与道路,淹没农田,危害极大,因此,必须防治。通过长期的生产实践积累了丰富的治砂经验,可概括为三个字和一句话:"封""植""灌"和"因地制宜,综合治理"。"封"即封砂育草,在一定时期内不允许在沙漠地区乱砍、乱垦和乱牧,以保护植物的自然生长,并通过人工播种使砂区植物茂密起来,使砂丘逐步得到固定。"植"即植树造林,在沙漠地区营造大面积的防风林和护田林,减弱风速,阻止沙漠移动,改善沙地水分状况。"灌"即引水灌溉,在沙漠地区修建水库与水渠,进行灌溉,改变沙漠的土质和气候。

在工程上,亦可用机械方法固砂,如用黏土、石块、藤条及芦草等覆盖砂的表面,或用沥青乳剂固定砂层,还可设置防砂栏等阻止沙的移动。

防止风砂危害时,由于各地沙漠的自然条件不同,必须因地制宜,采取综合治理的原则。

思考题

5.1 简述风化带划分方法、风化防治措施和残积土分布特征。

5.2 简述地表流水的地质作用及坡积土、洪积土与冲积土的特征。

5.3 简述坡积土地区工程建设的工程地质问题。

5.4 冲沟是如何形成的？冲沟的发展分为哪几个阶段？

5.5 简述河流的侵蚀作用及其对河流形成与演化的影响。

5.6 简述阶地的类型和形成原因。

5.7 简述河岸地区工程建设的主要工程地质问题。

5.8 简述河流侵蚀与淤积的治理方法。

5.9 湖积土和沼泽沉积物有何工程地质特征？

5.10 简述海洋地质作用及其类型？

5.11 简述海积土工程地质特征及其防治措施。

5.12 简述冰川地质作用及冰碛土的工程地质特征。

5.18 简述风的地质作用及其治理方法。

第6章 常见地质灾害及防治

内容提要：

1. 地震及其治理措施；
2. 滑坡与及其治理措施；
3. 崩塌与岩堆及其治理措施；
4. 泥石流及其治理措施；
5. 岩溶与土洞及其治理措施。

由于极其复杂的自然和地质条件，加之人类生活和工程活动进一步的影响甚至破坏作用，在自然界或工程建设场地会不可避免地发生各种地质灾害，危及人类生活，破坏自然环境，影响工程建设的经济性与安全性，而且，工程建设的成败往往取决于对地质灾害的处治，因此，研究地质灾害及其处治措施具有重要的实际意义。

所谓地质灾害，是指由于不良自然和地质作用以及人类工程活动对人类生活、自然环境和工程建设所产生的危害，包括自然地质灾害和人为地质灾害。自然地质灾害是自然地质作用引起的灾害，如内力地质作用引起的火山爆发、地震和外力地质作用引起的滑坡、崩塌、泥石流、岩溶坍塌等；人为地质灾害是由于人类工程活动使周围地质环境发生恶化而诱发的地质灾害，例如工程开挖诱发山体松动、滑坡和崩塌，水土流失加剧洪涝灾害等。

自然界中地质灾害的种类繁多，其成因和对工程建设的影响也存在很大差异，本章仅重点介绍土木工程建设中最常见的地质灾害（包括地震、崩塌、滑坡、泥石流、岩溶与土洞）及其防治措施。

6.1 地 震

由于地壳内的岩浆活动和地壳运动，地震每时每刻都在发生，有的可以被人感觉到，而有的却不能为人所感觉。据不完全统计，地球上每年发生地震 500 万次以上，人能感觉到的约 5 万次，其中，能引起破坏作用的约 1 000 次，里氏 7.0 级以上的大地震有十几次。世界上已发生的最大地震的震级为里氏 8.9 级，它于 1960 年 5 月 22 日发生在南美智利，使两千多智利人遇难，超过两百万人无家可归，直接经济损失 5.5 亿美元。2008 年 5 月 12 日，在我国汶川发生的大地震，最大震级为里氏 8.0 级，是新中国成立以来破坏力最大的地震，也是继唐山大地震后损失最惨重的一次地震，共遇难 69 227 人，受伤 374 643 人，失踪 17 923 人，直接经济损失达 8 451 亿元。2010 年 1 月 12 日，加勒比岛国海地发生里氏 7.3 级强地震，11.3 万人丧生，19.6 万人受伤。2010 年 2 月 27 日，智利第二大城市康赛普西翁发生里氏 8.8 级特大地震，引发海啸，波及澳大利亚等多个国家。

具有破坏作用的地震发生具有随机性，至今难以预测，它们的破坏作用及其防治措施是工程建设必须要重点考虑的问题。下面将对此须概要介绍。

6.1.1 地震的基本概念

地下深处的岩层，由于某种原因，例如，岩层突然破裂、塌陷以及火山爆发等，使岩层产生震动，并以弹性波的形式传播，这种现象称为地震。它是岩浆活动和地壳运动的一种表现。其相关基本概念主要包括：

①震源。地壳或地幔中发生地震的地方称为震源。

②震中。震源在地面的垂直投影称为震中，它可被视为地面振动的中心。在地面上，震中的振动最强，远离震中的地面振动逐渐减弱。

③震源深度。震源到地面的铅直距离(图 6-1)。按震源深度大小一般可将地震划分为三种类型：浅源地震，震源深度为 0～70 km；中源地震，震源深度为 70～300 km；深源地震：震源深度大于 300 km。

至今出现的地震有记录的最大震源深度约为 720 km。绝大部分地震是浅源地震，约占地震总数的 72.5%，震源深度多集中于 5～20 km，中源地震比较少，而深源地震更少。对于同样大小的地震，当震源较浅时，波及范围较小，破坏性较大；当震源深度较大时，波及范围虽较大，但其破坏性相对较小。绝大多数破坏性地震都是浅源地震，一般震源深度超过 100 km 的地震在地面上不会引起灾害。唐山地震的震源深度为 12～16 km，汶川地震的震源深度为 10～20 km，两者均为浅源地震。

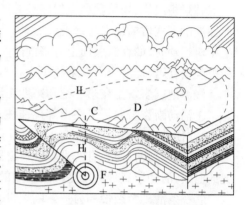

F—震源　C—震中　H—震源深度
D—震中距　IL—等震线

图 6-1　地震的基本概念

④震中距。地面上某点到震中的直线距离(图 6-1)称为该点的震中距。按震中距大小可将地震分为两种类型：近震，震中距小于 1 000 km；远震，震中距大于 1 000 km。震中距越大，地震的破坏性越小，反之则越大。引起地质灾害的地震一般都是近震。

⑤震中区。围绕震中一定面积的地区称为震中区。它表示地震时震害最严重的地区，强烈地震的震中区常称为极震区。

⑥等震线。在同一次地震影响下，地面上破坏程度相同各点的连线称为等震线。绘有等震线的平面图称为等震线图。等震线图在地震工作中用途很多，例如，根据它可确定宏观震中的位置；根据震中区等

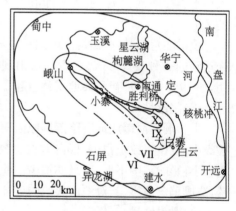

图 6-2　云南海通地震等震线图

震线的形状，可以推断发震断层的走向等。图 6-2 为 1970 年云南通海地震的等震线图，最里面等震线的长轴方向是 NW-SE 向，与曲江大断裂的方向是一致的。

6.1.2 地震类型

按地震形成成因，可将地震分为天然地震与人为地震两大类型。人为地震所引起的地表振动较轻微，影响范围也很小，而且能做到事先预防。本章主要讨论天然地震，按其成因，可将天然地震划分为构造地震、火山地震、陷落地震和激发地震。

(1)构造地震

因地质构造作用而产生的地震称为构造地震。构造地震与构造运动的强弱直接相关,它分布于新生代以来地质构造运动最为剧烈的地区,是地震的最主要类型,约占地震总数的90%。

构造地震中最为普遍的是由于地壳地层断裂活动而引起的地震。绝大部分构造地震都是浅源地震,距地表很近,对地面影响最显著,一些巨大的破坏性地震均属于此类型。一般认为构造地震的形成是由于岩层在构造应力作用下产生应变,积累了大量的弹性应变能,当应变能一旦超过极限值,岩层就会突然破裂并产生位移,形成大的断裂,同时释放出大量的能量,并以弹性波的形式传播而引起地壳的振动,从而产生地震。此外,对于已有大断层,当断层两盘发生相对运动时,如在断层面上有坚固的大块岩层伸出,能够阻挡滑动作用,两盘的相对运动在那里就会受阻,局部应力越来越集中,一旦超过极限,阻挡的岩块被破碎,地震就会发生。

浅源地震多发生在第三纪和第四纪以来的活动断裂带内,其形成具有如下规律:

①活动断裂带曲折最突出部位往往是震中所在地点,因为突出部位往往是构造脆弱的地方,也往往是应力集中的地方。

②活动断裂带两头有时是震中往返跳动地点,因为活动断裂带在应力加强而被迫向外发展的时候,活动断裂带两端是继续发展的最有利部位。

③一条活动断裂带和另一条断裂带交叉的地方往往是震中所在地点,因为在断裂交叉部位,断面大多崎岖不平,或者有大量破坏了的岩块聚集在一起,容易导致应力集中。

(2)火山地震

由于火山喷发或火山下面岩浆活动而产生的地震称为火山地震。世界上一些大火山带均能观测到与火山活动有关的地震。火山地震波及的地区多局限于火山附近数十公里的范围。火山地震在中国少见,主要分布在日本、印度尼西亚及南美等地。火山地震约占地震总数的7%。

值得注意的是,火山地区的地震并不总与火山喷发活动有关,因为火山与地震均为现代地壳运动的一种表现形式,二者往往出现在同一地带。此外,地震对火山喷发也可能起激发作用,如1960年5月智利大地震就引起了火山的重新喷发。

(3)陷落地震

由于洞穴崩塌或地层陷落等原因而产生的地震称为陷落地震。该类地震释放的能量小,震级小,发生次数也很少,仅占地震总数的3%。岩溶发育地区由于溶洞陷落而引起的地震,危害小,影响范围不大,数量亦很少。此外,某些矿山采空区,待悬空面积相当大以后将发生塌落,造成陷落地震,其对地面建筑的破坏不容忽视,对安全生产也有很大威胁。

(4)激发地震

构造应力原来处于相对平衡的地区因外力作用破坏了相对稳定的状态而引起的地震称为激发地震。例如,水库地震,深井注水引起的地震,爆破引起的地震等。激化地震为数甚少。

水库地震能达到较高的震级而造成地面的破坏,进而危及水坝的安全。我国著名的水库地震发生于1959年10月的广东新丰江水库(坝高105 m),该水库蓄水后一个月即发生了地震,而且随着水位上升,坝和库区的有感地震也增多,震级也越来越高,最高曾发生过6.1级地震。

对于深井注水引起的地震,最典型的案例发生在美国科罗拉多州丹佛地区,该地有一口排灌废水深井(深度为3 614 m),开始使用后不久就发生了地震,地震出现于深井附近,当注水量加大时地震随之增强,当注水量减少时地震随之减弱,其原因可能是注水后岩石抗剪强度降低,导致破裂面重新滑动。

此外,地下核爆炸或大爆破也可能激发小规模地震。

值得注意,并非所有水库、深井注水或大爆破都能引起地震,外界触发只是地震发生的一个条件,还须通过内在因素作用,即只有在一定的构造条件和地层条件下被激发时才可能发生地震。

6.1.3 地震分布

地震并不是均匀分布于地球的各个部位,而是集中于某些特定的条带上或板块边界上。了解世界及我国地震分布规律对于保护人类生命与财产安全和防止地震对工程建设的破坏具有重要的实际意义。下面简要介绍世界和我国的主要地震带及地震分布规律。

(1)世界地震分布

在世界范围内,主要地震带包括环太平洋地震带与地中海—喜马拉雅地震带(图6-3),它们都是板块的汇聚边界。

图6-3 世界地震分布

①环太平洋地震带。沿南北美洲西海岸,向北至阿拉斯加,经阿留申群岛至堪察加半岛,转向西南沿千岛群岛至日本列岛,然后分为两支,一支向南经马里亚纳群岛至伊利安岛,另一支向西南经我国台湾、菲律宾、印度尼西亚至伊利安岛,这两支再汇合后经所罗门至新西兰。

这一地震带地震活动性最强,是地球上最主要的地震带之一。全世界80%的浅源地震、90%的中源地震和几乎全部深源地震都集中于该地震带,其释放出来的地震能量约占全球所有地震释放能量的76%。

②地中海—喜马拉雅地震带。主要分布于欧亚大陆,又称欧亚地震带。西起大西洋亚速尔岛,经地中海、希腊、土耳其、印度北部、我国西部与西南地区,过缅甸至印度尼西亚与环太平洋地震带汇合。

这一地震带的地震很多,也很强烈,它们释放出来的地震能量约占全球所有地震释放能量的22%。

(2)中国地震分布

我国地处世界上两大地震活动带的中间,地震活动性比较强烈,主要集中在以下五个地震带(图6-4)。

①东南沿海及台湾地震带。以台湾的地震最频繁,属于环太平洋地震带。

②郯城—庐江地震带。自安徽庐江往北至山东郯城一线,并越渤海,经营口再往北,与吉林舒兰、黑龙江依兰断裂连接,它为我国东部的强地震带。

③华北地震带。北起燕山,南经山西到渭河平原,构成S形地震带。

④横贯中国的南北向地震带。北起

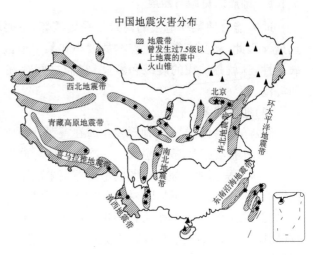

图6-4 中国地震分布

贺兰山、六盘山,横越秦岭,通过甘肃文县,沿岷江向南,经四川盆地西缘,直达滇东地区,它为一规模巨大的强烈地震带。

⑤西藏—滇西地震带。属于地中海—喜马拉雅地震带。

此外,还有河西走廊地震带、天山南北地震带以及塔里木盆地南缘地震带等。

6.1.4 地震波

地震时由震源传播出来的弹性波称为地震波。地震波包括两种在介质内部传播的体波和两种沿界面传播的面波。

(1)体波

体波是指在岩土介质内部传播的地震波,它可分为纵波与横波两种。

①纵波。纵波又称压缩波或 P 波。纵波周期短,振幅小,其传播速度在所有波中最快,震动破坏力较小,在近地表的一般岩石中,波速约为 $7\sim13$ km/s。纵波能通过任何物质(包括固体、液体和气体)传播。纵波引起地面跳动,对一般地面建筑物的破坏较小。由于它传播速度快,沿途能量损失也快,随着传播距离的增大,很快变得微弱,所以,只有离震中较近的地方的破坏才比较严重。

②横波。横波又称剪切波或 S 波。横波周期较长,振幅较大,传播速度较小,传播速度为纵波速度的 $0.5\sim0.6$ 倍,但破坏力较大。在近地表的一般岩石中,传播速度约为 $4\sim7$ km/s。它只能在固体物质中传播,基本不能通过对剪切无抵抗能力的液体和气体。它在地面形成水平振动,对建筑物的破坏较强。由于它的传播速度较慢,沿途能量损失也较慢,所以,在离震中较远的地方,虽然纵波已较微弱,但横波还较强。

(2)面波

面波又称 L 波,它是体波到达界面后被激化而形成的次生波,只能沿地表面或地壳内的不连续边界面传播,其向地面以下传播时会迅速消失。面波随震源深度的增加而迅速减弱,震源愈深,面波愈不发育。面波有瑞利波(R 波)与勒夫波(Q 波)两种。面波传播速度最慢,平均速度约为 $3\sim4$ km/s。

值得注意,一般情况下,横波或面波到达时振动最强烈,因此,建筑物破坏通常是由横波或面波引起的。

6.1.5 地震的震级与烈度

地震能否使某一地区的建筑物受到破坏,主要取决于地震本身的大小和该区距震中的远近。因此,需要有衡量地震本身大小和某一地区振动强烈程度这两个尺度来描述地震的破坏性,这就是地震的震级和烈度,它们之间存在一定的联系,但却是两个不同的概念,不能混淆。

(1)地震震级

地震的震级是指一次地震发生时在震源处释放能量的大小。它与地震所释放的能量直接相关,释放能量愈大,震级愈大。一次地震所释放的能量是固定的,一次地震只有一个震级。

震级可根据地震波记录图的最大振幅来确定。因为远离震中的震动要衰减,不同地震仪的性能不同,其记录的地震波振幅也不同,所以必须以标准地震仪和标准震中距的记录为准进行地震震级计算。依据李希特—古登堡的最初定义,地震震级是距震中 100 km 的标准地震仪(周期 0.8 s,阻尼比 0.8,信号放大率 2 800 倍)所记录的以微米(μm)表示的最大振幅的常用对数值。

我国使用的地震震级是国际上通行的里氏地震震级。震级每增大一级,释放能量约增加30倍,一个7级地震相当于近30个2万吨级原子弹爆炸所释放的能量。小于2级的地震,人们感觉不到,称为微震;2~4级地震称为有感地震;5级以上地震会引起不同程度的破坏,统称为破坏性地震或强震;7级以上的地震称为强烈地震或大震。已记录的最大地震震级还没有超过8.9级的,这是由于岩石强度不能积蓄超过8.9级的弹性应变能。

台湾集集大地震,在主震发生后的一个月内,余震多达15万余次,其中6.0级以上的地震8次(包括6.8级的地震3次),根据台湾建筑研究所和地震工程中心所收集的8 773栋建筑的震害资料统计结果,震中区的南投县和台山县破坏最为严重,分别有4 500余栋(占53%)和2 800栋(占32%)建筑破坏,在远离震中150 km以外的台北市,由于盆地效应仍有300余栋建筑破坏。

(2)地震烈度

地震烈度是指某一地区的地面和建筑物遭受地震影响和破坏的强烈程度。地震烈度表是划分地震烈度的标准,它是工程抗震设计的重要依据,它主要是根据地震时地面建筑物破坏程度、地震现象、人的感觉等来划分制订的,具体情况可参考相关规范,这里不再赘述。我国和世界上大多数国家都是把地震烈度分为12度。

值得注意的是,震级与烈度虽然都是地震强烈程度的衡量指标,但烈度对工程抗震有更为密切的关系。地震烈度常作为工程抗震设计与选择工程抗震措施的依据,常用的地震烈度有基本烈度、场地烈度和设计烈度。

①基本烈度。在今后一定时期内,某一地区在一般场地条件下可能遭遇的最大地震烈度称为基本烈度。基本烈度所指的地区并不是某一具体工程场地,而是指一较大范围,如一个区、一个县或更广大的地区,因此,基本烈度又称为区域烈度。

鉴定和划分各地区地震烈度大小的工作,称为烈度区域划分,简称烈度区划。基本烈度区划不应只以历史地震资料为依据,而应采取地震地质和历史地震资料相结合的方法进行综合分析,深入研究活动构造体系与地震的关系,方能做到较准确地区划地震基本烈度。各地基本烈度确定的准确与否与该地区工程建设的关系甚为密切。若烈度定得过高,提高抗震设计标准,则会造成人力和物力的浪费;若烈度定得过低,降低抗震设计标准,则一旦发生较大地震,必然造成生命财产损失。

②场地烈度。在基本烈度基础上,根据建筑场地条件调整后的地震烈度称为场地烈度。场地烈度提供的是地区内普遍遭遇的烈度,具体场地的地震烈度与地区内的平均烈度常常是有差别的。

在同一个基本烈度地区,各具体建筑场地的地质条件不同,在同一次地震作用下,地震烈度往往不相同。因此,在进行工程抗震设计时,应该考虑场地条件对地震烈度的影响,对基本烈度做适当提高或降低,使设计所采用的烈度更符合工程实际情况。

③设计烈度。在场地烈度基础上,考虑工程的重要程度、抗震性和修复的难易程度,依据规范进一步调整得到的地震烈度称为设计烈度,亦称设防烈度。设计烈度是工程设计中实际采用的地震烈度。

6.1.6 建筑场地与地基的地震影响评价

在地震基本烈度相同的地区内,常出现建筑结构类型和建筑质量基本相同而建筑物所受震害及其程度有较大差别的现象,其主要原因在于建筑场地条件不同,因此,对建筑场地与地基的地震评价具有重要实际意义。其主要从如下几个方面考虑。

①地形。地震震害调查表明,地形对建筑物震害有明显的影响,如孤立突出的小丘和山脊地区、山地的斜坡地区、陡岸、河流、湖泊以及沼泽洼地的边缘地带等,均会使震害加剧,烈度提高。

②断层。断层是地质构造的薄弱环节,多数浅源地震均与断层活动有关。一些具有潜在地震活动的发震断层,地震时会出现很大错动,对工程建设的破坏性很大。一些与发震断层有一定联系的非发震断层,由于受到发震断层的牵动和地震波传播过程中产生的变异,也可能造成高烈度异常现象。

③场地土质条件。建筑场地岩土体构成建筑物地基或作为建筑结构部分,岩土体的物理力学性质对建筑物震害的影响是明显的,影响最大的是基岩上覆土层的土质及其厚度。根据日本在东京湾及新宿布置的4个不同深度的钻孔观测资料表明,地面的水平最大加速度大于地下深度110~150 m处的水平最大加速度。土层对震害的放大系数与土质密切相关,其比值为:岩土为1.5,砂土为1.5~3.0,软黏土为2.5~3.5。填土层对地表运动也有较大的放大作用。另外,建筑物震害程度随覆盖土层厚度的增加而加重。

④场地岩土类型:建筑场地岩土类型可根据剪切波速度v_p(单位:m/s)划分为四类,即坚硬场地土(v_p>500)、中硬场地土(250<v_p≤500)、中软场地土(140<v_p≤250)和软弱场地土(v_p≤140)。相比之下,软弱场地土产生的震害最严重,而坚硬场地土产生的震害最小。

⑤建筑场地类型。依据建筑场地岩土类型和覆盖层厚度可将建筑场地分为Ⅰ、Ⅱ、Ⅲ和Ⅳ四个类型,见表6-1。地震对建筑物的影响程度随建筑场地类型的提高依次增大。

表6-1　建筑场地类型的划分

场地岩土类型	覆盖层厚度(m)				
	0	0~3	3~9	9~80	>80
坚硬场地土	Ⅰ				
中硬场地土		Ⅰ	Ⅰ	Ⅱ	Ⅱ
中软场地土		Ⅰ	Ⅱ	Ⅱ	Ⅲ
软弱场地土		Ⅰ	Ⅱ	Ⅲ	Ⅳ

6.1.7　建筑工程震害及防震原则

(1)建筑工程震害

建筑工程的震害主要表现为如下几个方面。

①地基液化。在地震发生的短暂过程中,砂土地基孔隙水压力骤然上升而来不及消散,有效应力降低至零,呈近乎液体的状态而导致地基土抗剪强度和承载能力完全丧失的现象称为地基液化。地基液化主要发生在饱和的粉、细砂和粉土地基中。其表现形式主要为地表开裂、喷砂或冒水,从而引起滑坡和地基失效以及上部建筑物下陷、浮起、倾斜、开裂等震害现象,如图6-5所示。

②软土震陷。地震时地面产生较大附加下沉的现象称为软土震陷。震陷常发生在松砂、软黏土

图6-5　地震液化导致房屋倾斜(日本,1964)

或淤泥质土地基中。产生震陷的原因主要表现为松砂震密、土体液化和土体塌陷等。地基震陷不仅使建筑物产生过大沉降,而且还会产生较大的差异沉降和倾斜,影响建筑物的安全与使用。

③滑坡。地震导致滑坡的主要原因包括两个方面:一方面,地震使边坡受到了附加惯性

力,加大了下滑力;另一方面,地震使地基土体震密,孔隙水压力升高,有效应力降低,减小了阻滑力。地质调查表明,凡发生过滑坡的地区,地层中几乎都夹有砂层。

④地裂。地震时常出现地裂,它主要包括两类。其一是构造性地裂,它虽与发震构造有密切关系,但并不是深部基岩构造断裂直接延伸至地表而形成的,而是较厚覆盖土层内部的错动;其二是重力式地裂,它是由于滑坡或上覆土层沿倾斜下卧层层面滑动而引起的地面张裂,这种地裂在河岸、古河道旁以及半挖半填地基中最容易出现。

(2)建筑工程防震原则

建筑工程防震主要从以下几个方面进行考虑。

①建筑场地的选择。在地震区进行工程建设时,必须依据工程地质勘察资料,从地震作用角度将建筑场地分为对抗震有利、不利和危险地段而区别对待。不同地段的地震效应与防震措施存在很大差异。

a. 对建筑物抗震有利的地段。地形平坦或地貌单一的平缓地、建筑场地的属Ⅰ类或坚实均匀的Ⅱ类以及地下水埋藏较深等地段均对建筑物抗震有利。地震时,这些地段的建筑物受影响较小,应尽量选择它们作为建筑场地和地基。

b. 对建筑物抗震不利的地段。一般为非岩质陡坡、带状突出的山脊、高耸孤立的山丘、多种地貌交接部位、断层河谷交叉处、河岸和边坡边缘及小河曲轴心附近;平面分布上成因、岩性、状态明显有软硬不均的土层(如古河道、断层破碎带、暗埋的塘浜沟谷及半填半挖地基等);建筑场地的土属Ⅲ类;可液化的土层;发震断裂与非发震断裂交汇地段;小倾角发震断裂带上盘;地下水埋藏不太大或具有承压水地段。这些地段在地震时对建筑物影响大,建筑物易破坏,选择建筑场地和地基时应尽量避开。

c. 对建筑物危险的地段。一般为发震断裂带上可能发生地表错位及地震时可能引起山崩、地陷、滑坡、泥石流等地段。这些地段在地震时很可能造成地震灾害,一般不应在此进行工程建设。

②砂土及易液化地基。一般情况下,建筑物地基应避免直接采用易液化砂土作持力层,否则,须考虑采取如下处治措施。

a. 浅基。若易液化砂土层上部存在一定厚度的稳定表土层,这种情况下可根据建筑物的具体情况采用浅基础,将上部稳定表土层作持力层。

b. 换土。若基底附近有较薄的可液化砂土层,可采用换土进行处理。

c. 增密。若砂土层很浅或露出地表且有相当厚度,可用机械方法或爆炸方法提高砂土层密实度。

d. 筏板、箱形和桩基础。在易液化地基及软土地基上,整体性较好的筏板和箱形基础对提高基础的抗震性具有显著作用,它们可较好地调整基底压力,有效地减轻因大量震陷而引起的地基不均匀沉降,减轻对上部建筑物的破坏。桩基也是易液化地基上抗震性良好的基础型式,但是,桩长应保证穿过易液化的砂土层,并有足够长度伸入稳定土层。

③软土及不均匀地基。软土地基在地震时的主要问题是产生过大的附加沉降,而且这种沉降经常是不均匀的。地震时,地基应力增加,土体强度下降而被剪切破坏,土体向两侧挤出,致使房屋沉降量大、倾斜与破坏;厚的软土地基振动周期较长,振幅较大,振动持续时间也较长,对自振周期较长的建筑物不利。软土地基设计时要合理选择地基承载力,因其主要受变形控制,故基底压力不宜过大,同时应增加上部结构的刚度。软土地基上采用片筏、箱形或钢筋混凝土条形基础,抗震效果较好。

不均匀地基(如半挖半填、软硬不均的地基以及暗埋的沟坑塘等)上建筑物的震害都较严重,工程建设应避开,否则应采取有效措施。

值得注意,在地震烈度小于5度的地区,建筑物一般无须特别考虑地震影响;在6度地震区(建造于Ⅳ类场地上较高的高层建筑与高耸结构除外),要求建筑物施工质量好,采用质量较好的建筑材料,并满足抗震措施要求;在7~9度地震区,建筑物必须根据相关抗震规范专门进行抗震设计。

6.1.8 公路工程震害及防震原则

(1)地震对公路工程的破坏作用

①地变形和破坏。主要包括断裂错动、地裂缝与地倾斜等。

a. 断裂错动。地震发生断裂错动时在地面上的表现。

b. 地裂缝。地震时常见的破坏现象。按一定方向规则排列的构造型地裂缝多沿发震断层及其邻近地段分布(图6-6)。有的是由地下岩层受到挤压、扭曲和拉伸等作用发生断裂而直接露出地表形成,有的是由地下岩层的断裂错动影响到地表土层而产生的裂缝。

c. 地倾斜。地震时地面出现的波状起伏,它是面波作用形成的,不仅在大地震时可以看到它们,而且在震后往往有残余变形留在地表。

出现在发震断层及其邻近地段的断裂错动和构造型地裂缝是人力难以克服的,对公路工程的

图6-6 地裂缝

破坏无从防治,因此,对待它们只能采取两种办法:其一是尽可能避开;其二是不能避开时本着便于修复的原则设计公路,以便破坏后能及时修复。

②促使软弱地基的变形与失效。软弱地基一般是指易触变的软弱黏土地基与易液化的饱和砂土地基。在地震作用下,由于触变或液化可使软弱地基承载力大幅降低或完全消失,这种现象称为地基失效。软弱地基失效时,可能发生较大的变位或流动,不但不能支承建筑物,反而对建筑物基础起推挤作用,严重破坏建筑物。此外,软弱地基在地震时易产生不均匀沉降,振动周期长,振幅大,使其上的建筑物易发生破坏。

鉴于软弱地基抗震性能差,修建在软弱地基上的建筑物震害普遍而又严重,《公路工程抗震设计规范》认为,软弱黏土层和可液化土层不宜直接用做路基和建筑物地基,当无法避免时,应采取抗震措施。此外,根据国内外经验,修建于软弱地基上的公路工程设防烈度起点应为7度。

③激发滑坡、崩塌与泥石流。强烈的地震作用能激发滑坡、崩塌与泥石流。若震前久雨,则更易发生。在山区,地震激发的滑坡、崩塌与泥石流所造成的灾害和损失常比地震本身直接造成的还要严重。规模巨大的崩塌、滑坡与泥石流可摧毁道路和桥梁,掩埋居民点。峡谷内的崩塌和滑坡可阻河成湖,淹没道路和桥梁。一旦堆石溃决,洪水下泻,可引起下游水灾。水库区发生大规模滑坡和崩塌时,不仅会使水位上升,而且能激起巨浪,冲击大坝,威胁坝体安全。

地震激发滑坡、崩塌与泥石流的危害,不仅表现在地震时发生的滑坡、崩塌与泥石流,以及由此引起的堵河、淹没和溃决所造成的灾害,还表现在因岩体震松和山坡裂缝,在地震发生后相当长的一段时间内,滑坡、崩塌与泥石流的发生将连续不断。地震时可能发生大规模滑坡、

崩塌的地段为抗震危险地段,路线确定时应尽量避开。

(2)平原地区路基震害及防震原则

①平原地区路基震害。平原地区易于发生震害的是软土地基上的路堤、桥头路堤、高路堤与砂土路堤等,震害最多的是修筑在软土地基上的路堤。常见的震害类型主要存在如下几种形式。

a. 纵向开裂。它是最常见的路堤震害,多发生在路肩与行车道之间或新老路基之间。对于软弱地基上的路堤,纵向开裂可达很大规模。

b. 边坡滑动。一般是由于路堤主体与边坡附近的碾压质量差别较大,震前坡脚又受水浸泡,地震时土的抗剪强度急剧降低,形成边坡滑动。

c. 路堤坍塌。多见于用粉土或砂土填筑的路堤。由于压实度不足,又受水浸泡,在地震作用下,土的抗剪强度急剧降低或消失,导致路堤坍塌。

d. 路堤下沉。在宽阔的软弱地基上,地震时,由于软弱黏土地基的触变或饱和粉细砂地基的液化,路堤下沉,两侧田野地面发生隆起。

e. 纵向波浪变形。路线走向与地震波传播方向一致时,面波造成地面波浪起伏,使路基随之起伏,并在鼓起地段的路面上产生众多横向张裂缝。

f. 桥头路堤震害。以连接桥梁等坚固构造物的路堤震害最普遍,一般较邻近路段震害严重,主要震害形式有下沉、开裂和坍塌等。

g. 地裂缝造成的震害。由地裂缝造成的路基错断、沉陷和开裂,往往贯穿路堤的全高全宽,其分布完全受地裂缝带的控制,与路堤结构无联系。在低湿平原与河流两岸,沿地裂缝带常出现大量的喷水冒砂现象。

②平原地区路基的防震原则。

a. 避免低洼地带修筑路基。尽量避免沿河岸和水渠修筑路基,不得已时,也应尽量远离河岸与水渠。

b. 防止地基液化。在软弱地基上修筑路基时,要注意鉴别地基中易液化砂土、易触变黏土的埋藏范围与厚度,并采取相应的加固措施。

c. 加强路基排水。合理设置排水沟渠,避免路侧积水。

d. 控制路基压实度。特别是高路堤要分层压实,尽量使路肩与行车道部分具有相同的密实度。

e. 注意新老路基结合。老路加宽时,应在老路基边坡上开挖台阶,并注意对新填土的压实。

f. 控制路基填筑材料。尽量采用黏性土作路堤填筑材料,避免使用低塑限粉土或砂土。

g. 加强桥头路堤防护工程。

(3)山岭地区路基震害及防震原则

①山岭地区路基的震害。山岭地区地形复杂,路基断面形式多,防护和支挡工程也多,这里仅以路堑、半填半挖路基和挡土墙为代表介绍山岭地区路基震害,主要表现在如下几个方面。

a. 路堑边坡的滑坡与崩塌。在7度地震烈度地区一般较轻微,而在大于8度地震烈度地区较严重。岩质边坡的主要震害类型是崩塌,松散堆

图6-7　地震导致路堑边坡滑坡

积层边坡则多发生崩塌性滑坡(图6-7)。崩塌常发生在裂隙发育和岩体破碎的高边坡路段,

崩塌性滑坡则多与存在软质岩石、地下水活动和软弱构造面等有关。

b. 半填半挖路基的上坍与下陷。上坍是指挖方边坡的滑坡与崩塌,其情况与路堑边坡类似;下陷是指填方部分的开裂与沉陷,此种震害较普遍且严重。由于填方与挖方路基的密实度不一致,基底软硬不一,故地震时易沿填挖交界面出现裂缝和坍滑。

c. 挡土墙的震害。挡土墙等抵抗土压力的建筑物,地震时由于地基承载力降低,土压力增大,所遭受的震害比较多。尤其是软土地基上的挡土墙特别是高挡土墙、干砌片石挡土墙等遭受震害的实例更多。对于目前公路上大量使用的各种石砌挡土墙,主要震害类型有砌缝开裂、墙体变形与墙体倾倒。前两者主要见于7~8度地震烈度区,后者主要见于大于9度的地震烈度区。砌缝开裂是最常见的震害,主要与地震时地基的不均匀沉陷和砂浆强度不足有关。墙体膨胀变形主要与地震时墙背土压力增大有关。墙体倒塌可能与地基软弱、地震力强和土压力增大等因素有关。

②山岭地区路基的防震原则。

a. 避开可能发生大规模崩塌与滑坡的地段。在可能因发生崩塌、滑坡而堵河成湖时,应估计其可能被淹没的范围和溃决的影响范围,进而合理确定沿河路线的方案和标高。

b. 减少对山体自然平衡条件和自然植被的破坏。严格控制挖方边坡高度,并根据地震烈度适当放缓边坡坡度。在山体严重松散地段和易崩塌滑坡地段,应采取防护加固措施。在高烈度区,岩体严重风化地段不宜采用大爆破施工。

c. 山坡上避免或减少半填半挖路基。如不可能,则应采取适当加固措施。在陡于1:3的山坡上填筑路堤时,应采取措施保证填方部分与山坡的结合强度,同时还应加强上侧山坡的排水和坡脚的支挡措施。在更陡的山坡上,应用挡土墙加固,或以栈桥代替路基。

d. 大于或等于7度烈度区内的挡土墙应进行抗震强度和稳定性验算。干砌挡土墙应根据地震烈度限制墙高。浆砌挡土墙的砂浆标号较一般地区应适当提高。在软弱地基上修建挡土墙时,可视具体情况采取换土、加大基础面积或采用桩基等措施,同时还要保证墙身砌筑、墙背填土夯实与排水设施的施工质量。

6.1.9 桥梁工程震害及防震原则

(1)桥梁工程震害

强烈地震时,桥梁震害较多。桥梁遭受震害的原因主要是由于墩台的位移和倒塌,下部构造发生变形引起上部结构变形或坠落(图6-8)。下部结构完整,上部结构滑出和脱落的也有,但比较少见,且多与桥梁构造上的缺陷有关。因此,地基的好坏对桥梁在地震时的安全性影响最大。

在软弱地基上,桥梁震害不仅严重,而且分布范围广。在一般地基上,也可能产生某些桥梁震

图6-8 地震导致路堑边坡滑坡

害,如墩台裂缝、因土压力增大或水平方向抵抗力降低而引起的墩台水平位移或倾斜等,但这些震害只出现在更高的烈度区内。如1923年日本关东地震时,上述震害只出现在11度及以上的烈度区内;又如1976年河北唐山地震时,上述震害也只出现在10度及以上的烈度区内。值得注意的是,唐山地震时,在9度烈度区内,建于砂或卵石地基上的两座多孔长桥也遭到严重破坏,桥墩普遍开裂与折断,导致落梁,这可能是桥长与地震波长相近,地震时桥梁基础产生

差动,使某些相邻桥墩向相反方向位移,造成某些桥孔的跨径有增大或缩小的缘故。

(2)桥梁工程的防震原则

①优选桥位。勘测时查明对桥梁抗震有利、不利和危险的地段,按照避重就轻的原则,充分利用有利地段选定桥位。

②优选基础位置。在可能发生河岸液化、滑坡的软弱地基上建桥时,可适当增加桥长,合理布置桥孔,避免将墩台布设在可能滑动的岸坡上或地形突变处,也可适当增加基础的刚度和埋置深度,以提高基础抵抗水平推力的能力。

③优化基础设计。当桥梁基础置于软弱黏土层或严重不均匀地层上时,应注意减轻荷载,加大基底面积,减少基底偏心,采用桩基础;当桥梁基础置于可液化土层上时,基桩应穿过可液化土层,并在稳定土层中有足够的嵌入长度。

④减少结构重量。尽量减轻桥梁总重量,采用轻型上部结构,避免头重脚轻。对振动周期较长的高桥,应按动力理论进行专门设计。

⑤加强结构连接。加强上部结构的纵向和横向连接,加强上部结构的整体性。选用抗震性能较好的支座,加强上下部连接,采取限制上部结构纵横向位移或上抛的措施,防止落梁。

⑥优化结构设计。多孔长桥宜分节建造,化长桥为短桥,使各分节能互不依存地基变形。

⑦优选建筑材料。用砖、石圬工和素混凝土等脆性材料修建的建筑物,抗拉和抗冲击能力弱,接缝处易发生裂纹、位移和坍塌等病害,应尽量少用,并尽可能选用抗震性能好的钢材或钢筋混凝土。

6.2　滑　坡

斜坡部分岩土体在重力和外部营力作用下失去原有平衡而沿坡体内某滑动面或滑动带发生整体下滑的现象称为滑坡。滑坡是山区公路、铁路、城镇和村庄的主要危害之一。路基边坡发生滑坡,常使交通中断,影响道路的正常运输。大规模滑坡可以堵塞河道,摧毁道路,破坏厂矿,掩埋居民点,对山区建设和交通设施危害很大。西南地区(云、贵、川、藏)是我国滑坡发生的主要地区,不仅滑坡规模大,类型多,而且分布广泛,发生频繁,危害严重。

6.2.1　滑坡形态特征

一个发育完全的典型滑坡,形态特征和结构会比较完备,这也是识别和判断滑坡的重要标志。滑坡一般都具有下列基本组成部分(图6-9)。

①滑坡体。滑动的那部分岩土体。滑坡体内部一般仍保持未滑动前的层位和结构,但常产生许多新的裂缝,个别部位也可能遭受较强烈的扰动。

②滑动面和滑动带。滑坡体滑动的剪切破坏面,称为滑动面。它经常表现为一个带即滑动带,

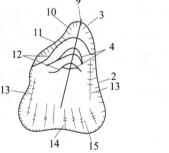
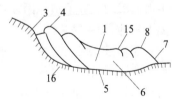

1—滑坡体　2—滑坡周界　3—滑坡壁　4—滑坡台阶　5—滑动面
6—滑动带　7—滑坡舌　8—滑动鼓丘　9—滑坡轴　10—破裂线
11—封闭洼地　12—滑坡壁裂缝　13—剪切裂缝　14—扇形裂缝
15—鼓张裂缝　16—滑坡床

图6-9　滑坡要素

是指滑床与滑体间具有一定厚度的滑动碾碎物质的剪切带,滑动带的厚度为几厘米至几米。某些滑坡的滑动面(带)可能不只一个。滑动面的形状因地质条件而异,一般来说,对于发生在均质岩土中的滑坡,滑动面多呈圆弧形;对于沿岩层层面或构造裂隙产生的滑坡,滑动面多呈直线形或折线形。

③滑坡床。边坡岩土体未发生滑动或移动的部分。

④滑坡壁。滑坡体和母体脱开的分界面暴露在地表面的部分。滑坡后壁呈弧形向前延伸,形态上呈圈椅状,高度自不足一米到几米,甚至几十米或数百米不等,其坡度一般为 60°～80°。

⑤滑坡周界。滑坡体和其周围没有滑动部分在平面上的分界线。

⑥滑坡轴。滑坡体滑动速度最快的纵向线称为滑坡轴,或称主滑线,它代表整个滑坡体的滑动方向,一般位于滑坡体上推力最大、滑床凹槽最深(或滑坡体最厚)的纵断面上。在平面上可为直线或曲线。

⑦滑坡台阶。滑坡体上部由于各段岩(土)体滑动速度和距离不同所形成的台阶状滑坡错台,台面常沿滑动方向倾斜。多层滑动面的滑坡常形成多级滑坡台阶。

⑧滑坡舌。滑坡体前部向前伸出如舌头状的部分。滑坡体向前滑动时因受到阻碍而形成隆起的小丘,称为滑坡鼓丘。

⑨滑坡洼地。滑坡体与滑坡壁之间拉开成沟槽,形成四面高而中间低的封闭洼地。此处或有地下水出现,或地表水汇集,成为清泉湿地或水塘。

⑩滑坡裂缝。在滑动过程中,滑坡体的不同部分因受力性质不同会形成不同特征的裂缝。按受力性质,滑坡裂缝可分为拉张裂缝、剪切裂缝、鼓张裂缝和扇形张裂缝等多种形式。

6.2.2 滑坡分类

由于滑坡形成的原因、边坡体组成介质、滑动面与地质界面之间的关系、滑坡体厚度、滑坡规模和滑坡破坏模式等的不同,自然界或工程中的滑坡类型存在较大差异。因此,从不同角度考虑,滑坡分类方法是不同的。了解滑坡的分类对于滑坡的治理具有重要的实际工程意义。目前常见滑坡分类方法主要有如下几种。

(1)按滑坡体受力性质分类

①推移式滑坡。由斜坡上部失稳岩土体推动下部岩土体而产生的滑坡。主要由斜坡上方的不恰当加载(如修筑建筑物或弃土等)引起。推移式滑坡的滑动速度一般较快,但其滑坡规模在通常情况下不会有进一步地较大发展。一般采用卸载办法进行治理。

②牵引式滑坡。因斜坡下部岩土体失稳滑动引起上部岩土体失稳而产生的由下而上依次下滑的滑坡。其形成原因往往是坡脚的过度开挖。牵引式滑坡的滑动速度较缓慢,但会逐渐向上延伸,规模越来越大。一般采用支挡(如挡土墙和抗滑桩等)办法进行治理。

③平推式滑坡。由于滑坡体后缘推力(常为孔隙或裂隙水压力)骤然增大而发生于平迭斜坡中的顺层滑坡。这种滑坡的滑动面一般较平缓,始滑部位分布于滑动面的许多点,这些点同时滑移,然后逐渐发展连接起来。

(2)按滑坡体组成物质分类

①堆积层滑坡。残积、坡积、洪积或冲积等堆积层常因崩塌、坍方、滑坡或泥石流等而形成滑坡。滑坡时,一般沿下伏基岩顶面、土体内不同年代或不同类型的沉积接触面或堆积层本身的松散层面滑动。该类滑坡常与地下水或地表水作用有关。若滑体下部松散湿软,往往运动急剧;若滑体上部受土中水浸湿,则常沿不透水层顶面滑动。滑坡体厚度一般从几米到几十米

不等。

②黄土滑坡。多发生在不同地质时期形成的黄土层中,常见于高阶地前缘斜坡上,多群集出现,且大部分为深或中层滑坡。部分滑坡滑动变形急剧,滑动速度快,规模和动能大,破坏力强,具有崩塌性,危害较大。它的发生常与裂隙及黄土对水的不稳定性存在很大关系。

③黏土滑坡。发生在平原或较平坦丘陵地区的黏土层中的滑坡。滑动面多呈圆弧形,滑动带呈软塑状。黏土大多具有网状裂隙,干湿效应明显,因此,黏土滑坡多发生在久雨或受水作用之后,一般以中或浅层滑坡居多,部分滑坡体厚度可达十几米。

④岩层滑坡。发生在各种岩层中的滑坡。这种岩层包括砂岩、页岩、泥岩、泥灰岩以及片理化岩层(如片岩和千枚岩等)等。岩层滑坡以顺层滑坡最为多见,滑动面是层面或软弱结构面。当岩层面倾斜背向山坡时,一定条件下也可能产生切层滑坡,这在河谷地段较为常见。

(3)按滑动面与层面关系分类

①均质滑坡。发生在均质土体或裂隙化岩体中的滑坡,滑动面近似圆弧形。

②顺层滑坡。沿岩土层面滑动的滑坡。当松散土层和基岩接触面的倾向与斜坡坡面倾向一致时易发生顺层滑坡,滑动面多呈平坦阶梯面,见图 6-10。高陡斜坡上岩层的顺层滑坡往往滑动很快。

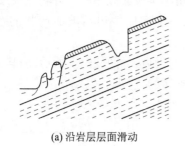

(a) 沿岩层层面滑动   (b) 沿坡积层与基岩交界面滑动

图 6-10   顺层滑坡

③切层滑坡。滑动面切割岩层面而产生的滑坡,见图 6-11,滑动面切割不同岩层,并形成滑坡台阶。风化破碎岩层中发生的切层滑坡常与崩塌类似。切层滑坡通常比较少。

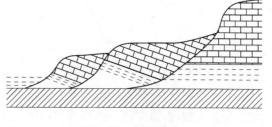

图 6-11   切层滑坡

(4)按滑坡规模分类

①小型滑坡。滑坡体体积小于 3 万 m^3。

②中型滑坡。滑坡体体积为 3 万～50 万 m^3。

③大型滑坡。滑坡体体积为 50 万～300 万 m^3。

④特大型滑坡。滑坡体体积大于 300 万 m^3。

(5)按滑坡体的厚度分类

①浅层滑坡。滑坡体厚度小于 10 m。

②中层滑坡。滑坡体厚度为 10～30 m。

③深层滑坡。滑坡体厚度大于 30 m。

(6)按滑坡破坏模式分类

①平面破坏或滑坡。当坡面与地质结构面的倾向基本一致且地质结构面倾角小于坡面倾

角时,边坡最易沿地质结构面滑动而产生滑坡,称为平面破坏或滑坡,如图6-12所示,因其滑动面为平面而得名。它取决于坡面与地质结构面产状的空间相对关系。

②倾倒破坏或滑坡。急倾斜土层或岩层与坡面的倾向基本一致且土层或岩层倾角大于坡面倾角时,土层或岩层易向坡面倾向方向发生旋转而折断,从而产生边坡破坏或滑坡,称为倾倒破坏或滑坡,如图6-13所示。

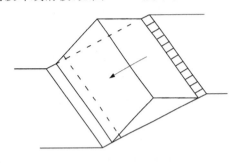 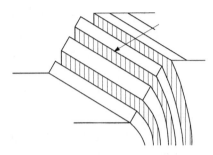

图6-12 平面破坏或滑坡 　　　　　　　图6-13 倾倒破坏或滑坡

③楔体破坏或滑坡。由坡面、地表面以及岩土体中地质结构面切割岩土体而形成楔体,当楔体棱边线和坡面倾向基本一致或斜交,且棱边线倾角小于坡面倾角时,楔体易沿棱边线产生滑动,称为楔体破坏或滑坡,如图6-14所示。它取决于楔体棱边与坡面产状的空间相对关系。

④圆弧破坏或滑坡。发生于均匀土或岩石边坡中的滑坡,如图6-15所示,因其滑动面近似于圆弧形而得名。它取决于边坡高度、坡度以及岩土体的抗剪强度。

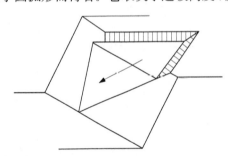 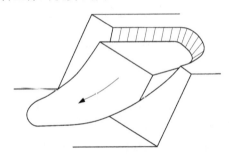

图6-14 楔体破坏或滑坡 　　　　　　　图6-15 圆弧破坏或滑坡

值得特别注意,该类滑坡分类方法是边坡稳定性极限平衡分析的基础,据此可确定边坡稳定性安全系数,为边坡稳定性评价和加固设计提供直接依据。

6.2.3 滑坡的形成条件

滑坡的形成主要受地形地貌、岩土性质、地质构造、气象与水文地质等条件以及人为因素等控制,具体主要表现在如下几个方面。

①地形与地貌。斜坡的高度、坡度、形态、成因等地形地貌条件与滑坡的形成密切相关。边坡的高度越高,坡度越陡,越易产生滑坡;平坦的边坡面较起伏的边坡面易产生滑坡;凸形边坡面较凹形边坡面易产生滑坡;堆积层边坡较岩质边坡易产生滑坡。

②岩土性质。岩土性质是滑坡产生的内在原因,因为不同的岩土体抗剪强度存在很大差异。松散岩土体尤其是砂土、软黏土与黄土较坚硬岩石更易产生滑坡;当斜坡上部为松散堆积层而下部是坚硬基岩,且基岩表面与坡面倾向基本一致时,易沿接触面产生滑坡。

168

③地质构造。地质构造常常导致岩土体中存在各种地质结构面,如岩层或地层层面、断层面、断层破碎带、节理面或不整合面等,这些地质结构面往往控制了滑动面的空间位置与滑坡范围。另外,地质结构面产状也与滑坡存在密切联系。例如,若地质结构面与坡面倾向基本一致,则较易产生滑坡;若地质结构面与坡面倾向相反,则边坡较稳定。

④地震。由于地震引起岩土体震(振)动而产生地震附加力,它作用于边坡岩土体,使边坡原有的力学平衡被破坏,从而产生滑坡。这是地震时发生大量滑坡的根本原因。

⑤气象与水文地质。气象与水文地质条件对滑坡的核心影响在于水(包括地表和地下水)使边坡岩土的物理与力学效应发生改变。其一,水的存在使边坡岩土体物理力学性质逆化,降低了岩土体抗剪强度;其二,地表水的冲刷作用和地下水的静动力学效应使边坡原有力学平衡被破坏。大量调查表明,90%以上的滑坡与水的作用有关,在雨季尤其是暴雨季节经常发生大量滑坡。

⑥人为因素。人类工程活动不当经常会引起滑坡。例如,边坡上弃土或修建房屋、边坡下部不合理开挖、坡面植被破坏、大爆破和设计施工不当等。

⑦其他因素。海啸、风暴潮、冻融以及各种机械振动都可能诱发滑坡。

6.2.4 滑坡的治理

滑坡的治理往往是工程建设的关键,为此,须首先进行滑坡勘察,掌握滑坡的形成原因及工程情况,然后,据此制定合理的滑坡治理方案与措施,只有这样方能保证滑坡治理既安全又经济。下面将简要介绍相关内容。

(1)滑坡勘察

为了有效防治滑坡,除了按一般工程建设要求进行工程地质勘察外,仍须依据滑坡的工程特点,有针对性地进行工程地质勘察,掌握与滑坡相关的工程地质条件,具体勘察内容表现为如下几个方面。

①查明滑坡区地形与地貌,包括滑坡高度与坡度,地表面与坡面起伏情况与形态,滑动面或滑动带的形状、位置与性质,滑坡体厚度与规模,堆积层滑坡下伏基岩表面起伏情况与形态等。

②查明地质构造尤其是地质结构面情况,包括地质结构面产状、软弱地层分布与产状以及它们与坡面产状的空间关系等。

③查明滑坡对工程的危害程度,包括滑坡类型、稳定程度与危害性等。

④查明气象与水文地质情况,包括降雨量、山洪、地表水冲刷情况以及地下水类型与地下水位、地表张裂隙分布与深度等。

⑤查明地震对滑坡的影响,包括场地土与场地类型、地震烈度等。

⑥查明滑坡历史,包括是否发生过滑坡和已滑坡的规模与危害。

⑦提供滑坡区工程地质剖面图和主滑断面的工程地质剖面图。

⑧对滑坡稳定性进行初步评价,并提出滑坡的初步处治措施与建议。

(2)滑坡防治原则与措施

滑坡防治应贯彻早期发现,预防为主;查明情况,对症下药;综合整治,有主有从;治早治小,贵在及时;力求根治,以防后患;因地制宜,就地取材;安全经济,正确施工的原则,方能保证滑坡防治达到事半功倍的效果。具体防治措施主要表现为如下几个方面。

①避让。在选择建筑场址时,通过搜集资料和现场踏勘调查,查明滑坡区是否存在滑坡,并对建筑场地的整体稳定性做出评价,对建筑场地存在直接危害的大型或中型滑坡应避让

为宜。

②消除或减轻水对滑坡的危害。水是促使滑坡的主要诱因,应尽早消除或减轻地表水和地下水对滑坡的危害。主要有如下防治措施。

a. 截。在滑坡边界以外的稳定地段设置截水沟和盲沟,以拦截和旁引滑坡范围外的地表水和地下水,使之不进入滑坡区。

b. 排。在滑坡区内充分利用自然沟谷或布置排水钻孔或泄水隧洞,排出滑坡范围内的地表水和地下水。

c. 护。滑坡体上种植草皮或树木,坡面衬砌或码砌片石、混凝土块或框架梁,滑坡上游严重冲刷地段修筑丁字坝以改变水流方向,在水下滑坡前缘抛大岩石或混凝土块,在碎石或卵石坡面挂网等,以防滑坡面被冲刷或河水、湖水或海水对滑坡坡脚的冲刷。

d. 填。用黏土填塞滑坡体裂缝,防止地表水渗入滑坡体内。

③改善滑坡体力学条件以提高抗滑力。滑坡的根本原因在于滑坡体产生的抗滑力相对下滑力不足,可采用主动措施以减小下滑力和提高抗滑力,防止滑坡。常见措施主要表现为如下两个方面。

a. 减与压。削坡减载和坡脚反压是相对提高抗滑力的有效方法。

b. 支挡。设置支挡结构(如抗滑土或片石垛、挡土墙、抗滑桩和土钉墙等)以支挡滑体,或把滑体锚固(如锚杆、锚索和锚墩等)在滑体下稳定岩土层上,其关键在于使支挡或锚固扎根于滑体外的稳定岩土层上,否则有害无益。

④改善滑动带岩土体的性质。滑动带岩土体抗剪强度较低,不能提供足够抗滑力是滑坡的重要原因。因此,只要改善滑动带岩土体力学性质,就能有效防止滑坡。改善滑动带岩土体力学性质的常用方法包括注浆、砂井、砂桩和电渗排水等。

特别注意,工程建设中的滑坡治理,其关键在于边坡及其加固防护方案的设计与施工,这是滑坡防治的源头,做好了不仅可以节约建设投资,还可避免不必要的社会与环境危害。

6.3 崩塌与岩堆

6.3.1 崩塌

在山区陡峻的山坡上,巨大的岩体或土体在自重作用下突然而猛烈地由高处崩落下来的现象,称为崩塌,如图 6-16 所示。崩塌具有突然性,常发生在陡峭山坡上,或河流、湖泊、海边的高陡岸坡上,或路堑高陡边坡上。

规模巨大的崩塌也称山崩。由于岩体风化和破碎严重,山坡上经常发生小块岩石的坠落,称为碎落;一些较大岩块的零星崩落称为落石。

在崩塌地段修筑路基时,小型崩塌一般对行车安全及路基养护工作影响较大,雨季中的小型崩塌会堵塞边沟,导致水流冲毁路面和路基。大型崩塌不仅会损坏路面,阻断交通,甚至会迫使放弃已建道路的使

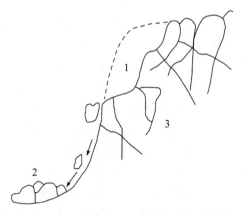

1—崩塌体　2—堆积块石　3—裂隙切割岩体

图 6-16　崩塌

用。崩塌还会破坏建筑物,有时甚至使整个居民点遭到破坏。在狭窄河谷中的崩塌堆积物有时会堵塞河道形成堰塞湖。

(1)崩塌形成条件及影响因素

崩塌虽发生较突然,但它仍具有一定的形成条件和发展过程。归纳起来,崩塌形成的基本条件主要表现为如下几个方面。

①地形。陡峻山坡是产生崩塌的基本条件,山坡坡度一般大于 45°,以 55°~75°居多。斜坡的外部形状对崩塌形成有一定的影响,峡谷陡坡是崩塌密集发生的地段,因为峡谷坡陡峻,卸荷裂缝发育,易于崩塌。山区河谷凹岸陡坡也是崩塌集中发生地段。一般上缓下陡的凸形陡坡和凹凸不平的陡坡易于发生崩塌。

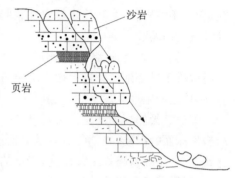

图 6-17 差异风化形成的崩塌

②岩性。节理发育且较坚硬的岩体,如石灰岩、花岗岩、砂岩、页岩等均可形成崩塌。厚层硬岩覆盖在软弱岩层之上的陡壁也易发生崩塌,见图 6-17。

③地质构造。当各种地质结构面,如岩层层面、断层面、错动面、节理面等或软弱夹层倾向临空面且倾角较陡时,往往会构成崩塌的依附面。

④气候。温差大、降水多、风大风多、冻融作用及干湿变化强烈均有助于崩塌的发生。

⑤渗水。在暴雨或久雨之后,地表水沿裂隙渗入岩层,降低了岩石裂隙间的黏聚力和摩擦力,增加了岩体的重量,会促进崩塌的产生。

⑥冲刷。水流冲刷坡脚,削弱了坡体支撑能力,使山坡上部失去稳定。

⑦地震。地震会使土石松动,引起大规模的崩塌。

⑧人为因素。在山坡上部增加荷重、坡脚被切割、大爆破、路堑过深或边坡过陡等都会激化崩塌的发生。

(2)崩塌的防治

崩塌的防治必须以其工程地质勘察为基础,须首先掌握崩塌成因及工程情况,然后,据此制定合理的治理方案与措施。下面将简要介绍相关内容。

①崩塌的勘察要点。崩塌勘察须查明如下情况:地形情况,包括斜坡的高度、坡度和形态;岩性和地质构造,包括岩石类型、风化破碎程度、主要地质结构面产状以及裂隙的充填胶结情况等;地表水和地下水情况,包括它们对斜坡产生崩塌的影响;地震,包括地震对崩塌的影响和地震烈度等;崩塌历史,包括是否发生过崩塌和已发生崩塌的规模与危害情况;评价发生崩塌的可能性,并提出崩塌治理的措施与建议。

②防治原则。崩塌特别是大型崩塌的发生突然而猛烈,防治复杂且较困难,因此,一般多以预防为主。在选择建筑场址时,应视具体情况分析崩塌发生的可能性与规模。对有可能发生大或中型崩塌的地段,宜优先考虑避让;没有条件避让时,应将建筑物与崩塌范围边界保持足够安全距离。在工程设计和施工中,避免使用不合理的高陡边坡和大挖大切,以维持山体平衡。在岩体破碎地段,不宜使用大爆破施工。

③防治措施。清除坡面危石;坡面加固,如坡面喷浆、抹面、砌石铺盖等,防止岩石进一步风化;注浆、勾缝、镶嵌和锚固等以恢复和加强岩体的完整性;危岩支顶,用石砌或混凝土作支垛、护壁、支墩、支墙和挂网等以加强危岩的稳定性;拦截防御,如修筑落石平台、落石网、落石槽、拦石堤(坝)和拦石墙等;加强排水与调整水流,如修筑截水沟、堵塞裂隙、封底加固附近的

灌溉引水与排水沟渠等,防止地表水大量渗入岩体而使斜坡稳定性恶化。

6.3.2 岩堆

由崩塌、滑坡甚至泥石流在山坡低凹处或坡脚形成的疏松岩土堆积体或由工程开挖所堆积的废石堆,称为岩堆,前者称为天然岩堆,后者称为人工岩堆。

天然岩堆多见于地质构造作用强烈、气候干旱、风化严重的山区和高山峡谷地区,特别是在页岩、千枚岩、板岩和片岩等岩性软弱易风化的岩层分布地区,以及在破碎的花岗岩、石灰岩等组成的山坡和山脚地带。

岩堆有时相互连接,成片分布,长达几公里到几十公里。它的平面形态也是多种多样的,主要取决于局部地形条件。被岩堆覆盖的基底称为岩堆床,岩堆床在纵剖面上可分为岩堆基底、旁依区和搬运区。

无论是天然岩堆还是人工岩堆,在一定条件下都会移动。大规模的岩堆移动往往是岩堆沿岩堆床面的滑动,并伴随有岩堆上松散岩土体向下滑落、滚落和垮落。岩堆移动可毁坏地表建筑物、公路和铁路等工程设施,岩堆的存在也可助长泥石流灾害。

(1)岩堆的工程地质特征

岩堆的工程地质特征主要表现在如下几个方面。

①岩堆大多为近期堆积形成的,其表面坡度接近于其组成物质在干燥状态下的天然休止角,浸水后易发生局部或整体移动。

②岩堆内部常具有向坡外倾斜的层理,其倾角与天然休止角相近。它在地震和荷载等外力作用或其他因素影响下易发生表层或层间滑动。

③岩堆一般结构松散,孔隙度大且不均匀,有时由于地表水的下渗,局部孔隙可能被细颗粒物质所充填,稍具黏结性,处于软弱的半胶结或胶结状态。有的岩堆上部较密实或表面具有胶结壳,而内部仍较松散或有夹层,结构极不均匀。岩堆厚度的差异性也较大。因此,它作为建筑物地基,易发生较大沉降,尤其是不均匀沉降。

④岩堆的基底或旁依区一般全部或大部分坐落在基岩斜坡上,由于地表水的下渗或基岩裂隙水的活动,将浸润接触面而削弱其摩阻力,若稍受外力作用(如切割岩堆下部或在岩堆顶部加载等)就易导致岩堆沿基底或旁依区发生滑移。

由此可以看出,岩堆稳定性差,当它作为建筑物地基或路基时必须引起足够的关注。

(2)岩堆的活动状态

岩堆的形成与发展必须经历一定的过程,作为建筑地基或路基时,它的形成与发展阶段即活动状态对建筑物地基或路基稳定性的影响存在较大差别。按照岩堆活动状态可分为正在发展的岩堆、趋于稳定的岩堆和稳定的岩堆三种类型,它们的特点如下。

①正在发展的岩堆。山坡基岩裸露,坡面参差不齐,有新崩落痕迹,常有落石和碎落。岩堆表面呈直线形,坡角近于天然休止角。坡面无或少有植物生长,堆积的岩块大部分颜色新鲜。内部结构松散,岩块间无胶结现象,孔隙度大。表层松散零乱,人行岩堆上有石块滑落。

②趋于稳定的岩堆。岩堆上方的基岩大部分已稳定,具有平顺的轮廓,仅有个别的落石和碎石。岩堆坡面近于凹形,大部分已生长植物。岩堆的石块大部分颜色陈旧,仅个别地点有颜色新鲜的石块零星分布。岩堆内部结构密实或中等密实,但表层还是松散的,由于植物生长已不致散落,岩堆坡度稍陡于天然休止角。

③稳定的岩堆。岩堆上方的基岩已稳定,坡度平缓,不稳定的岩块已完全剥落,岩堆表面呈凹形,已长满植物,无颜色新鲜的岩块。岩堆体胶结而密实,大孔隙已被充填。有些地方因

表层失去植被覆盖而有水流冲刷的痕迹。

(3)岩堆的工程地质勘察

岩堆的工程地质勘察是岩堆治理的依据。它的工程地质勘察主要侧重于如下几个方面：

①查明岩堆的形态、规模和天然休止角。

②查明岩堆的岩土组成与粒径，特别应注意其中是否有易风化成黏土的岩土(如凝灰岩、黏土页岩的碎屑等)成分。

③查明岩堆中潜水的补给与排泄条件。若补给量大而排泄条件差，易引起岩堆移动。

④查明岩堆床面的坡度和形态。

⑤查明岩堆移动的历史。

⑥提供岩堆平面和剖面地质图。

⑦查明岩堆活动状态，评价岩堆稳定性，并给出岩堆治理的措施与建议。

(4)岩堆的治理原则与措施

岩堆的治理原则与措施主要表现在如下几个方面。

①在选择建筑场地时，对于正在发展的岩堆，以避让为宜，如无法避让，应选择在基底条件较好的部位，以便设置防护建筑物；对于趋于稳定的岩堆，应尽量避免破坏岩堆的天然休止角，建筑场址选择在岩堆的下部，不用或少用路堑形式；对于稳定的岩堆，路线可选择适当位置以低路堤或浅路堑通过，但注意不宜采用半填半挖路基断面，或在岩堆下方大量开挖，以免引起整个岩堆下滑。

②道路以路堤方式通过时，应注意路堤位置的选择和基底处理。由于路堤所施加的荷载，对即使稳定的岩堆也可能导致局部或整体岩堆的滑移，故路堤一般以设置在岩堆下部或坡脚为宜。

③道路以路堑方式通过时，应注意边坡的整体稳定性问题。一般采用与岩堆天然休止角大致相适应的边坡坡度。

④水对岩堆稳定性影响很大。道路通过岩堆时，无论路基采用路堤还是路堑形式，都要做好地表水的调治和地下水的排泄工作。

⑤道路通过岩堆时，采用挡土墙稳定路基，大多数情况下效果较好，但应特别注意挡土墙和岩堆的整体稳定性问题和不均匀沉降问题，否则，有害无益。

⑥岩堆作为建筑地基或路基，沉降尤其是不均匀沉降问题特别突出，应特别注意加以防治。

6.4 泥石流

泥石流是山区特有的一种自然地质灾害。它是由地表水(包括暴雨、水库突然溃决、大量融雪水和大量冰川融化水)携带大量泥砂、石块等固体物质，突然爆发，历时短暂，来势凶猛，具有强大破坏力的特殊洪流。

泥石流与一般山洪和洪水不同，它爆发时，山谷雷鸣，地面震动，浑浊的泥石流体依仗陡峻的山势，沿着峡谷深涧，前推后涌，冲出山外，往往在顷刻之间造成巨大的灾害。例如，1973年7月，前苏联中亚阿拉木图河谷突然爆发强烈泥石流，其发生原因与位于阿尔泰山区冰积土上的冰川湖直接相关。高山冰川融化后，积于湖中的水突然涌入河谷，巨大水流向阿拉木图市方向倾泻，水流沿途捕获泥土、砂石及体积达 45 m³和重达 120 t 的巨大漂砾，形成了具有巨大能量的泥石流，顷刻间几乎摧毁了沿途所有建筑物，只有中心高为 112 m 和宽为 500 m 的专门石坝抵抗住了此次巨大冲击，使阿拉木图市才免遭破坏，这次泥石流的强度与规模之大使原来按100年设计的泥石流库一次就堆满了3/4。

我国西南、西北和华北的一些山区均发生过大量泥石流,很多大地震(如青海玉树和四川汶川大地震)往往伴随恶劣的天气或水库溃决,泥石流也频繁发生,危害着山区建筑物、道路和人民生活。因此,掌握泥石流特征及其防治方法具有重要的现实意义。

6.4.1 泥石流分类

泥石流分类复杂,目前泥石流分类方法既不成熟也不统一。下面仅就目前较普遍认同的几种泥石流分类方法作简要介绍。

(1)按泥石流流域地质地貌特征分类

从上游到下游,典型泥石流流域一般可分为三个区,即泥石流的形成区、流通区和堆积区。形成区位于泥石流流域上游,包括汇水动力区和固体物质供给区,多为高山环抱并有一个出口的山间盆地,山坡陡峻,沟床下切,纵坡陡峭,有较大的汇水面积,区内岩层破碎,风化严重,山坡不稳,植被稀少,水土流失严重,崩塌与滑坡发育,松散堆积物储量丰富,形成区内岩性及剥蚀强度直接影响泥石流的性质和规模。流通区一般位于泥石流流域的中游或下游地段,多为沟谷地形,沟壁陡峻,河床狭窄,纵坡大,多陡坎或跌水,它为泥石流的流动通道。堆积区多位于沟谷出口处,地形开阔,纵坡平缓,泥石流至此多漫流扩散,流速急剧降低,固体物质大量堆积,形成规模不同的堆积扇。

泥石流流域的三个分区之中的相邻两个区有时不能截然分开,甚至出现重叠现象。对于一个具体的泥石流,泥石流流域的地质地貌特征极其复杂。一般按泥石流流域的地质地貌特征可将泥石流划分为如下三种主要类型。

①标准型泥石流。这是较典型的泥石流,可明显区分泥石流的形成区、流通区和堆积区,见图6-18(a)。形成区多发生崩塌和滑坡等不良地质现象,地面坡度陡峻;流通区较稳定,沟谷断面多呈V形;沉积区一般均形成扇形地,沉积物棱角明显。这种泥石流一般破坏能力强,规模较大。

②河谷型泥石流。泥石流流域呈狭长形,形成区分布在河谷的中或上游,固体物质补给远离堆积区,沿河谷既有堆积亦有冲刷,沉积物棱角不明显。这种泥石流破坏能力较强,周期较长,规模也较大,见图6-18(b)。

③山坡型泥石流。沟小流短,沟坡与山坡基本一致,没有明显的流通区,形成区直接与堆积区相连,洪积扇坡陡而小,沉积物棱角尖锐明显,大颗粒滚落扇脚。这种泥石流冲击力大,淤积速度快,但规模较小,见图6-18(c)。

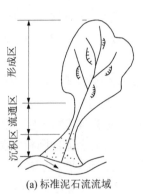

(a) 标准泥石流流域

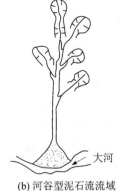

(b) 河谷型泥石流流域

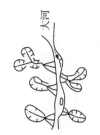

(c) 山坡型泥石流流域

图6-18 泥石流流域

(2)按泥石流组成物质分类

①泥流。固体物质以黏土和粉土为主(占 80%～90%),仅有少量岩屑碎石,黏度大,呈不同稠度的泥浆状。我国这类泥石流主要分布于甘肃的天水与兰州及青海的西宁等黄土高原地区和黄河的各大支流(如渭河、湟水、洛河、泾河等)地区。

②泥石流。固体物质由黏土、粉土、块石和砂砾等组成。它是一种比较典型的泥石流类型。全世界山区尤其是基岩裸露而剥蚀强烈的山区产生的泥石流多属此类,这类泥石流在我国高发的地区有西藏波密、四川西昌、云南东川、甘肃武都和贵州遵义等地区。

③水石流。固体物质主要是一些坚硬的块石、漂砾、岩屑和砂等,粉土和黏土含量很少,一般小于 10%,主要分布于石灰岩、石英岩、大理岩、白云岩、玄武岩及坚硬砂岩地区,例如,陕西华山、山西太行山、北京西山和辽东部山区的泥石流多属此类。

(3)按泥石流流体性质分类

①黏性泥石流。又称为结构性泥石流,含有大量的黏土和粉土等细颗粒物质。固体物质含量占 40%～60%,最高可达 80%。水、泥砂块石凝聚成一个黏稠的整体,并以相同的速度做整体运动,大石块犹如航船一样漂浮而下。这种泥石流的运动特点主要是具有很大的黏性和结构性。黏性泥石流在开阔的堆积扇上运动时,不发生散流现象,而是以狭窄的条带状向下奔泻,停积后仍保持运动时的结构。堆积体多呈长舌状或岛状。由于黏性泥石流在运动过程中有明显的阵流现象,使得堆积扇的地面坎坷不平,这与由一般洪水或冰水作用形成的山麓堆积扇显著不同。黏性泥石流流经弯道时,有明显的外侧超高和爬高现象及截弯取直作用。在沟槽转弯处,它并不一定循沟床运行,而往往直冲沟岸,甚至可以爬越高达 10 m 的阶地、陡坎或导流堤坝,夺路外泄。同时,这种泥石流常以"突然袭击"的方式骤然爆发,持续时间短,破坏力大,常在几分钟或几小时内把几万、几百万立方米甚至更多的泥砂石块和巨砾搬出山外,造成巨大灾害。

②稀性泥石流。亦称紊流型泥石流,其中的水是主要成分,固体物质占 10%～40%,固体物质中黏土和粉土含量较少,因而不能形成黏稠的整体。这种泥石流的搬运介质主要是水。在运动过程中,水与泥砂组成的泥浆运动速度远大于石块的运动速度,固液两种物质运动速度有显著差异,属紊流性质,其中的石块以滚动或跃移的方式下泄。稀性泥石流在堆积区呈扇状散流,岔道交错,改道频繁,将堆积扇切成一条条深沟。这种泥石流的流动过程流畅,不易造成阻塞或阵流现象。停积之后,水与泥浆慢慢流失,粗粒物质呈扇状散开,表面较平坦。稀性泥石流有极强烈的冲刷下切作用,常在短时间内把黏性泥石流填满的沟床下切成几米或十几米的深槽。

(4)按水的补给来源与方式分类

①暴雨型泥石流。由暴雨产生的山洪对山坡面的冲刷而形成。例如,甘肃省境内除祁连山区外的泥石流均属此类,其特征是泥石流多发生在最大雨量出现之后的半小时至一小时内,流动时间仅几个小时,发生频率高的一年数次,发生频率低的多年才一次。

②冰雪融水型泥石流。由冰川或积雪急剧消融产生的洪水冲蚀冰碛物形成。例如,西藏东南部海洋性冰川区,冰崩、雪崩和冰雪融水量较多,泥石流发生频率较高;在天山和祁连山等地区,因属大陆性冰川区,冰崩、雪崩和冰雪融水量较少,这类泥石流发生的频率较低。

③溃决型泥石流。由高山冰湖、冰碛湖、人工水库以及滑坡与崩塌形成的堰塞湖突然溃决而形成。例如,甘肃庄浪县史家沟水库溃决就曾形成泥石流。

6.4.2　泥石流的形成条件

泥石流的形成必须具备一定的地形地貌、地质构造和水文气象等方面条件,主要表现在如下几个方面:

(1)地形地貌条件

泥石流流域的地形是山高谷深,地势陡峻,沟床纵坡大,汇水面积较大。完整泥石流流域的上游多为三面环山、一面有出口的瓢状或斗状圈谷;中游流通区多为狭窄陡深的峡谷,谷床纵坡大;下游堆积区多为开阔平坦的山前平原或河谷阶地。这样的地形既有利于储积来自周围山坡的固体物质,也有利于汇集坡面径流,使泥石流能集中倾泻和产生足够的破坏能量。此外,堆积地貌能提供泥石流产生的固体物质来源。

(2)地质构造条件

地质构造复杂,节理、裂隙和断层等地质构造发育,新构造运动强烈,地震烈度大;岩石结构疏松软弱,易于风化;发育崩塌和滑坡等不良地质现象。这为提供泥石流的固体物质来源创造了条件。

(3)气象与水文地质条件

强度较大的暴雨,冰川和积雪的强烈消融,冰川湖、高山湖和水库等的突然溃决等,为泥石流的发生在短时间内提供了大量流水和动力。另外,水可浸润饱和山坡松散固体物质,使其摩擦阻力减小,滑动力增大,有助于泥石流的产生。

(4)其他条件

滥伐山林,破坏植被,造成水土流失;开山采矿、采石弃碴或堆石等往往提供泥石流固体物质的来源。

上述泥石流形成条件概括起来可分为三个方面:有陡峻便于集水集物的地形;有丰富的松散固体物质来源;短时间内有大量且具有一定流速的水的来源。此三者缺一不可。

根据泥石流的形成条件可以判断,我国泥石流主要分布于西南、西北和华北山区,包括四川西部、云南西部和北部、西藏东部和南部、秦岭、甘肃东南部、青海东部、祁连山、昆仑山、天山、华北太行山、北京西山、鄂西和豫西等山区。

6.4.3　泥石流的防治

泥石流防治的基础是其工程地质勘察,只有这样才能保证有的放矢,确保泥石流防治的有效性和经济性。为此,下面将简要介绍相关内容。

(1)泥石流的工程地质勘察

泥石流的工程地质勘察须在一般工程地质勘察基础上,有针对性地掌握如下几个方面情况:

①地形地貌,包括地形起伏与坡度和地貌类型等;

②地层与岩性分布,包括松散固体物质的量与分布、岩土体风化情况、岩石破碎与完整情况等;

③地质构造,包括断裂构造和褶皱构造等,主要关注它们对岩体的破坏程度;

④气象与水文地质,包括水量、流速、降雨量、汇水面积大小、暴雨的规模与频率和水源分布等;

⑤泥石流发生的历史;

⑥提供泥石流区的剖面和平面地质图;

⑦对泥石流发生的可能性进行评价，并提出泥石流防治的措施与建议。

(2)泥石流防治原则

泥石流防治应采取以预防为主，综合治理的原则。针对泥石流形成条件与机制，区别对待，上游尽可能减少水土流失，保证沟谷两岸斜坡稳定；中游以拦挡为主，同时减缓沟床纵坡；下游以疏导为主，尽可能减少淤积。道路通过泥石流区时，一般应遵循以下防治原则：

①绕避处于发育旺盛期的特大型、大型泥石流、泥石流群以及淤积严重的泥石流沟；

②远离泥石流堵塞严重地段的河岸；

③线路高程应考虑泥石流的发展趋势；

④峡谷河段以高桥大跨通过；

⑤在宽谷河段，线路位置及高程应根据泥石流淤积率与河床摆动趋势确定；

⑥线路跨越泥石流沟时，应避开河床纵坡由陡变缓和平面上急弯的部位，不宜改沟、并沟或沟中设墩，桥下应留足净空；

⑦在泥石流冲积扇上，不宜挖沟、设桥或做路堑。

(3)泥石流的防治措施

泥石流防治应预防和治理相结合，因地制宜，就地取材，并注意整体规划，采取综合防治的措施。

①预防措施。

a.上游水土保持。植树造林，种植草皮，以恢复植被和巩固土壤，减少冲刷与土壤流失。

b.治理地表水和地下水。修筑排水沟系，如截水沟等，以疏干土壤或使土壤不被浸湿。

c.修筑防护工程。如沟头防护、岸边防护、边坡防护等，在易坍塌或滑坡地段做一些支挡工程，以加固土层，稳定边坡。

②治理措施。

a.拦截。在泥石流沟中修筑各种形式的拦渣坝，如石笼坝和格栅坝(图6-19)等，以拦截泥石流；设置停淤场，将泥石流中固体物质导入停淤场，以减轻泥石流的动力作用。

b.滞流。在泥石流沟中修筑各种低矮拦挡坝，又称谷坊坝(图6-20)，泥石流可漫过坝顶。其作用表现为，一是拦蓄泥、砂、石块等固体物质，减小泥石流规模；二是固定泥石流沟床，减缓纵坡，减小泥石流流速，防止沟床下切和谷坡坍塌。

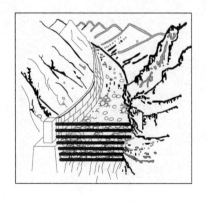

图6-19 格栅坝

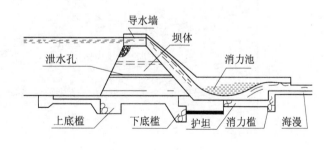

图6-20 谷坊坝

c.排导。在下游堆积区修筑排洪道(图6-21)、急流槽、导流堤(图6-22)等设施，以固定沟槽和约束水流。

177

d. 跨越。采用桥梁、涵洞、过水路面、明洞、隧道和渡槽等方式跨越泥石流。

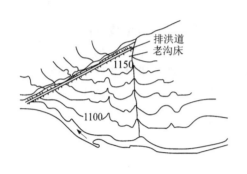

图 6-21　排洪道与大河交接以锐角平面图

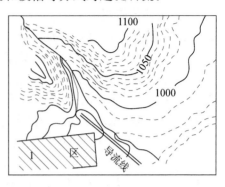

图 6-22　导流堤的平面示意图

6.5　岩　溶

岩溶又称喀斯特(karst,因它为前南斯拉夫一个石灰岩高地的名称而得名),它是指可溶性岩层(主要包括石灰岩、大理岩和白云岩等碳酸盐类岩石,石膏等硫酸盐类岩石和岩盐等卤素类岩石)受地表和地下流水的化学和物理作用而产生的沟槽、裂隙和空洞以及由于空洞顶板塌落而在地表产生陷穴和洼地等特殊地貌形态和水文地质现象的总称。

我国西南和中南地区岩溶现象分布比较普遍,其中粤北、桂、黔、滇、川东、鄂西、湘西连成一片,面积达 56 万 km^2。无论对于建筑工程、道路工程、水电工程还是隧道工程和桥梁工程,岩溶对工程建设影响极大,不仅影响工程设计与施工,还影响工程建设的经济性。因此,掌握岩溶基本知识具有重要的工程现实意义。

6.5.1　岩溶的主要形态

岩溶主要包括地表和地下两种形态。如图 6-23 所示,地表岩溶形态主要有溶沟(槽)、石芽、石林、漏斗、溶蚀洼地、坡立谷和溶蚀平原等;地下岩溶形态主要有落水洞、溶洞、暗河和天生桥等。

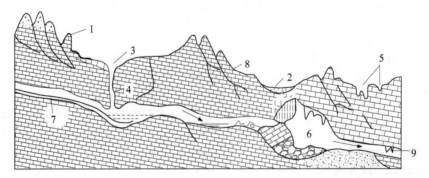

1—石牙、石林　2—塌陷洼地　3—漏斗　4—落水洞　5—溶沟、溶槽
6—溶洞　7—暗河　8—溶蚀裂隙　9—钟乳石
图 6-23　岩溶区岩层剖面示意图

①溶沟(溶槽)。地表水沿可溶性岩石的裂隙溶蚀和机械侵蚀所形成的沟槽系统。
②石芽。溶沟之间残留的脊和笋状的石柱,多沿节理规则排列。

③漏斗。地表水溶蚀和冲刷并伴随塌陷作用而在地表形成的漏斗状形态。

④溶蚀洼地。由许多相邻漏斗不断扩大汇合而成,平面上多呈圆形或椭圆形,直径由数米到数百米甚至数千米。溶蚀洼地周围常有溶蚀残丘、峰丛和峰林,底部常有漏斗和落水洞。

⑤坡立谷和溶蚀平原。坡立谷是一种大型的封闭洼地,也称溶蚀盆地。面积由几平方公里到数百平方公里,坡立谷再发展而成溶蚀平原。在坡立谷和溶蚀平原内经常有湖泊、沼泽和湿地等,底部经常有残积、洪积和冲积层覆盖。

⑥落水洞和竖井。落水洞和竖井皆是地表通向地下深处的通道,其下部多与溶洞或暗河相连,它是岩层裂隙受流水溶蚀和冲刷扩大或塌陷而成。常出现在漏斗、槽谷、溶蚀洼地和坡立谷的底部,或河床的边缘,呈串珠状分布。

⑦溶洞。由地下水长期溶蚀、冲刷和塌陷作用而形成的近于水平方向发育的岩溶形态。它早期是岩溶水活动的通道,因而其延伸和形态多变,溶洞内常有支洞、钟乳石、石笋和石柱等岩溶产物,这与组成岩石的碳酸钙的溶解及其溶解之后的分解和沉淀直接相关。

⑧暗河。它是地下岩溶水汇集和排泄的主要通道。部分暗河常与地面的沟槽、漏斗和落水洞相通,暗河水源经常是通过地面岩溶沟槽和漏斗等经落水洞流入暗河内,因此,可根据这些地表岩溶形态分布位置,初步判断暗河的延伸与发展。

⑨天生桥。它是溶洞或暗河等塌陷直达地表而局部洞道顶板不发生塌陷所形成的横跨水流的石桥。天生桥常为地表跨越槽谷或河流的通道。

6.5.2 岩溶的发育条件

岩石的可溶性与透水性、水的溶蚀性与流动性是岩溶发生和发展的四个基本条件。此外,岩溶的发育还与地质构造、新构造运动、水文地质条件以及地形地貌、气候和植被等因素都有密切关系。

①岩石的可溶性。岩石成分、成层条件和组织结构等直接影响岩溶的发育程度和速度。一般来说,硫酸盐类和卤素类岩层中的岩溶发育速度较快;碳酸盐类岩层中的岩溶发育速度较慢;质纯层厚的岩层中的岩溶发育强烈,且岩溶形态齐全,规模较大;含泥质或其他杂质的岩层中的岩溶发育较弱;结晶颗粒粗大的岩石中的岩溶较为发育,结晶颗粒细小的岩石中的岩溶发育较弱。

②岩石的透水性。岩石的透水性主要取决于岩体的裂隙和孔隙性,岩体中裂隙发育程度与分布情况对岩溶发育程度起控制作用。一般在节理裂隙交叉处或密集带、断层破碎带、背斜轴部等地段岩溶比较发育。这是因为岩溶的产生必须以可溶性岩层中的水交换作为前提条件,而岩层中的水交换必须通过岩层透水来实现,岩层的水交换能力在一定意义上决定了其岩溶的发育程度。

③水的溶蚀性。水的溶蚀性主要取决于水中 CO_2 的含量。水中 CO_2 含量越高,则水的溶蚀能力越强。由于水中 CO_2 主要来源于空气中 CO_2,且水中 CO_2 含量与空气中 CO_2 含量成正比,所以地壳浅层岩溶相对发育,深层岩溶相对不发育。虽然水中 CO_2 含量与温度成反比,但溶蚀化学反应速度与温度成正比,温度升高 1 倍,化学反应速度增加 10 倍,因此,我国南方地区岩溶较北方地区更发育。

④水的流动性。水的流动是岩层产生水交换的前提条件,因此,水的流动性也是岩溶发育的前提条件。水的流动性取决于岩体中水的循环条件,它与地下水的补给、渗流及排泄直接相关。地下水主要补给来源是大气降水和地表水,因此,降雨量大的地区,水源补给充沛,岩溶易发育。地形平缓,地表径流差,地下岩体裂隙发育,渗入地下的水量多,岩溶易于发育,否则,岩

溶发育相对减弱。

6.5.3 岩溶的发育分布规律

岩溶发育程度取决于地下水的交换强度,地下水在水平和垂直方向的交换呈现不同的变化规律,因此,岩溶发育分布在水平和垂直方向也呈现不同的规律,具体情况简述如下。

(1)水平方向岩溶分布规律

在不同地区,地下水交换强度越大,岩溶发育越强烈。地下水交换强度通常是从河谷向分水岭核部逐渐变弱,因此,岩溶发育程度从河谷向分水岭核部方向逐渐减弱。但是,该现象在特殊条件影响下,也可能存在例外,如岩溶沿断层破碎带显著发育。

(2)垂直方向岩溶分布规律

岩层裂隙随深度增加而逐渐减少,地下水运动也相应减弱,因而岩溶的发育一般是随深度增加而减弱。由于岩溶地区地下水运动状况具有明显的垂直分带性,所以地下岩溶也具有垂直分带的特征。地下岩溶分布大致可分为以下四个分带。

①垂直循环带或称包气带。位于地表以下,地下潜水面之上。平时无水,为雨雪水沿裂隙向下渗流地带,水流以垂直运动为主,主要发育垂直方向的岩溶形态,如岩溶漏斗、落水洞和竖井等。

②季节循环带或称过渡带。位于最高和最低地下潜水位之间。潜水位随季节而升降,雨季潜水面升高,此带成为水平循环带的一部分,旱季潜水面下降,又成为垂直循环带的一部分,为两者之间的过渡带。水流呈垂直与水平运动交替出现,因此,竖向与水平向岩溶形态交替出现。

③水平循环带或称饱水带。位于最低地下潜水面以下。岩层常年充满地下水,地下水作水平流动或向河谷排泄,为地下岩溶形态主要发育地带,广泛发育有溶洞、地下河、地下湖等大型水平延伸的岩溶形态。

④深部循环带或称滞流带。该带内地下水的流动方向取决于地质构造和深循坏水,地下水运动缓慢,岩溶发育一般较弱,分布也不均匀。

值得注意,岩溶发育取决于地下水的流动,因此,由于流水的携带作用和冲刷作用,岩溶中可能包含充填物(如泥砂和淤泥等)和岩溶水,当然,也可能没有或很少充填物和岩溶水。

6.5.4 岩溶地区的工程地质问题

在岩溶地区进行工程建设时,常常会遇到许多工程地质问题,给工程建设带来许多麻烦,甚至成为工程建设成败的关键,必须特别关注。岩溶地区工程地质问题主要表现在如下几个方面。

①地基承载能力下降。溶蚀作用使岩石出现空洞,岩石强度下降。当下伏岩溶溶洞顶板厚度较小时,地基承载能力大幅降低。

②地基不均匀沉降。当地表岩溶发育或地下溶洞塌陷时,地基岩土体表现为强烈的不均匀性,极易导致地基差异或不均匀沉降。

③基础不稳定。建筑物基础置于地下岩溶的倾斜面上,易产生滑动或倾倒。

④地面塌陷。地下溶洞突然塌陷,基础置于溶洞顶部使地下溶洞坍塌等,均严重影响基础的稳定性,应专门进行基础稳定性评价,具体内容见相关规范和手册,这里不再赘述。

⑤岩溶突水。地下岩溶常具有丰富的地下水,在地下工程施工时,如果贸然揭露岩溶,易引起岩溶突水,突水量大时会影响施工甚至产生事故。

⑥路基水毁。岩溶地区复杂的水文地质条件,加之暴雨影响,易造成路基水毁。

6.5.5 岩溶地区的工程地质勘察

岩溶地区的工程地质勘察须在一般工程地质勘察基础上,有针对性地掌握如下几个方面情况:

①查明岩溶区内可溶岩的地质年代和分布;

②查明岩溶区内岩溶的形态和分布规律以及溶洞的形状、大小、充填情况与埋深情况;

③查明地质构造,包括断裂与褶皱构造;

④查明地表塌陷情况,包括塌陷范围及塌陷区岩土密实情况等;

⑤查明岩溶区水文地质情况,包括岩溶水与地表水的关系,岩溶水量,泉水与地下暗河的出露情况,地下水补给、径流和排泄情况等;

⑥对岩溶区工程建设的适宜性进行评价,并提出岩溶处治措施与建议。

6.5.6 岩溶的防治与处治措施

在岩溶地区进行工程建设时,应在工程地质勘察基础上,结合具体工程实际情况,采取综合防治措施。若工程建筑场址可以选择,应优先考虑避让,若无法避让时再考虑处治措施。常见的岩溶处治措施主要有如下几种思路。

①防止地基不均匀或差异沉降。基础置于稳定岩土层、采用整体性较好的基础和软土地基处理(如复合地基和排水固结等)都可有效防止地基差异沉降。值得注意,上述方法一般只适用于溶蚀引起的基岩表面起伏而形成的地基和塌陷区地基的处理。

②挖填。挖除岩溶中的软弱充填物,回填片石、碎石土或素混凝土等,以增强地基的承载能力;在压缩性地基上凿平局部突出的基岩,铺盖可压缩的垫层或褥垫,以调整地基的变形量。值得注意,这一般适用于浅层岩溶的处理。

③跨盖。基础下有溶洞、溶槽、暗河、漏斗或小型溶洞时,可采用钢筋混凝土梁板或桥(包括地面下暗桥)跨越,或用刚性大的平板基础覆盖,但支承点必须放在较完整而稳定的基岩上。

④注浆。对于埋深较大的溶沟、溶隙甚至溶洞,可采用注浆进行处理,以提高地基承载能力。

⑤堵塞。对于较大的单个溶洞,可通过地面钻孔或竖井灌注片石、碎石、砂或素混凝土等以堵塞溶洞,有条件时亦可采用洞内人工填塞的方法进行处理。

⑥洞内支撑。对于单个有进出口的大溶洞,可采用洞内支顶方法加固溶洞顶板,保证溶洞的稳定性。

⑦排导。地下岩溶水一般宜疏不宜堵,否则会破坏地下水力系统,易引起地面洪灾。因此,一般对建筑物地基内或附近的地下水宜采用疏水钻孔、排水隧洞、排水管道等进行疏排,以防止地下水流通道堵塞而造成建筑场地和地基的季节性淹没。对于岩溶区地下工程施工,一般先采用疏水孔洞缓慢疏排水,以防止因贸然揭露大型溶洞而发生岩溶突水事故。

⑧强夯。覆盖型岩溶区上覆松软土,通过强夯法使其压缩性降低,提高承载能力。对于地下浅层溶洞,亦可通过强夯震垮溶洞,达到岩溶处理的目的,即使不能震垮也能确认溶洞具有足够的稳定性。

6.6 土洞与塌陷

土洞是指埋藏在岩溶地区可溶性岩层上覆土层内的空洞,主要由地表水或地下水流入地下土体内,将颗粒间可溶成分溶滤,带走细小颗粒,使土体被掏空成洞穴而形成,这种地质作用过程称为潜蚀。土洞继续发展,易形成地表塌陷。

土洞及其塌陷经常会引起建筑地基承载能力不足、不均匀或差异沉降,给工程建设带来困难,下面将简要介绍相关内容。

6.6.1 土洞与塌陷的形成条件

土洞可分为由地表水机械冲蚀作用形成的土洞和地下水潜蚀作用形成的土洞。土洞在形成过程中,沉积在洞底的塌落土体有时不能被水带走而堵塞通道,若潜蚀大于堵塞,土洞继续发展,反之,土洞就停止发展。因此,不是所有的土洞都能发展到地表塌陷。

土洞塌陷的分布受岩溶发育规律与程度的制约,同时与地质构造、地形地貌、土层厚度等都有关:

①多分布在断裂带及褶皱构造轴部;

②多分布在溶蚀洼地等地形低洼处;

③多分布在河床两侧;

④多分布在土层较薄且土颗粒较粗的地段。

土洞塌陷与水力作用也存在密切关系:

①塌陷与水位降深的关系。当水位降深小,地表塌陷坑的数量少且规模小;当降深保持在基岩面以上且较稳定时,不易产生塌陷;降深增大,水动力条件急剧改变,水对土体的潜蚀能力增强,地表塌陷数量增多,规模增大。

②塌陷与降落漏斗的关系。塌陷区的位置多居于降落漏斗之中,其范围小于降落漏斗区。

③塌陷与水力坡度和流速的关系。研究资料显示,水力坡度小于3%,流速小于0.000 5 m/s的地段,处于相对稳定状态;水力坡度大于3%,流速大于0.000 5 m/s,地面开始产生变形;当水力坡度大于5%,流速大于0.000 5 m/s,地面产生塌陷。

④塌陷与径流方向的关系。由于主要径流方向上地下水来源丰富,水的流速大,地下水对土体的潜蚀作用强,所以在径流方向上易产生塌陷。

6.6.2 土洞与塌陷的防治措施

在土洞和塌陷区进行工程建设时,如果有条件,建筑场地应尽量选择在地势较高的地段、地下水最高水位低于基岩面的地段和降落漏斗半径之外的地段,否则,应该采取防治措施。土洞和塌陷的常见处理方法如下。

(1)土洞防治

土洞防治方法与土洞形成原因有着密切关系,它包括地表水形成土洞的防治和地下水形成土洞的防治,具体情况如下。

①地表水形成土洞的防治。在建筑场地和地基范围内,认真做好地表水的截流、防渗、堵漏等工作,杜绝地表水渗入土层,使土洞停止发展,再对土洞采取挖填及梁板跨越等措施进行处治。

②地下水形成土洞的防治。当地质条件许可时,首先尽量对地下水采取截流与改道等措施,以阻止土洞继续发展,然后,采用下述方法进行防治:

a. 浅埋土洞。土洞埋深较浅时,可采用挖填和梁板跨越进行处治。

b. 小土洞。对较小的深埋土洞,其稳定性较好,危害性小,可不处理洞体,仅在洞顶上部采取梁板跨越进行防治即可。

c. 大土洞。对较大的深埋土洞,可采用顶部钻孔灌砂(砾)或灌碎石混凝土,以充填土洞。当地下水不能通过截流与改道等措施以阻止土洞发展时,可采用桩基(嵌入基岩内)或其他措施进行防治。

(2)塌陷处理

对塌陷坑一般采用回填进行防治,回填方法有:

①对影响建筑设施或大量充水的塌陷坑,应根据具体情况进行特殊防治,一般是清理至基岩,封住溶洞口,再填土石。

②对不易积水地段的塌陷坑,当没有基岩出露时,采用黏土回填夯实,高出地面0.3~0.5 m;当有基岩出露并见溶洞口时,可先用大块石堵塞洞口,再用黏土压实。

③对河床地段的塌陷坑,若数量少,亦可采用上述方法进行回填;若数量多时,应根据具体情况考虑对河流采取局部改道的方法进行防治。

思考题

6.1　何谓地震?地震按其成因可分为哪几种?

6.2　何谓地震震级?如何确定震级?

6.3　何谓地震烈度?根据什么确定地震烈度?震级和烈度之间的关系如何?

6.4　在工程建筑抗震设计时,地震烈度有哪几种类型?如何应用?

6.5　地震对工程建筑物的影响和破坏表现在哪些方面?工程抗震有哪些原则?

6.6　何谓滑坡?其主要形态特征是什么?

6.7　根据力学特征与物质成分,滑坡可分为哪几类?它们各有什么特征?

6.8　滑坡的防治原则是什么?滑坡的防治措施有哪些?

6.9　形成滑坡的条件是什么?影响滑坡发生的因素有哪些?

6.10　何谓泥石流?泥石流的形成条件有哪些?

6.11　试说明泥石流的分类?其发育特点如何?

6.12　阐述泥石流流域的划分及其对工程建设的影响。

6.13　试说明泥石流地段的工程建设原则和泥石流的防治措施。

6.14　何谓崩塌?形成崩塌的基本条件是什么?

6.15　崩塌的防治原则是什么?防治崩塌的措施有哪些?

6.16　岩溶作用发生的基本条件?

6.17　岩溶地区存在哪些地质现象?如何防治?

6.18　岩溶发育与分布规律如何?影响因素有哪些?

6.19　岩溶地区主要工程地质问题有哪些?常用的防治措施是什么?

第7章　工程地质勘察

内容提要：

1. 工程地质勘察的一般知识；
2. 工程地质调查与测绘；
3. 工程地质勘探；
4. 工程地质试验；
5. 工程地质勘察资料的整理；
6. 土木工程的主要工程地质问题及其勘察要点。

为了工程建设安全而经济地进行，且不使其过分破坏自然环境，在工程规划、设计与施工之前，首先一般都必须进行工程地质勘察。作为土木工程的专业技术人员，为了能够充分利用工程建设场地的地质条件进行合理规划、设计、施工和技术管理等工作，深入掌握工程地质勘察的基本知识是极其必要的。工程地质勘察工作一般由专业工程地质技术人员进行，本章仅概要介绍其基本知识。

本章将重点介绍工程地质勘察的基本方法、工程地质试验方法以及土木工程的工程地质问题与勘察要点。

7.1　工程地质勘察的一般知识

土木工程领域的工程地质勘察又称岩土工程勘察，它是工程规划、设计和施工的前期必须要进行的工作。工程地质勘察的目的是通过运用地质、工程地质、水文地质及相关学科的理论知识和相应技术方法，在工程建设场地及其附近进行调查与研究，为工程建设的合理规划、设计和施工等提供符合精度要求的可靠地质资料，以保证工程建设的安全性和经济性。为此，必须明确工程地质勘察的任务与要求，下面将简要介绍相关知识。

7.1.1　工程地质勘察的任务

为了获得工程规划、设计和施工所必需的工程地质资料，必须明确工程地质勘察工作的任务。工程地质勘察工作的任务一般包括如下几个方面：

①查明建筑场地的工程地质条件，包括工程地质环境的特征及其形成过程和控制因素；

②查明与拟建工程有关的工程地质问题，为工程设计和施工提供可靠的工程地质依据；

③遴选合适的工程建设场地，论证工程建设场地对拟建工程建筑的适宜性；

④配合拟建工程的设计与施工提出相关的合理化建议；

⑤预测工程建设对工程地质环境的影响，并提出保护地质环境的方法与措施。

上述工程地质勘察工作的核心是查明工程地质条件，因此，必须清楚工程地质条件的基本内容。工程地质条件的基本内容主要包括如下几个方面。

①地形与地貌。主要包括地貌的成因类型和形态特征、地貌单元及其发生与发展规律和相互关系、地貌单元的地质界线；微地貌的特征及其与岩性、地质构造和不良地质现象的联系；

地形的形态及其变化情况；植被的性质及其与各种地形地貌要素的关系；阶地分布和河漫滩的位置与特征，古河道与牛轭湖等的分布和位置等。

②地层分布及其岩性。主要包括地层的地质年代、形成原因、分布、野外产状、厚度、不同地层之间的接触关系和地层层理类型与性质；岩土的成因与类型及其分布；岩土的风化作用与风化程度以及岩石的破碎程度；岩土的水理性质及其参数；岩土的物理力学性质与参数等。尤其要关注特殊岩土如软土、膨胀土、冻土、盐渍土、软岩和膨胀岩等的相关情况。

③地质构造。主要包括水平构造、单斜构造、褶皱构造与断裂构造的成因、类型、地质年代、产状、分布与延伸情况；断层与节理的类型、性质和力学参数；断层破碎带的宽度、产状和延伸情况；地质构造与建筑物的空间关系；不同地质构造之间的关系等。

④第四纪地质作用。主要包括沉积物的地质年代、成因类型、沉积物的工程地质特征及其变化规律和特殊土(如软土、膨胀土、多年冻土、盐渍土和黄土等)的分布与工程地质特征。

⑤气象与水文和水文地质。主要包括地表降雨情况与降雨量、地表汇水特征与汇水面积；洪水和洪水位及其与工程建设的关系；岩土层的透水性、富水性和隔水性；隔水层和含水层的分布与厚度；地下水的性质与类型；地下水位和水压及其变化幅度；地质构造的透水和导水情况；地下水循环即补给、径流与排泄条件；地表水与地下水的关系；地下水的水质、污染与腐蚀性；地下水的运动与破坏情况等。

⑥自然地质灾害。指由自然地质作用如地震、滑坡、崩塌、泥石流、岩溶、地表水冲刷与侵蚀等引起的对工程建设的威胁与危害。应该特别关注各种地质灾害的分布、形成原因、形成条件和发育规律以及防治措施。

⑦天然建筑材料。主要包括天然建筑材料的储量、开采运输条件以及适宜性。

7.1.2 工程地质勘察阶段与等级的划分

(1)勘察阶段的划分

工程建设一般分阶段进行，工程设计一般分为可行性研究、初步设计、施工设计三个设计阶段，因此，为了不浪费投资和保证工程建设的进度，工程地质勘察一般也分阶段进行。为了与设计阶段相适应，工程地质勘察一般分为可行性研究勘察、初步勘察和详细勘察三个阶段。但是，对于某些地质条件复杂的工程建设项目，工程地质勘察有时还包括第四个勘察阶段即施工勘察阶段。不同勘察阶段的勘察要求是不同的。

①可行性研究勘察。可行性研究勘察有时也称为选址勘察。该阶段应对拟建工程建设场地的适宜性作出评价。可行性勘察阶段的主要工作包括如下几个方面：

a. 搜集区域地质、地形地貌、地震、矿产和附近地区的工程地质资料及当地的工程建设经验；

b. 在充分搜集和分析已有资料的基础上，通过踏勘了解工程建设场地的地层、构造、岩土性质、不良地质作用和水文地质等工程地质条件；

c. 当拟建场地工程地质条件复杂，已有资料不能满足要求时，应根据具体情况进行工程地质测绘和必要的勘探工作；

d. 工程建设场地的比选分析，以优选合理的工程建设场地。

②初步勘察。如果可行性研究获得通过，则对工程建设项目展开初步设计，为此而进行的工程地质勘察称为初步勘察。该阶段应对影响工程建设的全局性问题做出评价。初步勘察阶段的主要工作包括如下几个方面：

a. 搜集拟建工程项目的可行性研究报告、地形、工程性质与规模等文件资料；

b. 初步查明地层、地质构造、岩土性质、地下水、不良地质现象的成因与分布及其对拟建工程的影响;

c. 对于抗震设防烈度大于或等于7度的工程建设场地,应对场地和地基的地震效应做出初步评价;

d. 对可能采用的地基基础和建筑结构类型以及不良地质现象的防治措施进行初步评价。

③详细勘察。详细勘察应该密切结合工程结构技术设计,按具体工程提出详细工程地质资料和所需岩土技术参数,为工程设计、地基处理与加固以及不良工程地质现象处治等具体方案做出论证、结论和建议。详细勘察的具体内容应视工程建设的具体情况和工程要求确定。

④施工勘察。施工勘察一般不作为工程地质勘察的一个固定阶段,它应视施工过程中的实际需要而定,一定程度上属于补充工程地质勘察。对于地质条件复杂或有特殊要求的工程建设,一般要进行施工勘察。例如,对于岩溶地区的工程建设,往往要求查明与岩溶相关的工程地质情况;对于地基处理工程,往往要求检测地基处理的效果等。

值得注意,并非所有工程建设项目都要求进行全部各阶段的工程地质勘察工作,应视工程实际情况确定,以满足工程设计与施工的基本要求为原则。

(2)勘察的等级划分

在实际工程建设中,工程地质条件和工程的重要性是不同的,进行工程设计与施工所要求工程地质勘察资料的详尽程度和准确性也是不同的,因此,工程地质勘察须分不同勘察等级进行。土木工程建设的工程地质勘察等级一般按工程重要性等级(表7-1)、建设场地复杂程度等级(表7-2)和地基复杂程度等级(表7-3)分为甲、乙和丙三个等级。在工程重要性、建设场地复杂程度和地基复杂程度等级中有一项或多项为一级的工程地质勘察等级为甲级;工程重要性、建设场地复杂程度和地基复杂程度等级均为三级的工程地质勘察等级为丙级;其他情况的工程地质勘察等级为乙级。

表7-1 工程重要性等级

等 级	一 级	二 级	三 级
工程类型	重要工程	一般工程	次要工程
破坏后果	很严重	严重	不严重

表7-2 场地复杂程度等级

等 级	一 级	二 级	三 级
建筑抗震稳定性	危险	不利	有利(或地震设防烈度≤6度)
不良地质现象发育情况	强烈发育	一般发育	不发育
地质环境破坏程度	已经或可能受到强烈破坏	已经或可能受到一般破坏	基本未受破坏
地形地貌条件	复杂	较复杂	简单

表7-3 地基复杂程度等级

等 级	一 级	二 级	三 级
岩土种类	岩土种类多,不均匀,变化大	岩土种类较多,不均匀,性质变化较大	岩土种类单一,均匀,性质变化不大
特殊性岩土	存在严重湿陷、膨胀、盐渍、污染的特殊性岩土以及其他情况复杂须作专门处理的岩土	场地复杂程度介于二与三级之间	无

值得注意,不同勘察等级对所进行工程地质勘察工作的要求是不同的,具体情况可参阅《岩土工程勘察规范》和《公路工程地质勘察规范》等有关国家或行业工程地质勘察的规范与规程。

7.1.3 工程地质勘察的基本方法

为了获取工程建设所必需的可靠工程地质资料,必须采用可靠的工程地质勘察方法。工程地质勘察的基本方法主要包括如下几个方面:

①工程地质的调查与测绘;

②工程地质勘探;

③工程地质试验;

④工程地质勘察的资料整理。

工程地质调查与测绘是工程地质勘察的最根本和最主要的方法,也是运用其他方法的前提和基础。高质量的工程地质调查与测绘对整个勘察和其他工作具有一定的指导作用,可大大节省勘察工作量。当然,完全掌握一个工程建设项目的工程地质情况,仅凭工程地质调查与测绘还是远远不够的,还必须配合其他勘察方法。工程地质勘察方法的内容是具体而丰富的,下面将简要介绍相关内容。

7.2 工程地质调查与测绘

工程地质调查与测绘是工程地质勘察最早进行的一项工作。通过搜集工程建设相关资料和现场观察与访问,结合工程建设对工程地质条件进行全面综合性的地面研究,并将查明的地质现象和获得的资料填绘到有关的图表和记录本中,这种工作统称为工程地质的调查与测绘。工程地质调查与测绘包括工程地质调查与工程地质测绘两个方面。

7.2.1 工程地质调查

所有工程建设项目都必须进行工程地质调查,它通过工程相关资料的搜集与研究、野外现场观察和访问群众等方法进行,必要时亦可配合适量的勘探、试验和观测等工作,以达到初步认识工程地质条件的目的。为了进行工程地质调查,须编制工程地质调查纲要,以保证工程地质调查内容的全面性。工程地质调查包括现有相关资料的搜集与研究、野外现场观察和访问群众三个方面。

(1)相关资料的收集与研究

全面搜集与研究区域地质、航空和卫星遥感遥测相片、气象、水文、地震、水文地质和工程地质等既有资料以及当地有关建筑资料和建筑经验等。

(2)野外现场观察

野外现场观察的基本方法与内容主要包括如下几个方面:

①根据地形图,在调查区内按固定路线进行踏勘,可采用S形曲折迂回而不重复的路线,穿越地形、地貌、地层、地质构造和不良地质现象等有地表的地段,初步掌握工程建设场地的地质条件复杂程度。

②为了解全区的岩层情况,在踏勘时应选择露头良好、岩层完整而有代表性的地段做出野外地质剖面图。

③寻找地形控制点位置。

(3)访问群众

通过访问当地群众,搜集洪水与淹没情况,地震、滑坡等不良地质现象发生的历史情况,必要时,边看边问,尽量全面地了解与工程相关的工程地质资料和历史地质现象。

7.2.2 工程地质测绘

在工程地质调查的基础上,把工程地质调查的结果填绘在一定比例尺的地形图上,以编制工程设计所需的工程地质图,称为工程地质测绘,它须按一定方法和要求进行。

(1)工程地质测绘的要求

①测绘范围。工程地质测绘的范围主要根据工程建设场地的大小确定,不过有时还须考虑某些因素的影响而适当扩大测绘范围。这些因素主要表现为如下两个方面:

a. 建筑类型。工程地质调查与测绘范围的确定应以保证搞清楚工程建设场地区域的工程地质条件为原则。对于工业与民用建筑,应包括工程建设场地的邻近地段;对于各种路线工程,应包括线路轴线两侧一定宽度地带;对于隧洞工程,应包括进隧洞山体及其外围地段。

b. 工程地质条件复杂程度。工程地质调查与测绘还受场地工程地质条件复杂程度的影响,要考虑内外力地质作用可能影响的范围。例如,如果拟建工程建筑物靠近斜坡地段,应考虑斜坡的影响地带;如果拟建工程建筑物处于泥石流区域,不仅要研究与工程建设有关的堆积区,还要研究流通区与补给区的地质条件等。

②测绘比例尺。工程地质测绘所采用的测绘比例尺决定工程地质测绘的精度,它一般与工程地质勘察所处勘察阶段相关。工程地质勘察一般采用三种测绘比例尺进行工程地质测绘,具体情况与适用条件如下:

a. 小比例尺测绘。比例尺为1:5 000～1:50 000,一般在可行性研究勘察(选址勘察)、城市规划或区域性的工业布局勘察时采用。

b. 中比例尺测绘。比例尺为1:2 000～1:5 000,一般在初步勘察时采用。

c. 大比例尺测绘。比例尺为1:200～1:2 000,一般在详细勘察和施工勘察时采用,也在地质条件复杂和重要工程建设地段以及须解决某一特殊问题时采用。

③测绘点线的布置。工程地质测绘点线布置的原则是须满足工程地质勘察的精度要求,为此,须在一定测绘面积范围内选取一定数量的测绘点和测绘路线,并注意由测绘点形成测绘线,由测绘线形成测绘网,其关键在于测绘点的布置。测绘点的布置应尽量利用天然露头,当天然露头不足时,可布置适量的勘探点,并选取适量的岩土试样进行工程地质试验。在条件适宜时,还可配合进行地球物理勘探。测绘点选择的一般方法为:整合与不整合地层接触面和不同岩性的分界线;地质构造线;不同地貌单元的分界线和同一地貌的微地貌区;露头良好的地区;不良地质现象分布地段。

值得注意,测绘点线布置的数量与密度也应满足一定要求,具体情况参见各行业相关工程地质勘察规程或规范。

(2)工程地质测绘方法

工程地质测绘必须按照合理可行的方法进行,方能达到工程地质测绘的要求。常见工程地质测绘方法包括相片成图法和实地测绘法两种,下面将简要介绍相关内容。

①相片成图法。利用地面摄影或航空遥感遥测照片,先在室内进行研究,划分地层岩性、地质构造、地貌、水系和不良地质现象等,并在照片上选择若干点和线,然后去实地进行校核与修正后绘制成底图,最后再转绘成工程地质图。

②实地测绘法。采用测量仪器与方法进行实地工程地质测绘,称为实地测绘法。它一般又包括路线法、布点法和追索法三种方法。

a. 路线法。沿着一定路线穿越测绘场地,把沿线各种地质现象等标绘在地形图上。路线形式包括 S 形和直线形等,它一般用于中小比例尺测绘,道路工程一般采用该方法。

　　b. 布点法。根据不同比例尺地形图,预先布置一定数量的测绘点和测绘路线,然后进行实地测绘。它适用于中大比例尺测绘。

　　c. 追索法。沿地层走向或某一地质构造线或地质界线布点追索,以查明某些局部的复杂地质现象。

7.2.3　工程地质调查与测绘的内容

　　工程地质调查与测绘的内容应视工程建设的要求而定,其重点也因勘察设计阶段和工程建设的类型及其重要性的不同而各有侧重。一般情况下,工程地质调查与测绘的基本内容主要包括如下两个方面:

　　①拟建工程情况。包括拟建工程的地理位置、类型、用途、规模、具体工程建筑物结构与基础类型等。

　　②拟建工程的工程地质条件。工程地质条件如本章 7.1.1 节所述,这里不再赘述。

　　工程地质条件是工程地质调查与测绘的核心内容,而且,对于具体的工程建设项目,工程地质调查与测绘内容的确定必须依据工程实际情况做到既有全面性又有针对性,将影响工程建设的主要工程地质条件作为工程地质调查与测绘的重点内容,必要时还须制定工程地质调查与测绘的内容纲要。

7.3　工程地质勘探

　　通过工程地质调查与测绘只能了解已有工程地质资料、拟建工程已揭露地质表面和地表的工程地质情况,虽然利用工程地质测绘与调查获得的工程地质资料可以对地下工程地质条件做出推测,但其可靠性受到很大限制。因此,必须通过某些方法和手段直接揭露地下地质现象或间接测定反映地下地质现象的物理场变化规律,以达到准确掌握地下工程地质条件的目的,这就是工程地质勘探。它可为工程地质室内试验提供试验试样,也可为工程地质现场试验提供试验条件。

　　工程地质勘探是工程地质勘察的主要方法之一,本节将重点介绍挖探、钻探和物探三种工程地质勘探方法及其相关知识。

7.3.1　挖探

　　挖探是最常用的工程地质勘探方法之一,其最大的优点是操作简单,能清晰观察地层并描述岩土的性状和地质现象,能取得详尽的地质资料和原状岩土试样,但是勘探的深度有限,劳动强度大。其一般包括坑探、槽探和平硐探。

　　(1)坑探

　　坑探是一种垂直向下开挖的土坑。浅者称为探坑,而深者称为探井。断面一般为 1.5 m ×1.0 m 的矩形或直径为 0.8～1.0 m 的圆形,深度一般为 2.0～3.0 m。若坑较深则须进行坑壁加固。

　　坑探适用于不含地下水或地下水量小的较稳固地层,主要用来查明覆盖层的厚度和性质、滑动面、地质结构面、地下水位以及采取原状岩土试样等。

　　(2)槽探

　　槽探是沿地表方向开挖的一定深度和宽度的地槽,其宽度一般为 0.6～1.0 m,深度一般小于 3.0 m，长度视工程地质勘察的需要而定。它主要适用于基岩覆盖层不厚的地方，常用来追索地质构造线，查明覆盖层的厚度与性质以及地层层序等情况，也可采取原状岩土试样。它一般沿垂直地层走向或地质构造线布置。

（3）平硐探

在山坡上开挖用于工程地质勘探且断面形状为梯形、矩形、圆形或马蹄形的水平隧洞，称为平硐探，多用于了解软弱夹层或断层破碎带的分布与特征、地质构造的发育情况以及其他专门问题。它一般布置在陡坡或岩层近于直立的地区。

挖探除了上述三种方法外，实际上还有斜井、竖井和巷道等，甚至工程建设中的几乎所有隧洞均可用于工程地质勘探，形式极其多样化。

挖探主要包括勘探工程的开挖、地质编录和试验取样与现场试验三部分工作，重点在后两部分工作。地质编录是指采用图表的方法记录和描述从挖探工程观察所获得的地质现象。

7.3.2 钻探

钻探是指采用钻孔设备在地层中钻孔，并通过观察钻孔取得的岩芯、钻孔破碎的岩土物质、孔壁以及在钻孔过程中表现出的各种现象，以了解地下地质情况。它是工程地质勘探的主要手段，具有探测深度大、准确度高、能采取工程地质试验所需原状岩土试样和能提供原位试验和监测工作的条件等多种优点，但也存在操作困难和有时勘探费用高等缺陷。钻探一般分为简易钻探和钻探两种基本类型。

（1）简易钻探

简易钻探主要包括小型麻花钻探、洛阳铲勘探和探钎等，具有钻具简单轻便、易操作、进尺较快、劳动强度较小和勘探费用较低等优点，但一般仅适用于松软土层勘探，不能采取原状土样，勘探深度也不大。

①小型麻花钻探。如图 7-1 所示，小型麻花钻探的主要设备是钻杆、钻头和管子钳。首节钻杆的端部为麻花形钻头，用人力加压回转钻进，孔径较小，随着钻进深度加大，可利用每节钻杆两端螺纹接长钻杆。

小型麻花钻探适用于黏性土及粉土地层勘探，可在现场鉴别土的性质；也可与挖探和轻便触探配合，适用于地质条件简单的小型工程的简易钻探。可取得扰动土样，勘探深度不大，最大可达 10 m。

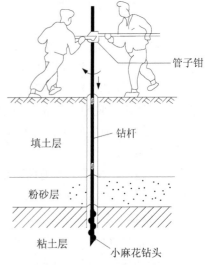

图 7-1　小型麻花钻探

②洛阳铲钻探。洛阳铲钻探是指借助洛阳铲的重力冲入地层中，钻（冲）成直径小而深度较大的圆孔，以了解土层中的地质现象。它适用于土层勘探，可采取扰动土样，勘探深度一般为 10 m 以内，在黄土层中可达 30 余米。

③探钎。探钎是一种尖形的钢杆，通过人力压入土层，以了解浅层土的软硬程度，经常在道路工程的路线勘测中使用。

（2）钻探

钻探是指通过钻机钻进地层而取得岩芯，并通过岩芯或孔壁观察以及通过钻进过程中表现出的现象，以了解地下地质现象。它是广泛采用的一种最重要的勘探方法，一般是在挖探和简易钻探不能满足勘探要求时使用，几乎适用于任何条件下的工程地质勘探。其精度高，勘探深度不受限制，能取得工程地质试验所需原状岩土试样，也能提供现场试验和监测的条件，但是操作复杂，勘探费用高。

钻探的有效性与可靠性主要由岩芯采取率决定。所谓岩芯采取率是指钻探取得岩芯的累计长度与实际钻进进尺的百分比。钻探对岩芯采取率的要求参阅国家与行业相关勘察规范。有效而可靠的钻探必须按照一定的方法、程序和要求进行，下面将简要介绍相关知识。

①钻进方式与方法。地质钻孔与一般的工程钻孔不同。工程钻孔的目的主要是形成工程开挖（如凿岩爆破和钻孔灌注桩等）的孔洞，而地质钻孔是为揭露地质现象而形成钻孔，它必须取得岩芯，因此，地质钻又称为取芯钻。按照钻进时破碎岩土的方式，钻进方式一般可分为冲击钻、回转钻、冲击—回转钻和振动钻等几种类型。

a. 回转钻。利用钻具回转使钻头研磨岩土成孔，其包括人力和机械回转钻两种类型。机械回转钻一般适用于各种不同岩性的地层，可采取岩芯。人力回转钻一般适用于松软和密实度不高的土层，一般不能采取岩芯。

b. 冲击钻。将钻具提升到一定高度，然后自由落下，利用钻具的重力和冲击力使钻头冲击孔底岩土而实现钻进。人力冲击钻进适用于黄土、黏性土、砂性土等疏松的覆盖层，难以取得岩芯；机械冲击钻进适用于砾石、卵石层和基岩，一般不能取得完整岩芯。

c. 振动钻。利用机械产生的振动力，通过连接杆及钻具将振动力传到钻头周围的岩土，破碎岩土而形成钻孔。它钻进速度较快，主要适用于土层及粒径较小的碎石与卵石层，一般难以取得完整岩芯。

d. 冲击—回转钻。亦称综合钻进，钻进过程是在冲击与回转综合作用下完成的，它适用于各种不同岩性的地层，可以采取岩芯，在工程地质勘探中应用也较广泛。

值得注意，地质勘探中应用较多的一般是回转钻和冲击—回转钻。

②钻进设备与钻进过程。钻进设备主要包括钻架、动力设备、钻具、泵和采取岩芯设备等，如图7-2所示，具体情况如下：

a. 钻架。用于钻具和取芯设备的吊装。

b. 动力设备。提供钻进、泵、钻具与取芯设备吊装的动力。

c. 钻具。切割或破碎岩土，包括钻杆和钻头。

d. 泵。提供泥浆、水泥浆、冲洗液和压缩空气。

e. 采取岩芯设备。通过专用设备采取岩芯。

钻进过程主要包括破碎岩土、采取岩土、护壁和封孔四个环节：

a. 破碎岩土。通过钻具切割或破碎岩土。

b. 采取岩土。通过冲洗液或压缩空气将破碎岩土带到地面，或通过采取岩芯设备取出岩芯。

c. 护壁。钻进过程中或钻孔完成后，孔壁可能出现坍塌，故常须保护孔壁。一般采用泥浆或水泥浆以及套管保护孔壁。

d. 封孔。钻孔结束后，一般要封闭钻孔以保护或废弃钻孔。

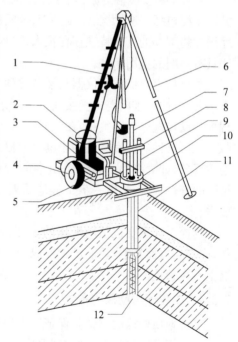

1—钢丝绳　2—汽油机　3—卷扬机　4—车轮
5—变速箱及操作把手　6—四腿支架　7—钻杆
8—钻杆夹　9—拔棍　10—转盘　11—钻孔
12—螺旋钻头

图7-2　SH-30型钻机示意图

③钻探工作的内容。钻探工作主要包括钻孔和钻探编录等两部分内容：

a. 钻孔。通过钻机在地层中钻孔,提供可供观察地质现象和现场工程地质试验的条件,并采取岩芯以提供室内工程地质试验的岩土试样。

b. 钻探编录。主要包括钻孔编录和编制钻孔地质柱状图。

(a)钻孔编录。它包括地质编录、技术编录和经济编录。其中,地质编录是准确地对钻孔提升上来的岩土碎屑或岩芯进行详细描述,确定岩土名称、地层位置与厚度、地下水位和温度等,并将取出岩芯密封,注明位置、名称和编号,填写标签和登记册;技术编录包括记录钻孔深度与直径及其变化、钻头类型、钻进工序时间和速度等内容;经济编录是记录、计算和统计各种材料的消耗数量和各项开支等。

(b)编制钻孔地质柱状图。钻孔所穿过地层的综合图表即为钻孔地质柱状图,其主要内容包括地层的地质年代、埋藏深度与厚度、层面标高、岩土的描述、柱状图、地面标高、地下水位与测量日期、岩土取样位置和岩土力学参数等,柱状图的比例尺一般为 $1:100\sim1:500$。

7.3.3　地球物理勘探

凡是以各种岩土物理力学性质的差别为基础,采用专门仪器与设备,观测地层中天然或人工物理场(如电流或电位场、磁场、声波场、地震波、重力场和放射性场等)及其变化规律,以了解地下地质情况的勘探,称为地球物理勘探,一般简称为物探。

物探的种类繁多,按照所观测的物理场及其观测仪器与设备的不同,目前较为成熟的物探方法主要包括电法勘探、声波勘探、地震勘探、重力勘探、磁法勘探和放射性勘探等。由于各种地层对物理场的反映特性存在很大差异,也由于各种物探仪器与设备的特点不同,不同物探方法具有不同的适用条件。

物探的突出优点是仪器与设备轻便、效率高、成本低。由于各种物理场对不同地质现象具有多解性,往往难以得出直接而肯定的结论,常需要现场校核与验证。不同物理场对不同地质现象的反映规律极其复杂,在现有技术水平下,物探的准确度都较差。因此,目前的物探方法限于在可行性研究勘察或初步勘察阶段的地质勘探,在施工勘察阶段,仅用于对某些特殊工程地质现象(如岩溶和土洞等)的定性规律的了解。物探的主要目的是初步掌握勘察区域内地质情况的复杂程度,为进一步工程地质勘探起指导作用,以使详细勘察更具针对性并节约勘察成本。

物探工作主要包括物理场的观测、物理场及其变化规律的解释与分析、校核与验证等工作,内容丰富而复杂,目前已发展成为一门专门的技术。如果有兴趣,可参阅相关教材与专著,这里不再赘述。

7.3.4　工程地质勘探的布置

工程地质勘探的布置是保证工程地质勘察精度、满足工程建设要求的基础,主要包括平面布置和勘探深度的确定,详细情况应参阅行业国家或地区勘察规程与规范,这里仅就一般性的原则作简要介绍。

(1)勘探工程平面布置的一般原则

勘探工程的布置以最少的勘探工作量或最小的勘探成本来取得满足工程建设要求的工程地质资料为原则。主要体现在如下几个方面:

①在工程地质调查与测绘和物探的基础上布置勘探工程。

②勘探工程的布置(包括勘探工程数量、勘探深度与密度以及精度等)应与勘察阶段相适

应。由初步勘察到详细或施工勘察阶段,勘探的整体布置由勘探点、勘探线过渡到勘探网,勘探范围由大到小,勘探点与线由稀到密,勘探布置由以考虑地质复杂程度为主过渡到工程建筑物轮廓为主。勘探初期以物探为主,少量钻探和挖探为辅,之后以钻探为主。

③勘探布置因工程建设类型、规模和勘察等级而异。道路、隧洞、渠道、大坝和防洪大堤等多沿线路轴线,间隔一定距离布置勘探剖面;工业与民用建筑和桥梁多沿基础分布位置布置;对于勘察等级高、工程建设规模大和地质条件复杂的工程地质勘探,勘探工作量要视具体情况加强。

④勘探工程布置应依据地形地貌、地质构造、水文地质条件和工程地质试验等进行综合考虑。一般情况下,沿综合地质情况变化大的方向布置勘探线,勘探点布置在控制部位。

⑤勘探工程布置在工程建设的关键地段,例如,布置在滑坡、崩塌、岩溶和泥石流等地段。

(2)勘探深度的确定

勘探深度的确定应综合考虑工程建设类型、勘察阶段与等级以及地质条件复杂程度等情况,除了按国家或地区行业勘察的规范与规程进行考虑外,还应考虑具体工程设计与施工的要求和工程地质评价的需要。不同的工程地质问题所要求的勘探深度也是不同的,应该具体问题具体分析。

勘探深度确定的一般原则是略大于工程影响深度。例如,对于滑坡问题,勘探深度应穿越可能的滑动面;对于水库与坝基渗漏问题,勘探深度应穿越隔水层;对于地基沉降问题,勘探深度应穿越地基压缩层;对于地下隧洞问题,勘探深度应穿越隧洞底板地层。

7.4 工程地质试验

工程地质试验是工程地质勘察不可或缺的重要环节,一则为工程建设提供必要的设计参数,二则为工程建设中的某些特殊工程地质问题的评价提供必要的技术参数和依据,再者,通过工程施工前后的某些特殊问题甚至环境方面的问题进行野外现场观测与监测,可为工程施工、维护和环境保护提供必要的数据与资料。

工程地质试验种类繁多,内容丰富,鉴于其试验原理、试验设备与试验方法将在后续专业课程中详细介绍,本教材仅简要介绍工程地质试验的一般性内容,主要包括室内试验、现场原位试验与野外观测与监测。

7.4.1 室内试验

工程地质室内试验是指在实验室内对野外现场采取的试样进行试验,以获得工程设计、施工和技术管理所需要的数据资料。其主要内容包括岩土工程性质试验、化学试验与检测和主要工程地质问题的专门试验等。

(1)岩土工程性质试验

岩土工程性质试验一般包括物理性质试验和力学性质试验两个方面:

①物理性质试验。对于土,主要试验项目包括颗粒级配、密度、孔隙率(度)或孔隙比、密实度、含水量与最佳含水量、液限、塑限、缩限和水理性(主要包括给水性、持水性、容水性、渗透性、软化性和抗冻性等);对于岩石,主要试验项目包括孔隙率(度)、密度、含水量、碎胀系数和水理性(主要包括渗透性、软化性、抗冻性和崩解性等)等。

②力学性质试验。对于土,主要试验项目包括侧限压缩试验、固结试验、击实实验、单轴和三轴压缩试验、剪切试验、砂土的振动液化试验、灵敏度试验、渗透试验和土动力学试验等;对

于岩石,主要试验项目包括抗拉试验(包括直接或间接拉伸试验和巴西劈裂试验)、完整岩石或弱面的剪切试验、单轴或三轴抗压试验、膨胀试验、渗透试验和岩石动力学试验等。

(2)化学试验与检测

化学试验与检测的目的主要是测定和检测岩土和地下水中对工程建设或环境有不利影响的化学成分及其含量,主要包括如下试验与检测项目:

①检测岩土中亲水矿物的种类与含量。

②检测地下水的水质与对建筑结构有的腐蚀性的成分与含量。主要包括地下水 pH 与矿化度以及各种对钢筋混凝土具有腐蚀作用的离子及其含量,如 Mg^{2+}、Ca^{2+}、Cl^-、SO_4^{2-}、NO_2^-、NO_3^-、HCO_3^- 以及游离的 CO_2 和 H_2S 等。

(3)工程地质问题的专门试验

对某些尚未被认识清楚的工程地质问题,常需要设计专门的模型或模拟试验进行研究与探讨,为对这些工程地质问题的分析与评价提供依据,如离心机试验与数值模拟分析试验等。

工程地质室内试验具有相对操作简单、易于实施和成本低的特点,因此,条件许可时应尽可能多进行。但要注意,由于工程地质室内试验的试样与试验环境等都与工程实际存在较大差异,所以其试验数据的可靠性较差,大多不能直接应用于工程设计与施工,必须按照一定的方法进行处理。而且,并非所有工程地质勘察都必须全面进行上述各种试验,对于具体工程,其室内工程地质试验工作主要视其实际情况与要求确定。

7.4.2 现场原位试验

现场原位试验是指在野外工程现场为获得工程设计和工程地质问题评价所需数据与资料而进行的工程地质原位试验。由于它是在自然条件下进行的,岩土试样没有被扰动或扰动甚微,试验条件与实际工程情况取得最大程度的一致,而且,试验范围或试样尺寸较大,更能综合反映岩土的实际工程地质性质,故试验成果较室内试验更为可靠,它往往是室内试验不可替代的。同时由于野外现场原位试验在仪器设备、技术、人力物力和试验时间等方面一般较室内试验复杂或大得多,故试验成本高,操作也更为困难。因此,在工程地质勘察中,现场原位试验不可能全面展开,在条件许可的条件下应尽可能多进行,与室内试验相互补充。较常进行的现场原位试验主要包括如下试验项目:

①载荷试验。包括平板载荷试验、螺旋板载荷试验、桩基载荷试验和动荷载试验等,主要用于确定地基承载能力、预估沉降、计算地基土固结系数与抗剪强度和确定基桩承载能力等。

②静力触探试验。主要用于确定土的抗剪强度与指标、密实度和地基承载能力等,判断砂土振动液化,估算渗透系数,测定土的模量等。

③动力触探试验。包括轻型、中型、重型和超重型动力触探试验,主要用于评价土的密实度,确定地基与桩基承载能力与土的抗剪强度及其变形模量,评价地基处理效果等。

④标准贯入试验。主要用于确定地基与桩基承载能力和土的抗剪强度及其变形参数,判别砂土的振动液化等。

⑤十字板剪切试验。主要用于测定地基土的抗剪强度与指标。

⑥旁压试验。主要包括预钻式、自钻式和扁平板旁压试验,主要用于确定土的变形力学参数和地基承载能力等。

⑦现场岩石剪切试验。主要包括完整岩石和结构面直剪试验、土的直剪和水平推剪试验以及岩石三轴剪切试验,主要用于测定岩体和土体的强度与变形力学参数。

⑧岩体原位应力测试。主要包括应力恢复法、应力解除法和破碎岩石法等，主要用于测定岩体中地应力。

⑨岩体原位变形测试。包括静力法和动力法，其中静力法包括承压板法、狭缝法、单或双轴压缩法、水压法、千斤顶法和钻孔变形计法等，动力法主要包括声波法和地震波法等，主要用于测定岩体静力学与动力学变形力学参数，如模量、泊松比和抗力系数等。

⑩建筑结构与岩土接触面的抗滑试验。主要用于建筑结构的抗滑稳定性评价。

⑪土压力测试。主要用于测定土压力。

⑫地下水试验。主要包括单井和群井抽水试验和压水试验，主要用于评价岩土渗透性，预测涌水量等。

7.4.3 野外观测与监测

野外观测与监测是指在工程建设过程中或工程竣工后，采用一定设备仪器和方法，对工程建设的施工和安全性甚至环境保护有重大影响的某些特殊问题和现象的动态变化规律进行观测与监测，为工程建设的施工方法确定、安全性与环境保护评价及采取适宜处治措施提供依据。

野外观测与监测的内容千差万别，例如地下水污染与水位监测、沉降观测、地表塌陷观测、地下结构和隧洞表面位移监测与收敛测量、涌水量监测、地表汇水量监测、洪水量与洪水位监测，滑坡观测等。

对于不同的具体工程建设，野外观测与监测的时间长短、内容与项目、工程的重要性程度和工程建设规模甚至地理位置等都是不同的，应该具体问题具体分析，在满足工程要求的前提下，合理地进行野外观测与监测。

7.5 工程地质勘察的资料整理

在工程地质勘察工作结束时，将直接和间接得到的各种工程资料，经过分析整理、检查校对、归纳总结，便可用文字和图表编制成工程地质勘察报告，它是工程地质勘察的最后成果，也是向工程设计、施工和管理单位直接交付使用的文件资料。

工程地质勘察资料整理的基本任务是阐明被勘察地区的工程地质条件和工程地质问题，对被勘察区做出工程地质评价。工程地质勘察报告的内容应该根据勘察阶段任务要求和工程地质条件纪实编制，以能说明问题为原则，根据实际情况可有所侧重，不必强求一致。它一般包括文字和图表两大部分内容。

7.5.1 文字部分内容

工程地质勘察报告的文字部分内容一般具有相对固定的写作格式，主要包括如下四部分。

(1)前言

具体介绍勘察工作任务要求及工作方法和所做的工作简况。为了明确勘察的任务和意义，对拟建建筑物的类型、规模、勘察阶段及迫切要求解决的问题也应予以说明。

(2)通论

其任务是客观的阐述被勘察地区的工程地质条件，如自然地理、区域地质、地形地貌、地质构造、水文地质、不良地质现象及地震基本烈度等。编写时，既要符合地质科学的要求，又要符合工程的目的，具有明确的针对性。

(3)专论

它是整个报告的中心。其任务是结合具体工程项目,针对各种可能出现的工程地质问题,提出论证和回答工程地质勘察任务书中所提出的各项要求及问题。例如,对选定各可能方案的工程地质对比与评价;适宜的建筑型式与规模;建筑物基础的类型和埋置深度;对克服和解决工程地质问题时应采取的措施等。论证时,应充分利用勘察所得的实际资料和数据,在定性评价的基础上做出定量评价。

(4)结论

其任务是在专论的基础上对任务书中所提各项要求做出结论性的回答。结论必须简明具体,措词必须准确而不应模棱两可或含糊其词。此外,尚应指出存在的问题及其解决的途径和进一步研究的方向。

7.5.2 图表部分内容

工程地质报告中的图表部分内容包括表格和图件两部分。表格是记录由工程地质调查与测绘、工程地质勘探和工程地质试验等获得的各种数据或文字表格,如工程地质试验的数据表格、反映勘察工程的类型与数量的表格等。它是工程设计与管理分析与统计的依据,必须全面而准确,采用表格的数量与形式视具体工程情况而定。图件是反映工程地质勘察工作情况和工程地质条件的各种曲线和地质图,主要包括如下几个方面。

(1)工程地质勘察平面布置图

工程地质勘察平面布置图主要描述工程地质勘察工作的平面布置情况,如图 7-3 所示,主要反映建筑平面轮廓与规模,勘探点类别、编号和高程,测量坐标基准点、水准点或标志性参照物,地理方位,勘探点线及试验取样与原位测试的位置和编号等。

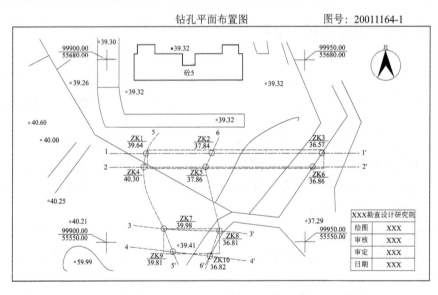

图 7-3 工程勘探点平面布点图示例

(2)综合平面工程地质图

综合平面工程地质图主要描述出露地表的地质现象,常以地形图为底图进行绘制。主要反映被勘察区的地形地貌,地层的地质年代、分布和岩性,地质构造及其产状,水文地质条件,不良地质现象的类型与特征等。

(3)工程地质柱状图

工程地质柱状图一般是指钻孔柱状图,主要依据钻探编录和工程地质试验成果进行制作,如表7-4所示,常采用1∶100或1∶200的比例尺。工程地质柱状图主要反映工程项目情况、钻孔情况及相应钻孔的地质情况。

表7-4 典型钻孔柱状图

工程名称		×××劳动市场			图号		2005028-3-21
工程编号		2005073			钻孔编号		ZK1
孔口高程(m)	39.64	钻孔坐标(m)	X=99323.29	开工日期	2005-04-03	稳定水位	2.20 m
钻孔直径(mm)	110.00		Y=49133.40	初见水位	2.8 m	测量水位日期	2005-04-05
地层编号	时代与成因	层底高程	层底深度	分层厚度	柱状图1∶200		岩层描述
1	Q_4^{ml}	32.52	7.12	7.12			人工填土:褐色,稍湿,松散状。由黏性土、混砖渣、碎石等组成,含硬质杂物50%以上。底部见淤泥质物,含有机质
2	Q_4^{el}	29.40	10.24	3.12			粉质黏土:黄红、褐黄色夹灰白色,硬塑—坚硬状,具网纹结构,含黑色铁锰质氧化物。无摇震反应,韧性低,干强度高
3	E	22.60	17.04	6.80			强风化泥质粉砂岩:紫红色,结构大部分破坏,泥质结构,层状结构,主要成分为泥质,含少量粉砂,节理风化裂隙很发育,裂面有少许黑褐色锰氧化物,岩体破碎,取芯不完整,呈块状夹上状,浸水后易变软,外露易崩解,为极软岩,岩体基本质量为Ⅴ级,采芯率85%
4	E	15.00	24.64	7.6			中风化泥质粉砂岩:紫红色,泥质结构,裂隙较发育,裂面有少量黑褐色铁锰质氧化物薄膜,以泥质与砂岩相间存在,为中厚层状结构,岩芯较破碎,呈块状、短柱状及长柱状。浸水后易软化,岩石基本质量等级为Ⅳ级,全场分布,采芯率90%

①工程项目情况。主要反映工程项目的名称与编号等。

②钻孔情况。主要反映钻孔名称、编号,孔口坐标与高程,钻孔直径和施工时间等。

③地质情况。它是工程地质柱状图的主体,主要反映地层编号、年代、成因,层面标高,层厚,岩土描述,地下水位,岩芯采取率和岩土力学指标等。

(4)工程地质剖面图

工程地质剖面图表示被勘察区一定方向铅直面上工程地质条件的断面图,它主要依据勘探线上钻孔柱状图和工程地质调查与测绘资料制作而成,反映某一勘探线沿铅直向和水平向的地质现象及其分布情况,它是工程地质勘察报告中最基本的图件,如图7-4所示。

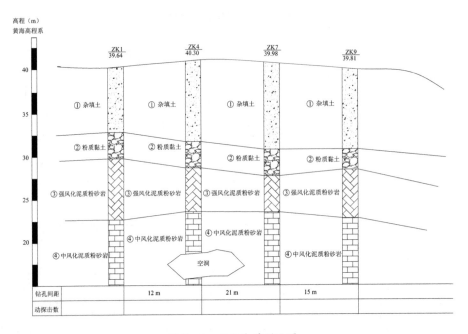

图 7-4　工程地质剖面图

(5)其他专用工程地质图件

其他专用工程地质图还包括区域地质图、工程地质分区图、地下水等水位或等水压线图、关键地层层面等高线图与等厚度线图、工程地质立体图、特殊土或特殊地质问题的专门性图件和各种工程地质试验曲线图。其他工程地质专用图件往往是为了满足对具体工程地质问题的分析需要而绘制的,并非所有的工程地质勘察报告都需要提供同样的图件。

需要注意,工程地质图件一般须按一定比例尺进行绘制,其比例尺大小取决于工程地质勘察的阶段与等级和工程设计的要求。另外,工程地质图件一般还须标明工程项目的名称、图件制作人和负责人的姓名与单位,以明确其责任。

7.6　工程地质图及其阅读

工程地质图是工程地质勘察报告的重要组成部分,它是采用几何图形直观表示地质现象及其变化规律的综合图件,也是各类工程设计的重要依据,有时甚至还是工程设计的底图,因此,掌握工程地质图及其阅读方法对于全面了解工程建设场地的地质现象和正确地进行工程设计具有重要的现实意义。

工程地质图主要包括平面和剖面图两大类。工程地质剖面图是为表明地表以下的地质条件及地质构造情况,按特定方位和一定比例缩小并采用统一规定的符号而编制的图件,主要包括实测地质剖面图和图切地质剖面图两种;工程地质平面图是通过地质现象在地表面的表现而绘制出的综合平面图件,它不仅要反映建设场地的地形起伏和地貌类型,还要反映地层和地质构造的分布与产状,因此,常把工程地质平面图又称为综合地形地质平面图。

一般来说,工程地质剖面图比较简单,容易被读懂,而工程地质平面图非常复杂,读懂工程地质平面图会较困难,因此,本节将仅重点介绍综合地形地质平面图及其阅读方法。

由于综合地形地质平面图是将地质现象表示在地形图上而绘制出来的,了解地形与地质情况在综合地形地质平面图上的表示方法对于掌握阅读综合地形地质平面图的方法极其重要,因此,下面将从此入手介绍工程地质图件的阅读方法。

7.6.1 地形图简介

地形图是同时表示地物位置和地形起伏的平面图,也是绘制平面地质图的底图。它是由各种表现地形和地物的线条及符号构成,并按照一定比例尺和图式绘制的水平投影图。阅读地形图首先要对绘图比例尺、地形图图式和表示地形起伏的地形等高线建立清楚的概念。

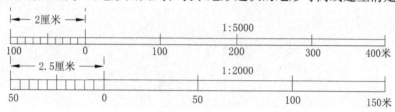

图 7-5　直线比例尺图式

(1)地形图的比例尺

地形图的比例尺是指地形图上线段长度和相应地面线段的水平投影长度之比,它有两种表示方法。其一是数值比例尺,一般用分子为 1 的分数即 1/M 表示,分母 M 为实地长度缩小的倍数,称为 10、100、200 或 1 000 等的倍数,如 1:200,1:5 000,1:10 000 等;其二是直线比例尺,在图上绘一直线,以某一长度作为基本单位,在该直线上截取若干段(见图 7-5),这个长度的确定是以换算为实地距离后为以一个应用方便的整数为原则,如对于 1:1 000,1:5 000 及 1:10 000 的比例尺可取 2 cm 作基本单位,它相当于上述比例尺的实地长度为 20 m、100 m 和 200 m。

(2)地形等高线

地形图上常用等高线来表示地形,如地形起伏、悬崖峭壁的分布等。等高线就是地面上标高或高程相同的点所连接成的闭合曲线。将不同标高或高程点的这种连线,用标高投影法投射到水平面上,就得到用等高线表示的地形图,亦可称为地形等高线图(见图 7-6)。在同一等高线上各点的标高或高程相同。等高线越密,意味着该处地形坡度越陡,而等高线越稀疏,该处地形坡度越缓。

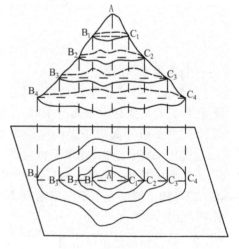

图 7-6　用等高线表示地形的方法

(3)各种地形在地形图上的表现

地表面形状和起伏虽然很复杂,但主要是由山地、山脊、鞍部、盆地、山谷等基本地形所组成,因此,了解基本地形及其在地形图上的表现是分析地形图的基础。为此,下面列出一些主要基本地形及相应地形等高线图(见图 7-7),同时给出几种基本地形组成的复杂地形及相应地形图(见图 7-8),以供参考。

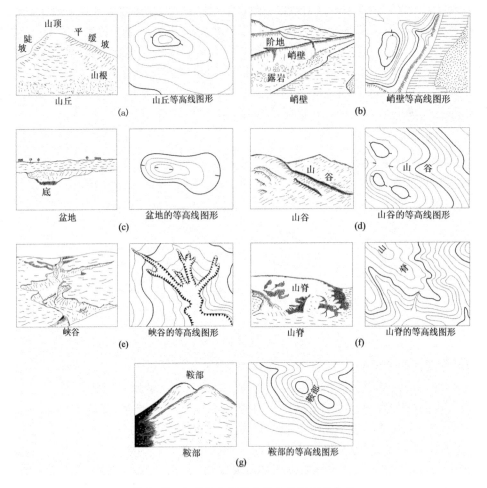

图 7-7 各种基本地形及其在地形图的表现

(4)常用地形图例

地面上有各式各样的地物,如房屋、道路、河流等等,又有高低起伏变化的平原、丘陵和山地等地形,这些都可用简单明显的符号表示在地形图上,这种用来表示地物、地形等符号即为地形图图式,其主要包括地物符号、地形符号和注记符号。各种符号随比例尺大小不同而略有不同。常见地形图图式见图 7-9。

7.6.2 综合地形地质平面图

采用规定的各种不同符号和方法,将地质现象和地质条件表示在相应地形图上就构成综合地形地质平面图。不同地质现象和地质条件的表示方法是不同的,下面将介绍最常见的地质现象和地质条件的表示方法。

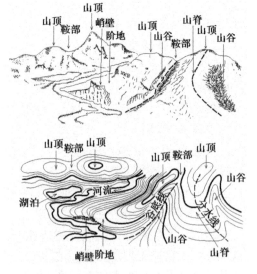

图 7-8 用等高线表示地形的方法

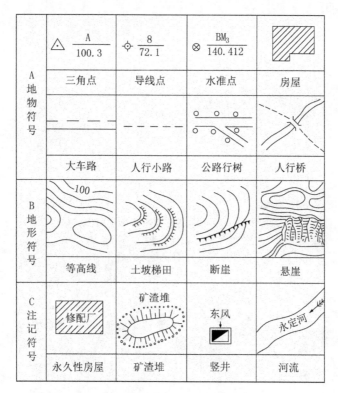

A 地物符号	⚠ A／100.3	⊙ 8／72.1	⊗ BM₃／140.412	（斜线填充房屋）
	三角点	导线点	水准点	房屋
	— · — · —	— · · — · · —	公路行树符号	人行桥符号
	大车路	人行小路	公路行树	人行桥
B 地形符号	等高线符号	土坡梯田符号	断崖符号	悬崖符号
	等高线	土坡梯田	断崖	悬崖
C 注记符号	修配厂	矿渣堆	东风	永定河
	永久性房屋	矿渣堆	竖井	河流

图 7-9 常用地形图图式

(1)地层或岩层

地层岩性是通过地层分界线和地质年代或地层代号，并配合地质图例(见图7-10)说明来反映的。地层分界线在地质图上可有各种形状，层状地层或岩层在地质图上出现最多，其分界线规律性强，它的形状由地层或岩层产状与地形之间的关系决定，主要有如下几种情况：

① 当地层或岩层产状水平时，地层或岩层分界线与地形等高线平行或重合，此时，水平地层或岩层的厚度为其顶面和底面的标高差。在地质平面图上的露头宽度，决定于地层或岩层厚度及地形坡度，如图7-11所示。

② 当地层或岩层倾斜时有如下几种情况。

a. 当地层或岩层倾向与地形坡倾向相反时，地层或岩层分界线的弯曲方向和地形等高线的弯曲方向一致。在沟谷处，地层或岩层界线的"V"字形尖端指向上游；穿越山脊时，"V"字形尖端指向山脊的下坡方向，但地层或岩层界线的弯曲度比地形等高线的弯曲度总是要

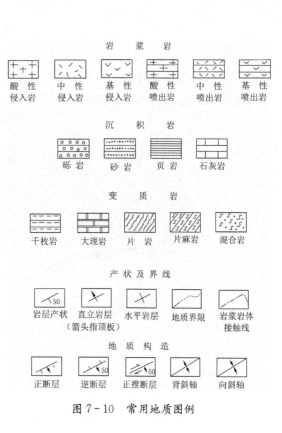

岩 浆 岩

酸性侵入岩	中性侵入岩	基性侵入岩	酸性喷出岩	中性喷出岩	基性喷出岩

沉 积 岩

砾岩	砂岩	页岩	石灰岩

变 质 岩

千枚岩	大理岩	片岩	片麻岩	混合岩

产 状 及 界 线

岩层产状	直立岩层(箭头指顶板)	水平岩层	地质界限	岩浆岩体接触线

地 质 构 造

正断层	逆断层	正推断层	背斜轴	向斜轴

图 7-10 常用地质图例

小,如图 7 - 12 所示。

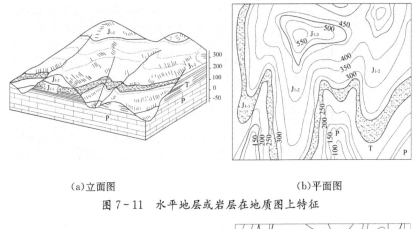

(a)立面图   (b)平面图

图 7 - 11   水平地层或岩层在地质图上特征

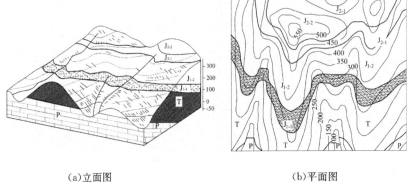

(a)立面图   (b)平面图

图 7 - 12   倾斜地层或岩层在地质图上的特征(一)

b. 当地层或岩层倾向与地形坡倾向一致且地层或岩层倾角大于地形坡角时,则地层或岩层分界线弯曲方向和等高线弯曲方向相反。在沟谷中,地层或岩层分界线"V"字形的尖端指向下游;在山脊上,则"V"字形尖端指向山脊上坡,如图 7 - 13 所示。

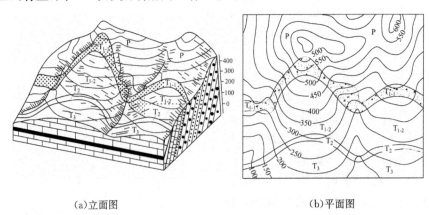

(a)立面图   (b)平面图

图 7 - 13   倾斜地层或岩层在地质图上的特征(二)

c. 当地层或岩层倾向与地形坡向一致且地层或岩层倾角小于地形坡角时,则地层或岩层分界线弯曲方向和等高线弯曲方向相同。在沟谷中,"V"字形尖端指向沟谷上游;在山脊上,"V"字形尖端指向山脊下坡(见图 7 - 14)。

d. 当地层或岩层直立时,地层或岩层分界线沿其走向延伸,不受地形影响,一般为直线,只有当地层或岩层走向改变或弯曲时,分界线才会发生相应转折或弯曲。

③第四系松散沉积层和基岩的分界线虽较不规则却也有一定规律性。因为第四系地层多分布于河谷低地、山间盆地及平原地区,因此,其分界线常在河谷低地、盆地边缘、平原与山区交界处,大体沿山脚等高线延伸。但在冲沟发育、厚度不大的松散沉积层分布区,基岩常在冲沟底部出露。

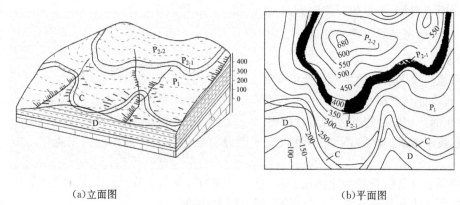

(a)立面图　　　　　　　　　　　　　　(b)平面图

图 7-14　倾斜岩层在地质图上的特征(三)

④岩浆岩地层或岩层的形状不规则,表示在地质图上为不规则的分界线,需根据实际情况填绘。

(2)地质构造

①地层或岩层产状:层状地层或岩层采用规定的图形符号表示,参见第一章表 1-6。

表 7-5　地质构造的图形符号

地质构造	符号	符号含义
正断层	50°	箭头表示断层面倾向,直线表示断层走向,数值表示断层面倾角。
逆断层	50°	
平移断层	80°	直线表示断层走向,平行于直线的箭头表示两个断盘的相对水平移动方向,垂直于直线的箭头表示断层的倾向,数值表示断层面倾角。
背斜		直线表示背斜轴的延伸方向,两个相反方向的箭头表示褶曲的类型(背斜或向斜)。
向斜		

②褶皱构造：在地质平面图中，褶皱构造主要是通过对地层或岩层分布、地质年代新老顺序和产状来反映，除此之外，也常常采用规定图形符号表示出褶曲轴的延伸方向和褶曲类型（背斜或向斜），见表7-5。

③断层：在地质平面图中，一般采用粗实线表示，其表现特征与前述地层或岩层分界线的相同，而且，一般还采用符号F_n（其中，F表示断层，n表示断层编号）进行标识，并用规定图形符号表示断层类型、断盘相对移动方向和断层面产状，见表7-5。

7.6.2 综合地形地质平面图阅读

(1)读图方法

工程地质读图的目的主要是全面掌握工程建设场地区域地质现象的分布规律以及地质条件，为工程设计与管理打下基础。由于工程地质图件的符号和图形复杂，要通过读图掌握其内容，必须按照一定的程序和方法进行读图，当然，不同的人读图的程序与方法有所差别。综合众多工程技术人员的经验，下面将建议出一般综合地形地质平面图的读图程序与方法，以供参考。

①看图名、图例、符号和比例尺：据此掌握工程的对象与工程地质图件的精度，了解各种图例与符号所代表的物理意义，为工程地质图件的阅读做准备。

②分析地形地貌：通过地物标志掌握各种地物的分布；通过查看地形等高线，掌握地形变化规律；通过查看地层符号，掌握地层分布与地层地质年代的变化规律以及地层产状的具体情况，并掌握工程建设场地的地貌类型及其分布规律。

③掌握地质构造：通过查看地质构造符号，并结合地层分布规律，掌握各种地质构造（主要指褶皱构造和断层）的分布、类型和产状，了解不同地层的接触关系及其类型与性质，并结合工程建设情况，了解其对工程建设的影响。

④工程地质评价：综合考虑建设场地的工程与工程地质情况，对工程地质条件对工程建设的影响进行评价，为工程设计打下基础。

值得注意，阅读工程地质图件往往需要结合多种地质图件（如平面图和剖面图相结合等）进行对比分析，这样才能取得较好的读图效果。

(2)读图实例

为了使同学能尽快掌握工程地质图件的读图程序与方法，下面以宁陆河地区工程地质图件（图7-15）读图为例，介绍其具体的读图程序与方法。

①地形地貌：二龙山地势最高，其次是扁担峰和红石岭等；宁陆河谷地势最低，其在十里沟附近转向东南；地形地貌主要由地层的岩性和地质构造决定，岩性好的地带大体沿岩层走向方向形成高山，岩性差、有断层的地带多形成河谷和低地。

②地层及其接触关系：第四纪沉积物主要分布在宁陆河谷，与老地层成角度不整合接触关系；地面出露地层最老的是志留系，泥盆系与志留系之间缺失中下泥盆系，二叠系与泥盆系之间缺失石炭系，它们之间为平行不整合接触，侏罗系与较老的泥盆系上统、二叠系及中下三叠系成角度不整合接触。

③断层及岩浆侵入：本地区主要存在三个断层，F_2为逆掩断层，断层走向与岩层走向一致，倾角小于岩层倾角，F_3为平推断层。辉绿岩岩墙沿正断层F_1（张性断裂）侵入二叠及三叠石灰岩中，它们之间为侵入接触，与侏罗系为沉积接触，故辉绿岩的形成年代应早于侏罗系，晚于上中三叠系。

④地质构造：本地区有十里沟、白云山和红石岭三个褶皱构造构造，十里沟存在一个倒转

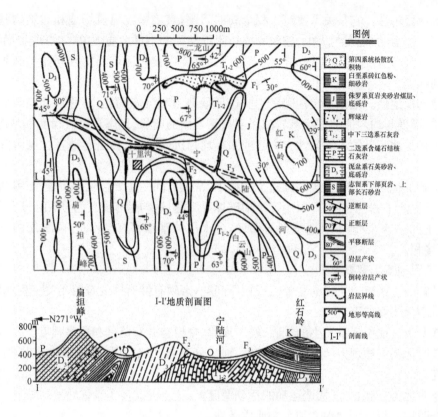

图 7-15　宁陆河地区地质图

背斜构造,白云山存在一个倾角不大的倒转向斜,红石岭存在一个短轴向斜构造或称为构造盆地。

7.7　土木工程的主要工程地质问题和勘察要点

工程地质条件对不同类型工程建设的影响是不同的,在同一工程建设场地中兴建不同的工程引起的工程地质问题也是不同的,这是因为不同工程类型的结构类型不同,导致它们对工程地质条件的响应不同,产生影响与危害的程度也不同。工程地质问题往往是工程建设的瓶颈,其处治成为节省投资、保护环境甚至影响工程建设的成败的关键。因此,有必要探讨不同类型工程建设的主要工程地质问题。

为了解决这些主要工程地质问题,必须有针对性地深入查清楚引起这些工程地质问题的工程地质条件及其危害,这样既能节省工程地质勘察的投资,也能满足工程设计与施工的要求,保证工程建设的安全性、经济性和环保性。因此,必须搞清楚这些工程地质问题的勘察方法与内容,掌握相应类型工程的工程地质勘察要点。

人类工程建设类型繁多,它们都存在相应的工程地质问题,本节仅介绍常见工程类型(包括建筑工程、道路工程、隧道工程和桥梁工程)的主要工程地质问题及其工程地质勘察要点。

7.7.1　建筑工程

(1)主要工程地质问题

工业与民用建筑工程中存在的工程地质问题主要表现在如下几个方面:

①区域稳定性。它是关系建筑工程全局的问题,直接影响建筑场地和建筑物基础形式的选择。新构造运动、地震与火山、建筑物周边附近地区的不良地质现象(如滑坡与崩塌、泥石流和山洪暴发等)是控制建筑工程的区域稳定性的重要因素。区域稳定性问题是必须优先重点解决的问题。

②地基稳定性。地基稳定性问题主要包括承载力和沉降问题,亦称局部稳定问题。覆盖层的性质、厚度与均匀性和下伏基岩的深度与基岩面的产状、形态和起伏程度都是地基稳定性的重要因素。地基土的不均匀性会引起地基不均匀沉降;软土会引起地基过度沉降和承载能力不足。

③基础工程施工。在建筑基础施工过程中,常见的问题主要包括基坑涌水、基坑边坡与坑底破坏、基坑流土、黄土湿陷和周边建筑物破坏等问题,这与地基土的性质和水文地质条件(例如,地基土的渗透性,地下水的类型与循环,含水层的富水程度与水量,隔水层的分布与厚度等)等直接相关。

(2)工程地质勘察要点

为了解决上述建筑工程的主要工程地质问题,必须有针对性的查明相关工程地质条件,其工程地质勘察要点如下:

①查明不良地质现象发生的成因、发展规律、规模与分布范围和危害程度。

②查明地基土物理力学性质与均匀性,地层分布与产状,下伏基岩深度与基岩表面形态、起伏程度与产状。

③查明地震、火山与新构造运动的活动情况。

④查明地表与地下的水文和水文地质条件。

7.7.2 道路工程

(1)主要工程地质问题

道路(包括公路和铁路)是由开挖与填筑形成的带状工程结构,其主要工程地质问题也主要是由此而引起的。道路工程的主要工程地质问题主要表现在如下几个方面:

①边坡稳定问题。自然高陡山坡会引发滑坡、崩塌和泥石流,开挖与填筑产生的路堑与路堤边坡失稳。引起这些边坡问题的主要因素包括地形条件、气候与水文地质条件、地质构造的类型及其产状、地层的岩性及其产状等,地震也会加剧边坡问题。

②路基稳定问题。路基下存在软弱夹层或软弱结构面会引起路基整体滑动,软土路基会引起过度沉降和承载能力不足,作为路基土的松散覆盖层的不均匀性和厚度差异性会引起不均匀沉降而导致路基路面开裂,路基下伏岩溶、土洞与采空区会引起路基路面塌陷。引起这些路基稳定性问题的主要因素包括地层的分布、岩土的物理力学性质、松散覆盖层下伏基岩的深度与基岩表面的起伏情况以及岩溶与土洞的发育程度等。

③路基水毁。由于地表洪水和地下水位急剧上升,会使路基淹没或产生水毁现象。引起路基水毁的主要因素包括气象、水文与水文地质条件。

④天然建筑材料。路基填筑材料必须满足路基填筑的要求,主要涉及填筑材料的物理力学性能和天然建筑材料的分布、数量与运输条件。如果天然建筑材料不能满足要求,会引起路基不均匀沉降、路面开裂与翻浆甚至增加建设成本等问题。另外,对于挖方路基,应注意开挖岩土的运输与排弃或堆放条件,以免占用耕地或引起环境问题。

(2)工程地质勘察要点

道路工程的工程地质勘察必须沿道路两侧一定条带影响范围内有针对性地展开。其工程地质勘察要点主要包括如下几个方面：

①查明地形地貌条件，评估挖方和填方的平衡情况。

②查明不良地质现象发生的成因、发展规律、规模与分布范围和危害程度。

③查明地质构造及其产状、地层分布与产状及其岩性条件。

④查明地震活动情况。

⑤查明气象、地表与地下的水文和水文地质条件。

⑥查明天然建筑材料的适宜性、分布、数量及运输条件，还要查明挖方岩土的排弃或堆放以及运输条件。

7.7.3 桥梁工程

(1)主要工程地质问题

桥梁工程的工程地质问题一般出现在桥梁的基础，主要表现在如下几个方面：

①桥梁基础的稳定问题。由于桥梁桩基础持力层承载能力不足和基础沉降过大，导致桥梁桩基础稳定性出现问题，引起桥梁墩台倾倒、坍塌和变形破坏。引起桥梁基础稳定性的主要因素包括地基岩土的物理力学性质和桥梁基础下伏岩溶与土洞等。

②桥梁基础的不均匀沉降问题。由于桥梁基础周围岩土变形性质的差异性，不同桥梁基础的沉降存在差异，导致桥面开裂与沿桥走向的波浪式起伏变形。引起不均匀沉降的主要原因是桥梁工程建设区域地基土的不均匀性。

③桥梁基础的冲刷问题。由于桥梁基础的有效埋置深度会影响其承载能力与沉降，桥下河道中流水的冲刷作用会使桥梁基础埋置深度发生变化，从而改变桥梁基础的承载能力，导致桥梁破坏。影响桥梁基础冲刷问题的主要原因是河流的地质作用。

④最高洪水位。河道中的最高洪水位会直接影响桥梁的通航能力，直接影响桥梁设计。最高洪水位主要受气象与水文地质条件影响。

⑤桥台的稳定问题。桥台经常位于河道两侧山体，山体的整体稳定性、滑坡、崩塌和泥石流会引起桥台滑移和倾倒破坏。引起桥台稳定问题的主要因素包括地形地貌、山体边坡的稳定性、地质构造、气象与水文地质条件等。

⑥地震问题。地震对桥梁的破坏性非常大，经常引起桥梁上部结构脱落或桥梁基础破坏；横跨桥梁的活动性断裂构造在地震影响下经常使桥面错断或掉落，影响桥梁的整体稳定性。

⑦桥梁基础的施工问题。在雨季施工时，暴涨的河水淹没基础施工场地；因桥梁基础施工而在软弱地基土中挖或钻孔，经常出现塌孔和垮孔；在岩溶地区进行桥梁基础施工，钻孔会出现掉钻和垮孔现象，挖孔会出现塌孔和涌水，危及施工设备和人员的安全；地下水位及涌水量也对桥梁施工有重要影响。影响桥梁基础施工的主要因素包括地层岩性、地下水位和富水程度、岩溶与土洞的发育情况等。

(2)工程地质勘察要点

桥梁工程的工程地质勘察一般围绕桥梁墩台基础进行点式勘探。其工程地质勘察要点主要包括如下几个方面：

①查明桥位区地形地貌条件。

②查明河道两侧山体稳定性情况，如滑坡、崩塌与泥石流等。

③查明地层特别是持力层的分布及其岩性条件。

④查明最高洪水位、气象与地表水文地质条件、河流地质作用和地下水文地质条件。

⑤查明大型断裂构造及其产状条件。

⑥查明岩溶与土洞发育情况和采空洞分布情况。

⑦查明地震烈度与地震活动情况。

7.7.4 隧道工程

(1)主要工程地质问题

隧道是在地下岩土体中采用钻爆或盾构法开挖而形成的线型工程结构。其工程地质问题也主要是由此而引起的。隧道工程的工程地质问题主要表现在如下几个方面：

①隧道围岩稳定性问题。由于隧道开挖,使隧道围岩应力状态发生变化而形成变形地压,从而引起围岩发生破坏,经常导致隧道冒顶、片帮、底鼓和隧道表面过度变形。其主要工程地质影响因素包括隧道围岩岩性、地质构造、初始地应力大小与分布、隧道底板下伏岩溶、土洞和采空洞分布等。

②地表沉降与塌陷问题。隧道开挖,会引起地表沉降和塌陷,其会破坏地表建筑物尤其是城市建筑物。其主要工程地质影响因素是地层岩土性质及隧道埋藏深度等。

③隧道整体稳定性问题。对可沿山坡走向布置的隧道,山体滑坡会导致隧道整体稳定性出现问题。其主要工程地质影响因素包括山体岩性、地质构造和山体地形与坡度等。

④隧道进出口稳定性问题。隧道进出口一般位于山坡地段,山坡的稳定性直接影响隧道进出口稳定性。其主要工程地质影响因素主要是隧道进出口山体的地形、岩性与地质构造等。

⑤隧道突水与涌水问题。在隧道施工过程中,由于富水地层和岩溶水体被揭露,隧道可能会出现突水与涌水问题,危及施工人员与设备的安全。在地表水体下开挖隧道,经常须采取防渗措施。其主要工程地质影响因素包括地表水体的分布、地层渗透性、隔水与含水层的分布、含水层的富水程度、涌水量、富水岩溶发育情况、地下水位与水压情况、突水与涌水通道的大小与分布情况等。

⑥地温及有害气体问题。地温会恶化隧道施工条件,有害气体会危及施工人员的安全。其主要工程地质影响因素包括地层埋藏深度、地层岩土的有害气体化学成分和地温情况。

⑦最高洪水位。隧道尤其是城市地下隧道的进出口高程一般高于最高洪水位,否则隧道会有被淹没的危险。其主要受当地气象与地表水文条件影响。

⑧岩爆问题。在深部脆性岩体中开挖隧道,可能发生岩爆现象而产生冲击地压,危及施工人员与设备的安全。其主要工程地质影响因素包括隧道围岩脆性程度、埋藏深度和地应力高低等。

⑨隧道施工方法问题。隧道施工一般包括钻爆和盾构两种方法。钻爆施工适用于任何岩性条件,盾构施工仅适用于土和软岩地层条件。

⑩隧道弃碴。隧道开挖必然会产生大量弃碴,随意弃碴可能会破坏自然环境甚至引发泥石流,必须确定合适的弃碴场所与弃碴的运输条件。

(2)工程地质勘察要点

隧道工程的工程地质勘察一般沿隧道轴线及其影响的条带范围内展开。其工程地质勘察要点主要包括如下几个方面：

①查明隧道区域地形地貌及不良地质现象,评估不良地质现象的危害与发展规律。

②查明隧道区域地层分布及其岩性条件、地质构造尤其是断裂构造条件,评估围岩质量的分级。

③查明最高洪水位、气象与地表和地下水文与水文地质条件,评价隧道涌水和被水淹的可能性。

④查明地温与有害气体(如瓦斯、二氧化硫、硫化氢等)情况。

⑤查明隧道区域初始地应力大小、方向与分布,并结合岩性与隧道埋深评价隧道发生岩爆的可能性及其危害程度。

⑥查明岩溶、土洞与地下采空区分布,评估岩溶突水和涌水的危害程度。

⑦调查隧道开挖的弃碴场所与弃碴的运输条件。

思考题

7.1 工程地质勘察的目的和任务是什么?

7.2 工程地质条件的一般内容是什么?

7.3 工程地质勘察阶段与等级划分依据是什么? 如何划分?

7.4 工程地质调查与测绘的一般内容是什么?

7.5 工程地质测绘的要求与方法是什么?

7.6 何谓工程地质勘探? 主要包括那些方法? 适用条件如何?

7.7 简述工程地质试验的内容,其主要目的是什么?

7.8 简述工程地质勘察报告内容的基本组成及各部分的内容要求。

7.9 简述工程地质勘察的基本过程。

7.10 简述建筑工程、道路工程、桥梁工程和隧道工程的主要工程地质问题及其勘察要点。

参考文献

[1]陈希廉,等 . 地质学[M]. 北京:冶金工业出版社,1979.

[2]《工程地质手册》编委会 . 工程地质手册(4 版)[M]. 北京:中国建筑工业出版社,2007.

[3]中华人民共和国建设部 . GB 50021—2001 岩土工程勘察规范[S]. 北京:中国建筑工业出版社,2001.

[4]中华人民共和国交通运输部 . JTG C20—2011 公路工程地质勘察规范[S]. 北京:人民交通出版社,2011.

[5]中华人民共和国住房和城乡建设部 . GB 50007—2011 建筑地基基础设计规范[S]. 北京:中国建筑工业出版社,2011.

[6]中华人民共和国交通部 . JTG D63—2007 公路桥涵地基及基础设计规范[S]. 北京:人民交通出版社,2007.

[7]中华人民共和国交通部 . JTG D70—2004 公路隧道设计规范[S]. 北京:人民交通出版社,2004.

[8]中华人民共和国交通部 . JTG F60—2009 公路隧道施工技术规范[S]. 北京:人民交通出版社,2009.

[9]孔思丽 . 工程地质学(2 版)[M]. 重庆:重庆大学出版社,2005.

[10]刘兆昌,李广贺,朱琨 . 供水水文地质(4 版)[M]. 北京:中国建筑工业出版社,1987.

[11]李中林,李子生 . 工程地质学[M]. 广州:华南理工大学出版社,1999.

[12]孔宪立 . 工程地质学[M]. 北京:中国建筑工业出版社,2011.

[13]孙玉科,古迅 . 赤平极射投影在岩体工程地质力学中的应用[M]. 北京:科学出版社,1980.

[14]黄醒春,陶连金,曹文贵. 岩石力学[M]. 北京:高等教育出版社,2005.

[15]赵明华 . 土力学与基础工程(2 版)[M]. 武汉:武汉理工大学出版社,2003.

[16]李宁军,曹文贵,刘生. 公路隧道设计与施工百问(2 版)[M].北京:人民交通出版社,2006.

[17]谷德振 . 岩体工程地质力学基础[M]. 北京:科学出版社,1983.

[18]李斌 . 公路工程地质[M]. 北京:人民交通出版社,1998.

[19]肖树芳,杨淑碧 . 岩体力学[M]. 北京:地质出版社,1987.

[20]刘佑荣,唐辉明 . 岩体力学[M]. 北京:中国地质大学出版社,1999.

[21]王桂林 . 工程地质[M]. 北京:中国建筑工业出版社,2012.

[22]张忠苗 . 工程地质[M]. 重庆:重庆大学出版社,2011.

[23]石振明,孔宪立 . 工程地质学[M]. 北京:中国建筑工业出版社,2011.

[24]陈洪江 . 土木工程地质[M]. 北京:中国建材工业出版社,2010.

[25]李定龙,李洪东 . 土木工程地质[M]. 北京:科学出版社,2009.

[26]倪宏革,时向东 . 工程地质[M]. 北京:北京大学出版社,2009.

[27]胡厚田,白志勇 . 土木工程地质[M]. 北京:高等教育出版社,2009.

[28]朱济祥 . 土木工程地质[M]. 天津:天津大学出版社,2007.

[29]窦明健 . 公路工程地质(3 版)[M]. 北京:人民交通出版社,2006.

[30]孙广忠 . 工程地质与地质工程[M]. 北京:地震出版社,1993.

[31]张咸恭 . 工程地质学[M]. 北京:地质出版社 1983.

[32]张倬元,王士天,等 . 工程地质分析原理[M]. 北京:地质出版社,2009.

[33]孙家齐,陈新民 . 工程地质[M]. 武汉:武汉理工大学出版社,2007.

[34]杨景春 . 地貌学教程[M]. 北京:地质出版社,1985.

[35]《基础工程施工手册》编写组 . 基础工程施工手册[M]. 北京:中国计划出版社,1996.